直升机结构动力学

Helicopter Structural Dynamics

韩 东 编著

科 学 出 版 社

北 京

内 容 简 介

本书较全面、系统地介绍了直升机结构动力学中的基本理论、方法和应用。全书共分为七章，分别介绍了旋翼桨叶动力学特性、旋翼气弹稳定性、直升机振动及其控制、旋翼/机体耦合动力学稳定性、直升机扭振系统动力学和非线性梁等内容。本书理论联系实际、内容丰富、论述严谨，力求涵盖直升机工程实践中所用到的直升机结构动力学基本知识和原理，从而夯实直升机结构动力学理论基础。本书重要章节配有一定数量的习题，有利于读者学习和巩固所学知识。

本书可作为直升机相关专业高年级本科生和低年级硕士研究生的教材，也可作为相关专业的教师和专业技术人员的参考书。

图书在版编目(CIP)数据

直升机结构动力学/韩东编著. —北京：科学出版社，2020.11
ISBN 978-7-03-066454-9

Ⅰ. ①直… Ⅱ. ①韩… Ⅲ. ①直升机-结构动力学 Ⅳ. ①V275

中国版本图书馆 CIP 数据核字（2020）第 202467 号

责任编辑：惠　雪　高慧元　曾佳佳／责任校对：杨聪敏
责任印制：吴兆东／封面设计：许　瑞

科学出版社 出版
北京东黄城根北街 16 号
邮政编码：100717
http://www.sciencep.com
天津市新科印刷有限公司印刷
科学出版社发行　各地新华书店经销
*
2020 年 11 月第 一 版　开本：787×1092　1/16
2025 年 1 月第五次印刷　印张：13 1/4
字数：313 000
定价：99.00 元
（如有印装质量问题，我社负责调换）

序

近三十年，国内外直升机技术迅猛发展，直升机需求不断增加，新技术、新材料在直升机上不断得到应用。直升机技术的核心问题是直升机的动力学问题，"直升机结构动力学""直升机空气动力学""直升机飞行动力学"已成为直升机的三门专业动力学课程，也是从事直升机技术研究的专业基础。以往直升机结构动力学的内容主要分散在"直升机强度"和"直升机动力学设计"两门课程，现在把相关内容整合成一门直升机结构动力学，使得直升机的专业动力学课程体系更加规范、清晰。韩东教授编写的这本《直升机结构动力学》教材，充分反映了直升机结构动力学的基础与核心内容，系统阐述了近年来直升机技术发展的新知识、新方法和新技术，内容丰富，深入浅出，也可作为直升机相关专业技术人员的参考书籍。

韩东教授自 1997 年起在南京航空航天大学直升机专业攻读学士和博士学位，博士毕业后赴美国犹他州立大学和宾夕法尼亚州立大学从事博士后研究，2010 年回到南京航空航天大学直升机旋翼动力学国家级重点实验室任教，2014 年赴英国利物浦大学访学1 年，一直从事直升机动力学及其控制方面的教学与科研工作，有丰富的教学和科研经历。他编写的这本《直升机结构动力学》教材有如下特点：① 全面，该书包含了直升机结构动力学的基本知识和基本问题，并深入介绍了直升机结构动力学研究所需要的结构有限元、结构振动主动控制和非线性梁等相关知识，是一本全面的直升机结构动力学参考书籍；② 精练，该书对直升机结构动力学基本问题的探讨深入浅出，分析简明透彻，叙述精练易懂，适合直升机专业初学者和高年级本科生自学及相关科技人员参考；③ 严谨，该书公式推导严谨，易于理解问题的来龙去脉，便于加深对直升机结构动力学问题的深入理解。

直升机结构动力学问题始终伴随着直升机设计、制造、审定、使用和维护的全过程，直升机结构动力学问题解决得好坏直接影响着直升机研制的成败。该教材的出版，将对直升机专业的人才培养，以及对直升机科技工作者认识和理解直升机结构动力学问题发挥重要的作用。

直升机旋翼动力学国家级重点实验室主任　夏品奇

2020 年 6 月 6 日

前　　言

　　直升机能悬停、低空、低速和向任意方向机动飞行，特别是能在狭小场地垂直起降，在军用和民用中用途广泛，特别是在抗震救灾、紧急救护、海上营救等方面发挥了不可替代的作用。就如我国著名直升机专家王适存教授所言，直升机是一种"万用"的交通运输工具，用途广泛，又是一种"万岁"的交通运输工具，前程远大。改革开放以来，我国直升机技术快速发展，直升机产业规模不断壮大，正从直升机大国迈向直升机强国，新技术在直升机上不断得到应用和发展，直升机产业已呈井喷式发展。随着我国对高性能直升机需求的日益强烈，要解决的直升机动力学问题也更加复杂。

　　直升机技术正朝着智能化、无人化、高速化、轻量化等方向发展，诸如智能旋翼技术、结构响应振动主动控制技术、复合材料旋翼技术等方面新知识在原有教材中尚未得到反映。本书应直升机结构动力学课程发展，在参考原有相关教材的基础上，结合直升机技术的最新发展，对教学内容进行了相应的调整和增减，增加了过程描述，以便于学生和相关科技人员阅读和自学。第一章主要讲述直升机结构动力学相关问题及发展；第二章主要讲述直升机旋翼桨叶挥舞、摆振和扭转方向动力学建模及问题分析；第三章主要讲述直升机旋翼桨叶动力学气弹稳定性问题，主要包括桨叶经典颤振和挥舞/摆振耦合动力稳定性；第四章主要讲述直升机振动及其控制，重点分析旋翼载荷到机体的传递规律，以及直升机上常用的主动和被动振动控制方法；第五章主要讲述直升机旋翼/机体耦合动力学问题，重点讲述直升机"地面共振"和"空中共振"问题；第六章主要讲述直升机扭振系统动力学问题，重点讲述旋翼/动力/传动等组成的耦合系统的固有特性及稳定性；第七章主要讲述结构梁模型，重点讲述非线性小变形梁和中等变形梁模型，此章是旋翼气弹动力学的基础，在旋翼动力学研究方面应用广泛，由于有一定的深度，可作为相关专业本科生的课后阅读教材。希望本书是读者打开直升机结构动力学大门的钥匙。

　　本书的编写过程中，参考了诸多经典教材和文献，并进行了相关的消化、整理和改进。本书主要参考孙之钊等编写的《直升机强度》，并辅以张晓谷编写的《直升机动力学设计》，形成了本书的内容构架；基于刚体桨叶动力学知识参考了 Leishman 编写的 *Principles of Helicopter Aerodynamics*，该书语言精练、深入浅出、便于自学；动力学稳定性方面知识参考了 Johnson 编写的 *Helicopter Theory* 和 *Rotorcraft Aeromechanics*，以及 Bielawa 编写的 *Rotary Wing Structural Dynamics and Aeroelasticity*，这些书分析透彻、逻辑严谨；有限元和周期系统稳定性分析等方面知识参考了 Chopra 和 Datta 编写的 *Helicopter Dynamics*，该讲义内容丰富、系统性强；非线性梁相关知识参考了 Houbolt 和 Brooks 撰写的 NACA 报告 *Differential Equations of Motion for Combined Flapwise Bending, Chordwise Bending, and Torsion of Twisted Nonuniform Rotor Blades*、Hodges 和 Dowell 撰写的 NASA 报告 *Nonlinear Equations of Motion for the Elastic Bending and Torsion of Twisted Nonuniform Rotor Blades* 以及 Johnson 编写的 *Rotorcraft Aeromechanics*，这些经典之作是现代复合

材料旋翼技术的理论基础。本书力求吸取这些资料的优点，理论体系上力求系统全面、内容叙述上力求过程严谨、案例分析上力求理论联系实际、语言表达上力求深入浅出。本书的编写是站在这些巨人的肩膀上完成的，在此表示衷心的感谢！

特别感谢南京航空航天大学直升机专业高正教授和张呈林教授，他们德高望重、知识渊博，对本书的结构框架、技术内涵、书写规范等提出了诸多宝贵意见和建议。多位老师在本书的编写过程中给予了诸多的帮助和指点，他们是刘勇老师、王浩文教授、王华明教授、李建波研究员、陆洋教授、宋来收副研究员等，在此表示衷心的感谢！本研究团队中多位研究生参与了本书的编写、绘图和校正等方面工作，他们是万浩云、张宇杭、杨克龙、赵嘉琛、何晓萍、于淼、王瑞庭、桑玉委、王雪枫、吴伟晨、石启鹏、王佳如、江期凰、刘壮壮等，人数众多不在此一一列举。正是有了他们的付出，才有了本书的顺利出版，在此表示衷心的感谢！

本书的出版得到国家自然科学基金项目 (No.11972181; No.11472129) 的资助，在此表示衷心的感谢！

由于作者才疏学浅，书中难免会有疏漏之处，还望读者批评指正！如有问题，请将相关问题发送至电子邮箱 donghan@nuaa.edu.cn，作者将在下一版中进行修订和完善。

作　者

2020 年 6 月

目　　录

序

前言

符号表

第一章　绪论 ………………………………………………………… 1

　第一节　直升机及其结构型式 ………………………………… 1

　第二节　直升机结构动力学的内涵 …………………………… 5

　第三节　本书主要内容 ………………………………………… 6

第二章　旋翼桨叶动力学特性 ……………………………………… 8

　第一节　旋翼构造型式 ………………………………………… 8

　第二节　刚体桨叶动力学 …………………………………… 11

　　一、刚体桨叶挥舞运动 …………………………………… 11

　　二、刚体桨叶摆振运动 …………………………………… 15

　　三、刚体桨叶变距运动 …………………………………… 16

　第三节　不旋转弹性桨叶动力学 …………………………… 17

　　一、弯曲振动方程 ………………………………………… 17

　　二、无铰式旋翼桨叶固有特性 …………………………… 20

　　三、铰接式旋翼桨叶固有特性 …………………………… 22

　　四、桨叶扬起下坠的应力分析 …………………………… 23

　第四节　旋转弹性桨叶动力学 ……………………………… 25

　　一、旋转桨叶的挥舞弯曲运动 …………………………… 25

　　二、旋转桨叶的摆振弯曲运动 …………………………… 32

　　三、旋转桨叶的扭转运动 ………………………………… 34

　　四、桨叶固有频率的调整 ………………………………… 38

　第五节　桨叶固有频率和振型计算 ………………………… 39

　　一、拉格朗日法 …………………………………………… 39

　　二、瑞利法 ………………………………………………… 43

　　三、伽辽金法 ……………………………………………… 46

　　四、有限单元法 …………………………………………… 48

　习题 …………………………………………………………… 60

第三章　旋翼气弹稳定性 ………………………………………… 67

　第一节　铰接式旋翼桨叶挥舞/变距气弹稳定性 …………… 67

　　一、桨叶挥舞/变距分析模型 ……………………………… 67

　　二、运动方程的建立 ……………………………………… 68

　　　三、　特征方程··70

　　　四、　发散不稳定边界··71

　　　五、　颤振不稳定边界··72

　　　六、　颤振临界转速··73

　　第二节　桨叶挥舞/摆振气弹稳定性··76

　　　一、　挥舞/摆振耦合动力学方程··76

　　　二、　系统稳定性··79

　　第三节　挥舞/摆振/变距耦合系统··82

　　第四节　线性和周期系统稳定性分析··83

　　　一、　线性系统稳定性分析··83

　　　二、　周期性系统稳定性分析··86

　　习题··88

第四章　直升机振动及其控制··90

　　第一节　直升机振动问题··90

　　　一、　直升机振动来源··90

　　　二、　振动控制方法分类··93

　　　三、　"黑鹰"直升机的振动控制技术······································95

　　　四、　解决振动问题的途径··96

　　第二节　旋翼对机体激振力的传递··97

　　　一、　激振载荷··98

　　　二、　桨叶根部载荷··98

　　　三、　各片桨叶垂向力合成··99

　　　四、　各片桨叶桨毂平面内力合成··100

　　　五、　传递到机体的力矩··103

　　第三节　机体动力学··104

　　　一、　直升机振动水平预测··104

　　　二、　机体动力学特性··104

　　第四节　动力吸振··106

　　　一、　常规动力吸振器··106

　　　二、　离心摆式桨叶吸振器··107

　　　三、　离心摆式桨毂吸振器··109

　　　四、　双线摆吸振器··111

　　第五节　振动隔离··111

　　　一、　常规隔振器··111

　　　二、　动力反共振隔振器··114

　　　三、　冲击隔离··116

　　第六节　直升机振动主动控制··118

　　　一、　高阶谐波控制··118

二、　结构响应振动主动控制 ··121

习题 ··122

第五章　旋翼/机体耦合动力学稳定性 ··125

第一节　直升机"地面共振"问题 ··125

第二节　旋翼多桨叶坐标系及整体振型 ··125

一、　旋翼多桨叶坐标变换 ··126

二、　旋翼整体振型 ··127

第三节　直升机"地面共振"分析模型 ··129

一、　基于拉格朗日法的"地面共振"分析模型 ································129

二、　基于力法的"地面共振"分析模型 ··132

三、　"地面共振"发生条件 ··134

四、　直升机"地面共振"不稳定区计算 ··136

第四节　防止"地面共振"的措施 ··140

第五节　直升机"空中共振"问题 ··141

一、　产生机理 ··141

二、　分析模型 ··142

三、　影响参数 ··144

第六节　倾转旋翼机回转颤振 ··144

习题 ··148

第六章　直升机扭振系统动力学 ··150

第一节　直升机扭振系统动力学问题 ··150

第二节　机械扭振系统固有特性 ··151

一、　旋翼 ··151

二、　动力/传动系统 ··153

三、　系统动力学模型 ··154

第三节　机械扭振系统与发动机燃调系统耦合稳定性 ··························156

一、　机械扭振系统 ··156

二、　发动机及其燃调系统 ··157

三、　耦合稳定性分析 ··157

第七章　非线性梁 ··161

第一节　非线性小变形梁模型 ··161

一、　拉伸应变 ··161

二、　剖面弯矩和扭矩 ··165

三、　平衡方程 ··167

四、　惯性载荷 ··168

五、　最终形式 ··171

第二节　中等变形梁模型 ··172

一、　阶次准则 ··172

二、　变形关系 ……………………………………………… 172

三、　应变位移关系 ………………………………………… 175

四、　应力应变关系 ………………………………………… 180

第三节　复合材料中等变形梁模型 ………………………………… 182

一、　复合材料桨叶 ………………………………………… 182

二、　应变位移关系 ………………………………………… 182

三、　梁应变能 ……………………………………………… 187

参考文献 ………………………………………………………………… 191

附录 A　三角公式 …………………………………………………… 194

附录 B　二阶矩阵求逆 ……………………………………………… 195

附录 C　非线性准定常翼型气动模型 ……………………………… 196

符 号 表

A	面积	area
c	桨叶弦长/阻尼	blade chord/damping
c_c	临界阻尼	critical damping
C_d	阻力系数	drag coefficient
$C_{l\alpha}$	升力线斜率	lift-curve slope
C_l	升力系数	lift coefficient
C_m	力矩系数	moment coefficient
C_Q	扭矩系数	torque coefficient
e	铰偏置量	hinge offset
E	弹性模量	elastic modulus
EI_y	挥舞弯曲刚度	flapwise bending stiffness
EI_z	摆振弯曲刚度	lagwise bending stiffness
F	力	force
F_c (或 N)	离心力	centrifugal force
F_I	惯性力	inertia force
g	重力加速度	acceleration of gravity
G	总重/剪切模量	gross weight/shear modulus
GJ	扭转刚度	torsion stiffness
I_b	桨叶质量惯矩	blade mass moment of inertia
I_f	桨叶绕变距轴质量惯矩	blade moment of inertia about feathering axis
I_θ	剖面绕变距轴质量惯矩	section moment of inertia about feathering axis
I_0	剖面绕质心的质量惯矩	section moment of inertia about center of mass
k	弹簧刚度	spring constant
k_β	挥舞铰弹簧刚度系数	flap hinge spring constant
k_θ	操纵系统刚度系数	control system spring constant
K_P(或 K_{P_β})	挥舞变距调节系数	pitch-flap coupling coefficient
K_{P_ζ}	摆振变距调节系数	pitch-lag coupling coefficient
m	桨叶线密度质量	blade mass per unit length mass
m_b	桨叶质量	blade mass
M	力矩	moment
N_b	桨叶片数	number of blades

Q	剪切力	shearing force
r	桨叶展向坐标/频率比	blade radial coordinate/frequency ratio
R	旋翼半径	rotor radius
S_b	桨叶质量静矩	blade first moment of inertia
t	时间	time
T	动能/拉力	kinetic energy/thrust
u	轴向位移	axial displacement
U	势能	potential energy
U_P	垂直于桨盘平面的速度	out-of-plane velocity normal to rotor disk plane
U_R	沿桨叶径向速度	radial velocity along blade at rotor disk plane
U_T	桨盘平面内切向速度	in-plane velocity parallel to rotor disk plane
v	摆振方向位移	lagwise displacement
v_i	诱导速度	induced velocity
V	前飞速度	forward speed
w	挥舞方向位移	flapwise displacement
x	无量纲化桨叶展向坐标	nondimensional blade radial coordinate
x_A	气动中心弦向后偏位移	chordwise offset of aerodynamic center
x_I	质心弦向后偏位移	chordwise offset of center of mass
α	旋翼桨盘迎角/迎角	rotor disk angle of attack/ange of attack
β	桨叶挥舞角	blade flapping angle
β_0	桨叶预锥角	blade coning angle
β_{1c}	纵向挥舞角	longitudinal flapping angle
β_{1s}	横向挥舞角	lateral flapping angle
γ	桨叶洛克数	blade Lock number
δ_3	挥舞变距调节角	pitch-flap coupling angle
ε	应变	strain
ζ	摆振角/阻尼比	blade lag angle/damping ratio
θ	桨距角	blade pitch or feathering angle
θ_0	总距角	collective pitch angle
θ_{1c}	横向周期变距	lateral cyclic pitch
θ_{1s}	纵向周期变距	longitudinal cyclic pitch
λ	翘曲函数	warping function
ρ	空气密度	air density
σ	旋翼实度/应力	rotor solidity/stress
ν_β	旋转桨叶挥舞频率比	blade rotating flap frequency (nondimensional)
ν_ζ	旋转桨叶摆振频率比	blade rotating lag frequency (nondimensional)
ν_θ	旋转桨叶变距频率比	blade rotating torsional frequency (nondimensional)

ϕ	入流角/弹性扭转角/相位角	inflow angle of attack/elastic torsion/phase angle
ψ	方位角	azimuth angle
ω	频率/角速度	frequency/rotational speed
ω_β	旋转桨叶挥舞频率	blade rotating flap frequency
ω_ζ	旋转桨叶摆振频率	blade rotating lag frequency
ω_θ	旋转桨叶扭转频率	blade rotating torsional frequency
Ω	旋翼转速	rotor speed

上标

$()'$	$\partial()/\partial r$
$\widehat{()}$	$\partial()/\partial \psi$
$\dot{()}$	$\mathrm{d}()/\mathrm{d}t$
$\overline{()}$	$()/R$

下标

ns	傅里叶级数第 n 阶正弦量	n-th sine harmonic of Fourier series
nc	傅里叶级数第 n 阶余弦量	n-th cosine harmonic of Fourier series
β	挥舞运动	flapping motion
ζ	摆振运动	lag motion
θ	变距/扭转运动	pitch/torsion motion

第一章 绪 论

第一节 直升机及其结构型式

直升机是一种以动力装置驱动旋翼作为主要升力和推进力来源，能垂直起降及前后、左右飞行的旋翼航空器。直升机能悬停、低空、低速和向任意方向机动飞行，特别是能在狭小场地垂直起降。直升机用途广泛，军事上可执行对地攻击、机降登陆、武器运送、后勤支援、战场救护、侦察巡逻、指挥控制、通信联络、反潜扫雷、电子对抗等任务；民用上可执行运输、医疗救护、救灾救生、紧急营救、吊装设备、地质勘探、护林灭火、空中摄影等任务。

海湾战争中，美军 101 师采用蛙跳作战方式，成功地将企图逃回伊拉克腹地的侵科伊军共和国卫队的 200 多辆坦克围歼在 8 号公路上，战争中，AH-64"阿帕奇"武装直升机始终是美陆军最有力的武器，战斗中 1 架 AH-64 武装直升机创下摧毁 23 辆坦克的最佳战绩，直升机战果大、损失小，完成了从"空中骑兵"到"飞行坦克"的转变。2008 年 5月 12 日，我国四川省汶川县发生了震级超过唐山大地震的里氏 8.0 级强烈地震，这场大地震的震级之高、破坏之大、波及之广、营救之难，均属历史罕见，在道路被毁、通信中断的情况下，救援直升机成为灾区最快捷、有效的营救手段，是汶川上空的天使，Mi-26直升机在汶川地震时吊运挖掘机如图 1.1 所示。我国幅员辽阔，地形复杂，直升机在应急救援、抢险救灾、医疗救护等方面发挥了巨大的作用，国产 AC311A 直升机执行应急救援任务如图 1.2 所示。

就如我国著名直升机专家王适存教授所言，直升机是一种"万用"的交通运输工具，用途广泛，又是一种"万岁"的交通运输工具，前程远大。

图 1.1　Mi-26 直升机吊运挖掘机

图 1.2 AC311A 直升机执行应急救援任务

直升机按照平衡旋翼反扭矩的不同方式可分为单旋翼带尾桨式直升机、纵列式双旋翼直升机、横列式双旋翼直升机、共轴双旋翼直升机、交叉双旋翼直升机等,各种构型直升机如图 1.3 所示。21 世纪以来,随着飞行控制、传感器、复合材料、动力系统等技术的快速发展,无人直升机得到了迅速的发展,正日益成为人们关注的焦点,图 1.4 和图 1.5 分别为电

(a) 单旋翼带尾桨式直升机

(b) 单旋翼带涵道尾桨式直升机

(c) 单旋翼无尾桨式直升机

(d) 纵列式双旋翼直升机

(e) 横列式双旋翼直升机

(f) 共轴双旋翼直升机

(g) 交叉双旋翼直升机

图 1.3　各种构型直升机

图 1.4　电动倾转涵道旋翼飞行器

图 1.5　电动倾转分布式螺旋桨飞行器

动倾转涵道旋翼飞行器和电动倾转分布式螺旋桨飞行器。随着科学技术的发展，人类社会对高速直升机的需求越来越强烈，各种构型高速直升机应运而生，如图 1.6 所示。当前，多旋翼飞行器蓬勃发展，数量越来越多，起飞重量越来越大，将广泛应用于人类生产生活的各个方面，图 1.7 和图 1.8 分别为电动倾转 6 旋翼飞行器和电动 18 旋翼飞行器。多旋翼飞行器从飞行原理来看，仍属于直升机。这些新构型旋翼飞行器丰富了直升机结构动力学研究的内涵，也给直升机结构动力学提出了新的问题和新的挑战，必将促进直升机结构动力学蓬勃发展。

(a) AH-56 复合式直升机

(b) Piasecki X-49"Speed Hawk"复合式直升机

(c) X2 "前行桨叶概念"高速直升机

(d) X-3高速直升机

图 1.6　各种构型高速直升机

图 1.7　电动倾转 6 旋翼飞行器

图 1.8　电动 18 旋翼飞行器

　　单旋翼带尾桨式直升机是目前最为成功且应用最为广泛的一类直升机,通常由旋翼、机体、起落架、尾桨,以及包含在机体中的动力和传动等部件构成,如图 1.9 所示。旋翼的主要功能是给直升机提供拉力以及俯仰和滚转等操纵力矩, 既是直升机的升力面, 又是直升机的操纵面。机体的主要功能是容纳飞行员、乘客以及货物等, 机体后段尾梁末端通常装有尾桨、尾翼及尾橇等。尾桨主要用来平衡旋翼的反扭矩, 提供航向操纵和方向稳定性。起落架是直升机下部用于起飞降落或地面 (水面) 滑行时支撑直升机并用于地面 (水面) 移动的装置, 直升机的起落架一般分为橇式起落架和轮式起落架。直升机的动力装置一般可采用活塞式发动机、涡轮轴发动机或者电机, 其主要功能是将化学能 (燃油) 或者电能转化为机械能而做功。通常发动机的额定转速较高, 而旋翼和尾桨的正常工作转速较低, 发动机输出到旋翼和尾桨的动力, 需通过传动轴及减速器等组成的机械系统, 降转速后传递给旋翼和尾桨。

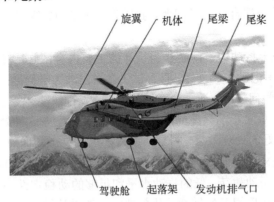

图 1.9　直升机基本构造图

第二节　直升机结构动力学的内涵

　　直升机的动部件较多, 主要包括旋翼、尾桨、主减速器、传动链路和发动机等, 其动力学问题也更为复杂。直升机结构动力学主要研究直升机结构的固有特性、响应和稳定性等问题。直升机的结构固有特性主要关注旋翼、尾桨和机体等子系统及其耦合系统的固有频率及振型问题。直升机的结构响应问题, 主要探究直升机振动载荷的来源、组成成分及其传递规律等, 以及直升机各部件在载荷作用下的动力学行为, 并进行相应的振动控制等。直升机的结构稳定性主要分析旋翼、旋翼/机体耦合系统以及旋翼/动力/传动组成的扭振系统的稳定性等问题。

　　直升机结构动力学问题较为复杂。旋翼和尾桨等动部件始终处于复杂气动环境中, 气动环境的周期性、非线性、非定常和强干扰等特性, 使得目前旋翼气动载荷的预测精度仍然有限。旋翼气弹动力学问题复杂, 桨叶的结构、气动、惯性和操纵间的相互耦合, 给旋翼气弹动力学建模及载荷预测带来极大困难, 即使采用目前最先进的计算流体力学耦合计算结构动力学方法 (CFD/CSD 耦合方法) 进行分析, 所得的旋翼结构载荷预测结果与实测数据之间仍有较大的差距。直升机耦合关系复杂, 旋翼载荷通过主减速器传递给机体, 可能会引起较高的机体振动水平; 旋翼与机体耦合, 可能会出现 "地面共振" 和 "空中共振" 等动力学稳定性问题; 旋翼/动力/传动/尾桨等组成的扭振系统与发动机燃油调节 (简称燃调) 系统相耦合, 可能出现扭振系统动不稳定性。这些复杂的动力学问题使得直升机振动、噪声以及疲劳等问题仍然较为突出。正是存在这些尚未较好解决的直升机动力学问题，直升机技术仍处于快速蓬勃发展之中。

直升机的发展史在很大程度上就是与直升机结构动力学问题的斗争史。米1、米4、米6、直5、"延安-2号"、BO-105、"小松鼠"、Ka-28等直升机就出现过"地面共振"问题。我国自行研制的"延安-2号"直升机，在1967年10月地面开车时，出现了"地面共振"伤人事故；1968年6月，该机发动机出现振动水平过高；1972年3月，该机传动系统出现扭转振动问题。米4直升机，1952年首次开车就发生旋翼颤振问题，原因是桨叶动扭转刚度过低，通过添加配重从而调整弦向重心解决了该问题。波音347、YUH-60A等直升机出现过结构疲劳问题。CH-53E、CH-47C、MD-500D和SA365N等直升机出现过扭振系统与燃油调节系统耦合动力学问题。我国直6和直11等多个型号直升机出现过振动过大的问题。

早期的设计思想未将动力学问题作为设计的主要内容，主要将飞行性能作为设计目标，研制过程中较少考虑动力学问题，直到试飞暴露出动力学问题后，才进行相应的动力学处理。在处理动力学问题时，通常会对结构重量、飞行性能、飞行品质以及可靠性和维修性等性能指标带来负面影响，甚至是"拆东墙、补西墙"，这种处理方法耗时费力、周期也长，难以达到良好的处理效果，型号研制周期也难以得到保障。

除了飞行性能要求，任何一种成功的直升机都必须具有良好的动力学特性，以及可接受的旋翼及机体的振动载荷、低的振动水平和足够的动稳定性裕度。从20世纪70年代开始，直升机的设计思想开始转变，从单纯的性能设计转变到动力学综合设计，把动力学设计作为直升机设计的重要组成部分，在研制初期就进行相关动力学的分析和计算，经过多轮设计迭代后，可显著减少试飞中存在的动力学问题，从而保障型号研制的顺利进行。

第三节　本书主要内容

结构动力学是结构力学的一个分支，主要探讨结构受力与运动间的相互关系，即在外载荷作用下的结构动力学响应问题。直升机结构动力学则主要探讨直升机主要结构(包括旋翼、尾桨、机体、起落架以及动力传动等部件)的动力学固有特性，以及在外力作用下的动力学响应和稳定性。对于直升机结构动力学问题，通常可采用物体运动的牛顿三定律、达朗贝尔原理、分析力学理论、弹性力学等基本理论和方法进行处理。对于一般直升机结构动力学问题，可由实践凝练出的科学问题出发，根据所要解决问题的复杂程度，先进行相应的假设，保留物理问题本质，以降低所要处理问题的复杂度。采用合理的动力学问题处理方法，建立动力学系统模型，通过分析，透过复杂的现象认识问题的本质，分清主次，找出关键影响因素，提出相应的问题解决方法，应用于工程实践，根据实践效果，不断改进解决问题的方法，提升解决问题的效果，最终达到预期目标。

本书主要探讨直升机结构动力学中的基本知识、基本原理、基本方法和基本结论，通过直升机结构动力学基本问题的探讨，培养能应用所学直升机结构动力学相关知识、方法和理论，分析和解决直升机结构动力学问题的能力。内容安排上，由于旋翼动力学是直升机结构动力学研究中的重点和难点，首先讲述旋翼相关结构动力学知识，主要包括桨叶固有特性、桨叶动力稳定性以及旋翼响应 (载荷) 等内容。桨叶动力学特性的讲述由浅入深，由刚体桨叶入手，过渡到弹性桨叶；建模方法从牛顿第二定律，过渡到分析力学方法；求解方法从理论解析方法，过渡到有限单元法。旋翼气弹稳定性主要讲述桨叶经典颤振和桨叶挥舞/摆振耦合稳定性问题，重点理解动不稳定性的发生原理以及相应的解决办法。旋翼是直升机振动的主要来源，为进行相应的振动控制，先探讨旋翼到机体的振动载荷传递规律，其次在振动载荷传递的路径上，从旋翼 (振源)、经主减速器 (传递路径) 传递至机体 (目标) 三方面入手，介绍目前常用的直升机振动控制方法。随后讲述旋翼与机体耦合动力学问题，以直升机 "地面共振" 问题为主。然后，讲述直升机旋翼/动力/传动系统组成的扭振系统动力学问题，重点分析扭振系统的固有特性及稳定性。最后讲述结构梁模型，主要包括非线性小变形梁和中等变形梁模型，这部分内容是旋翼气弹动力学的基础，在旋翼固有特性、气弹载荷和气弹稳定性，以及旋翼/机体耦合动力学等方面研究应用广泛，由于有一定的理论深度，可作为本科生的课后阅读内容。

　　"直升机结构动力学" 是门有一定难度的专业课程，在学习 "直升机结构动力学" 课程之前，建议先学习或已掌握相关课程知识，例如，理论力学、材料力学、机械振动、结构力学，以及航空航天概论和直升机空气动力学等，只有掌握了这些相关知识，才能充分理解和掌握本课程内容。直升机结构动力学相关参考书籍不多，国内可参考孙之钊等编写的《直升机强度》和张晓谷编写的《直升机动力学设计》，国外可参考 Johnson 编写的 *Rotorcraft Aeromechanics* 和 Bramwell 等编写的 *Bramwell's Helicopter Dynamics*。由于国外书籍阅读起来难免会有一定的困难，推荐先阅读 Leishman 编写的 *Principles of Helicopter Aerodynamics*，该书虽然是直升机空气动力学方面外文教材，但其英文描述相对简单易懂，便于自学。随着网络技术的不断发展，很多直升机相关知识可通过相关搜索引擎或网站检索进行查找。

第二章 旋翼桨叶动力学特性

旋翼桨叶的动力学特性主要指旋翼桨叶模态特性，即固有频率及其对应的固有振型，它是研究旋翼动力学问题的基础和出发点，对直升机的动力学问题往往起着重要以至决定性的作用，甚至对直升机的飞行品质也有重要影响。本章内容主要包括桨叶挥舞弯曲、摆振弯曲和扭转等状态下的自由振动。对于铰接式旋翼，一般可单独分析三方向的振动，即认为各自由度间是相互独立的。实际上这三方向运动之间存在着耦合，特别是对带弹性约束铰接式、无铰式和无轴承式旋翼。桨叶的模态特性可以采用有限元法或其他近似方法进行求解，从而得到不同转速时旋翼桨叶挥舞、摆振和扭转各阶固有频率及其振型。桨叶动力学设计需避免旋转桨叶固有频率与桨叶激振频率 (空气动力) 发生共振，调整桨叶频率可在一定程度上控制桨叶动力学响应，进而影响直升机的振动水平。桨叶动力学特性是后续动力学响应和动力学稳定性分析的基础。

第一节 旋翼构造型式

旋翼构造型式是指旋翼桨叶与旋翼桨毂的连接方式，即旋翼桨毂的结构型式，不同构造型式的旋翼，其动力学特性有明显的差别，通常来讲一般可分为铰接式旋翼 (articulated rotor)、半铰接式旋翼 (semi-articulated rotor)、无铰式旋翼 (hingeless rotor) 以及无轴承式旋翼 (bearingless rotor) 等，如图 2.1 所示。

(a) 铰接式旋翼（UH–60旋翼桨毂）

(b) 跷跷板式旋翼（Bell 47 旋翼桨毂）

(c) 无铰式旋翼(BO-105旋翼桨毂)

(d) 无轴承式旋翼(EC135旋翼桨毂)

图 2.1 旋翼构造型式

　　铰接式旋翼桨叶通过挥舞铰 (水平铰)、摆振铰 (垂直铰) 和变距铰 (轴向铰) 与旋翼轴相连，为增强旋翼气弹稳定性，通常在摆振铰处加装减摆器给旋翼摆振方向提供机械阻尼。铰接式旋翼桨叶的挥舞和摆振方向都是根部铰支的，变距运动 (扭转) 受到操纵线系的约束，属于根部铰支并附带弹性约束。法国的 "海豚" 直升机采用星形柔性桨毂，本质上是带弹性约束的铰接式旋翼。

　　无铰式旋翼保留了变距铰，取消了挥舞铰和摆振铰，桨叶的挥舞和摆振运动完全通过桨叶根部柔性结构的弹性变形来实现。桨叶挥舞和摆振方向根部固支，变距方向与铰接式旋翼相同。

　　半铰接式旋翼分为跷跷板式和万向铰式两种构型。跷跷板式旋翼的桨叶共用一个挥舞铰，没有摆振铰，每片桨叶都有变距铰。应用最多的是两片桨叶跷跷板旋翼，也有三片桨叶的。对于挥舞面内的对称载荷，桨叶根部约束类似于无铰式旋翼，挥舞方向约束为固支；对于挥舞面内的反对称载荷，桨叶根部约束类似铰接式旋翼，挥舞方向约束为铰支。摆振面约束同无铰式旋翼，而变距方向约束同铰接式旋翼。万向接头式旋翼的多片桨叶共用一个万向铰，例如，V-22"鱼鹰" 倾转旋翼机的万向铰式旋翼的三片桨叶共用万向铰，如图 2.2 所示。

(a) V-22 "鱼鹰" 倾转旋翼机

(b) A160长航时无人直升机

(c) S-97 "前行桨叶概念" 高速直升机

(d) Racer高速构型直升机

图 2.2　几种新构型旋翼飞行器

　　无轴承式旋翼既取消了挥舞铰和摆振铰，还取消了变距铰，桨叶的变距运动也是通过根部柔性结构的弹性变形来实现的。桨叶在挥舞和摆振方向的根部约束同无铰式，扭转 (变距) 方向为弹性约束。

　　随着直升机技术快速发展，人类社会对直升机的性能要求越来越高，新构型旋翼飞行器不断涌现，如图 2.2 所示。有些新构型旋翼飞行器沿用以前旋翼构型，如 X-3 复合式高速直升机沿用欧洲直升机公司的 EC155 直升机旋翼系统；有些则采用了新型旋翼桨毂。

基于"前行桨叶概念"(advancing blade concept) S-97 高速直升机和 A160 长航时无人直升机等旋翼飞行器均采用了刚性旋翼 (rigid rotor) 设计。从桨叶与桨毂的连接方式来看，刚性旋翼应属于无铰式或无轴承式旋翼，但又不同于常规无铰式和无轴承式旋翼，关键在于其基阶固有频率比明显高。例如，S-97 高速直升机的前序机型 X2"前行桨叶概念"高速直升机，悬停时桨叶的挥舞、摆振和扭转基阶固有频率比分别为 1.5/rev[①]、1.4/rev、>6.0/rev (Blackwell and Millott, 2008)。对于 X2 高速直升机来说，刚性旋翼无须减摆器，旋翼结构简化，阻力减小，有助于提升最大前飞速度；刚性旋翼意味着桨叶刚度大，变形明显小，这样可减小上下两副共轴旋翼间距离，从而减小桨毂阻力，进一步提升最大飞行速度；刚性旋翼稳定性好，不会出现"地面共振"和"空中共振"等动力学不稳定性问题。但是，刚性旋翼也会带来相关动力学问题，如过大的旋翼载荷，X2 高速直升机机体就采用了结构振动主动控制方法降低机体过高的振动水平 (Blackwell and Millott, 2008)。

旋翼构造型式取决于旋翼桨叶根部的约束型式，从而对桨叶挥舞、摆振和扭转方向的固有特性产生重要影响，桨叶的固有特性不同，其动力学特性也不尽相同，从而对旋翼的振动响应和气弹稳定性产生重要乃至决定性影响。

考虑带摆振铰 (铰外伸量为零) 和铰弹簧的旋转刚体桨叶，在科里奥利力 (Coriolis force, 简称科氏力) 和气动力的作用下，摆振角 1 阶谐波量 ζ_{1c} 和 ζ_{1s} 的幅值为 (Han and Smith, 2009)

$$
\begin{cases}
\zeta_{1c} = \dfrac{-(\gamma C_Q/(\sigma C_{l\alpha}))_{1c} + 2\beta_{1c}\beta_{1s}}{1-\nu_\zeta^2} \\
\zeta_{1s} = \dfrac{-(\gamma C_Q/(\sigma C_{l\alpha}))_{1s} + 2\beta_{1c}\beta_{1s}}{1-\nu_\zeta^2}
\end{cases}
\tag{2.1}
$$

式中，γ 为桨叶洛克数；C_Q 为旋翼扭矩系数；σ 为旋翼实度；β_{1c} 和 β_{1s} 为桨叶纵向和横向挥舞角；ν_ζ 为旋转桨叶摆振频率比；$C_{l\alpha}$ 为升力线斜率。由式 (2.1) 可知，桨叶摆振 1 阶运动幅值正比于 $1/(1-\nu_\zeta^2)$，由于摆振铰弹簧刚度正比于 ν_ζ^2 (刚度项提供频率)，那么桨叶根部 1 阶摆振力矩就正比于 $\nu_\zeta^2/(1-\nu_\zeta^2)$。同理可得，2 阶摆振力矩正比于 $\nu_\zeta^2/(4-\nu_\zeta^2)$。图 2.3 和图 2.4 分别给出函数 $\nu_\zeta^2/(1-\nu_\zeta^2)$ 和 $\nu_\zeta^2/(4-\nu_\zeta^2)$ 随 ν_ζ 的变化曲线，分别可代表摆振 1 阶和 2 阶载荷随摆振基阶固有频率比的变化关系。由图 2.3 和图 2.4 可以看出，桨叶摆振频率接近 1 阶和 2 阶共振频率时，摆振载荷水平迅速增大；摆振刚硬旋翼 ($\nu_\zeta > 1$) 的 1 阶和 2 阶摆振载荷水平明显高于摆振柔软旋翼 (ν_ζ 介于 $0.6 \sim 0.7$)，摆振柔软旋翼的载荷水平明显高于铰接式旋翼 (ν_ζ 介于 $0.2 \sim 0.3$)；桨叶越刚硬，载荷水平越高。$\nu_\zeta = 1.4$ 时的摆振 1 阶载荷是 $\nu_\zeta = 0.7$ 时的 2 倍多，是 $\nu_\zeta = 0.3$ 时的 7 倍多；$\nu_\zeta = 1.4$ 时的摆振 2 阶载荷是 $\nu_\zeta = 0.7$ 时的 20 余倍，是 $\nu_\zeta = 0.3$ 时的 40 余倍。很明显，桨叶动力学特性对桨叶载荷水平影响显著。

旋翼构造型式的选择需综合考虑多方面因素。例如，铰接式旋翼根部载荷小，结构实现相对容易，但是稳定性相对较差，零件数量多，维护不便，操纵功效小。又如，V-22 倾

---

① 1/rev 表示 1 次每转, per revolution。

转旋翼机采用三片桨叶共用万向铰构型旋翼，该旋翼构型易于旋翼拉力的倾斜，但是旋翼摆振方向刚硬，直升机模式飞行时根部载荷水平必然较高。

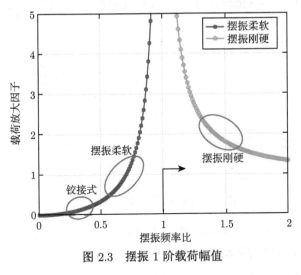

图 2.3　摆振 1 阶载荷幅值

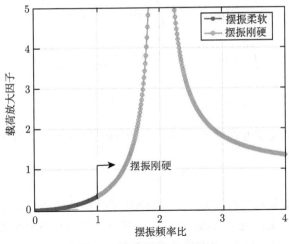

图 2.4　摆振 2 阶载荷幅值

第二节　刚体桨叶动力学

刚体桨叶虽然描述的是桨叶最低阶的动力学特性，但是旋翼动力学中许多问题的物理机理探寻、参数影响的分析以及相关概念的理解都可依赖于基于刚体桨叶的动力学模型，因此将刚体桨叶动力学作为旋翼动力学问题讲述的开始。

一、刚体桨叶挥舞运动

考虑带挥舞铰外伸量 e 的刚体桨叶，如图 2.5 所示，桨叶线密度为 m，旋翼转速为 Ω，旋翼半径为 R，桨叶挥舞角为 β。考虑图 2.5 所示位置 r 处微段，其所受力有：离心力 $\mathrm{d}F_c$，其对挥舞铰的力臂为 $(r-e)\sin\beta$；惯性力 $\mathrm{d}F_I$，其对挥舞铰的力臂为 $r-e$；气动

力 $\mathrm{d}F_z$，其对挥舞铰的力臂为 $r-e$。在这些力的作用下平衡，桨叶挥舞运动方程为

$$\int_e^R (r-e)\mathrm{d}F_I + \int_e^R (r-e)\sin\beta\mathrm{d}F_c = \int_e^R (r-e)\mathrm{d}F_z \tag{2.2}$$

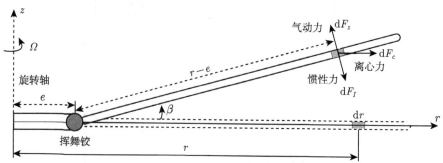

图 2.5　刚体桨叶挥舞运动示意图

惯性力可表示为 $\mathrm{d}F_I = (r-e)\ddot{\beta}m\mathrm{d}r$，离心力可表示为 $\mathrm{d}F_c = m\Omega^2 r\mathrm{d}r$，考虑小角度假设，有 $\sin\beta \approx \beta$，那么桨叶挥舞运动方程可化为

$$\ddot{\beta}\int_e^R m(r-e)^2\mathrm{d}r + \Omega^2\beta\int_e^R mr(r-e)\mathrm{d}r = \int_e^R (r-e)\mathrm{d}F_z \tag{2.3}$$

定义桨叶质量惯矩 $I_b = \int_e^R m(r-e)^2\mathrm{d}r$ 和质量静矩 $S_b = \int_e^R m(r-e)\mathrm{d}r$，上述方程可表示为

$$I_b\ddot{\beta} + (I_b + eS_b)\Omega^2\beta = \int_e^R (r-e)\mathrm{d}F_z \tag{2.4}$$

由刚体桨叶挥舞运动方程可知，无阻尼时刚体桨叶挥舞运动的固有频率为

$$\omega_\beta = \sqrt{1 + \frac{eS_b}{I_b}}\Omega \tag{2.5}$$

当采用中心铰接式旋翼结构时，即 $e=0$，刚体桨叶运动的固有频率与旋翼转速恰好相等，即 $\omega_\beta = \Omega$，此时桨叶处于共振状态，由于桨叶挥舞方向气动阻尼很大，挥舞响应不会发散，后续会有介绍。通常，用旋翼转速对桨叶固有频率进行无量纲化处理，定义挥舞频率比为

$$\nu_\beta = \frac{\omega_\beta}{\Omega} = \sqrt{1 + \frac{eS_b}{I_b}} \tag{2.6}$$

如果桨叶质量均匀分布，挥舞频率比可以化为

$$\nu_\beta = \frac{\omega_\beta}{\Omega} = \sqrt{1 + \frac{3}{2}\frac{e}{R-e}} \tag{2.7}$$

　　法国的"海豚"SA365N 直升机的挥舞铰外伸量为旋翼半径的 3.86%，美国的"黑鹰"直升机的挥舞铰外伸量为旋翼半径的 4.7%，几乎是目前铰接式旋翼的上限。如果 e/R 取为 0.04，对于质量均匀分布的桨叶，可以得出 $e/(R-e)$ 的近似值为 0.04，对应的挥舞固有频率比为 1.03。对于铰接式旋翼，桨叶挥舞基阶固有频率与旋翼旋转频率非常接近，无铰式或者无轴承式旋翼挥舞频率比稍大。

不同于摆振方向，桨叶挥舞方向一般不会附加额外的机械阻尼装置，该方向阻尼主要来源于气动力。气动力与来流速度 (位移对时间的导数) 相关，那么气动力就会给系统提供阻尼。当直升机以速度 V 前飞时，旋翼桨盘必须前倾才能提供前飞所需的拉力，假设前飞速度与桨盘的夹角为 α，那么沿桨盘平面的气流分量为 $V\cos\alpha$，垂直于桨盘平面的气流分量为 $V\sin\alpha$，旋翼诱导速度沿旋翼轴方向的分量记为 v_i，桨叶剖面来流如图 2.6 所示。在前飞速度和旋翼旋转的共同作用下，距离旋转中心为 r 的桨叶剖面处的切向速度 U_T、径向速度 U_R 和垂直于桨盘的气流速度 U_P 可表示为

$$\begin{cases} U_T = \Omega r + V\cos\alpha\sin\psi \\ U_R = V\cos\alpha\cos\psi\cos\beta \\ U_P = V\sin\alpha + v_i + (r-e)\dot{\beta} + V\cos\alpha\cos\psi\sin\beta \end{cases} \tag{2.8}$$

式中，ψ 为桨叶方位角。

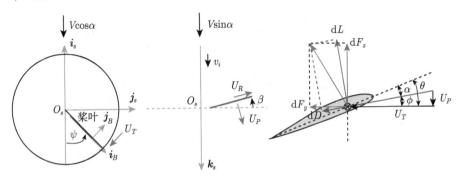

图 2.6　桨叶剖面来流

一般情况下，由于垂向气流速度 U_P 远小于切向气流速度 U_T，因此作用在剖面上的气流合速度可以表示为

$$U = \sqrt{U_P^2 + U_T^2} \approx U_T \tag{2.9}$$

入流角 ϕ 可近似为

$$\phi = \arctan\left(\frac{U_P}{U_T}\right) \approx \frac{U_P}{U_T} \tag{2.10}$$

桨叶的桨距角为 θ，由于入流的影响，剖面相对于当地气流的有效迎角为

$$\alpha = \theta - \phi \tag{2.11}$$

将气动力进行线性化处理，作用在翼剖面上的升力和阻力为

$$\begin{cases} \mathrm{d}L = \dfrac{1}{2}\rho U^2 c C_l \mathrm{d}r = \dfrac{1}{2}\rho U_T^2 c C_{l\alpha}\left(\theta - \dfrac{U_P}{U_T}\right)\mathrm{d}r \\ \mathrm{d}D = \dfrac{1}{2}\rho U^2 c C_d \mathrm{d}r \end{cases} \tag{2.12}$$

式中，ρ 为空气密度；c 为翼型弦长；C_l 为翼型升力系数；C_d 为翼型阻力系数。那么该气动力在桨叶坐标系中投影为

$$\begin{cases} \mathrm{d}F_z = \mathrm{d}L\cos\phi - \mathrm{d}D\sin\phi \approx \mathrm{d}L \\ \mathrm{d}F_y = \mathrm{d}L\sin\phi + \mathrm{d}D\cos\phi \approx \phi\mathrm{d}L + \mathrm{d}D \end{cases} \tag{2.13}$$

挥舞铰处，气动力引起的桨叶挥舞力矩为

$$M_A = \int_e^R (r-e)\mathrm{d}F_z \tag{2.14}$$

当直升机处于悬停状态时，假定：旋翼诱导速度均匀分布，即不随桨叶半径和方位角变化；桨叶的挥舞铰外伸量为零；桨叶预扭线性变化，桨叶桨距角可表示为 $\theta = \theta_0 + \theta_{tw}r/R$，$\theta_0$ 为旋翼总距角，θ_{tw} 为桨叶预扭角。因此，气动力引起的桨叶挥舞力矩为

$$\begin{aligned} M_A &= \int_0^R \frac{1}{2}\rho U_T^2 cC_{l\alpha}\left(\theta - \frac{U_P}{U_T}\right)r\mathrm{d}r \\ &= \int_0^R \frac{1}{2}\rho\Omega^2 cC_{l\alpha}\left(\theta_0 + \theta_{tw}\frac{r}{R} - \frac{v_i + r\dot\beta}{\Omega r}\right)r^3\mathrm{d}r \\ &= \frac{1}{8}\rho\Omega^2 cC_{l\alpha}R^4\left(\theta_0 - \frac{4\theta_{tw}}{5} - \frac{\dot\beta}{\Omega} - \frac{4}{3}\frac{v_i}{\Omega R}\right) \end{aligned} \tag{2.15}$$

定义桨叶洛克数为

$$\gamma = \frac{\rho C_{l\alpha}cR^4}{I_b} \tag{2.16}$$

由桨叶洛克数的表达式可知，桨叶洛克数表征的是桨叶气动力与惯性力的比值。将气动力引起的挥舞力矩代入桨叶挥舞运动方程 (2.4)，有

$$\ddot\beta + \frac{1}{8}\gamma\Omega\dot\beta + \Omega^2\beta = \frac{1}{8}\gamma\Omega^2\left(\theta_0 - \frac{4}{5}\theta_{tw} - \frac{4}{3}\frac{v_i}{\Omega R}\right) \tag{2.17}$$

由式 (2.17) 可知，该阻尼系统的固有频率为 $\Omega\sqrt{1-(\gamma/16)^2}$，系统阻尼比为 $\zeta = \gamma/16$。旋翼桨叶的洛克数范围为 4~10，法国的 SA349/2"小羚羊" 直升机桨叶的洛克数是 4.54，对应的阻尼比为 0.284，美国的 UH-60A"黑鹰" 直升机桨叶的洛克数是 8.19，其阻尼比超过 0.5，对于一般的振动系统而言，这是一个相当大的阻尼值。

桨叶挥舞响应的幅频和相频曲线如图 2.7 和图 2.8 所示。图中频率比为激振频率与固有频率之比。外激励频率接近桨叶挥舞固有频率时，较大的挥舞气动阻尼能有效地抑制桨叶挥舞响应的共振峰值；气动阻尼的存在会使桨叶挥舞响应滞后于外激励，但是无论阻尼大小如何，当外激励频率与无阻尼系统固有频率相同时，桨叶挥舞响应滞后外激励 90°；对于有阻尼单自由度系统，经过一个周期后，响应的幅值衰减至初始值的 $\exp(-2\pi\zeta/(1-\zeta^2)^{0.5})$。以 "黑鹰" 直升机为例，由于气动阻尼的影响，桨叶转过 180° 方位角后，外界扰动影响衰减至 15%。这充分说明，悬停时，直升机旋翼桨叶的挥舞运动稳定性非常好。

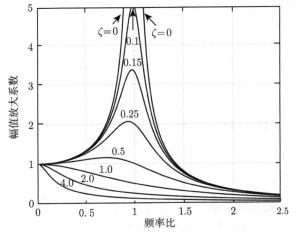

图 2.7 幅频曲线

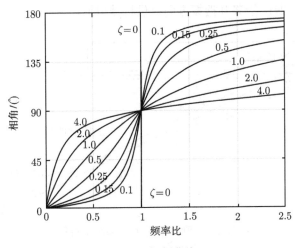

图 2.8 相频曲线

二、刚体桨叶摆振运动

考虑带摆振铰的刚体桨叶，铰外伸量为 e，桨叶线密度为 m，摆振角为 ζ，定义桨叶后摆为正，如图 2.9 所示，不考虑桨叶摆振运动对桨叶旋转速度的影响。离心力对摆振铰的力臂为 $e\sin A = (r-e)\sin B$，且有 $A+B=\zeta$，按小角度假设，那么离心力的力臂长为 $e(r-e)\zeta/r$。桨叶在离心力、惯性力和气动力的作用下平衡，由摆振铰处合力矩为零，得桨叶摆振运动方程为

$$\int_e^R (r-e)\mathrm{d}F_I + \int_e^R e(r-e)\zeta/r\mathrm{d}F_c = \int_e^R (r-e)\mathrm{d}F_y \tag{2.18}$$

将离心力 $\mathrm{d}F_c = m\Omega^2 r\mathrm{d}r$ 和惯性力 $\mathrm{d}F_I = (r-e)\ddot{\zeta}m\mathrm{d}r$ 代入，有

$$\ddot{\zeta}\int_e^R (r-e)^2 m\mathrm{d}r + \zeta\Omega^2 e\int_e^R (r-e)m\mathrm{d}r = \int_e^R (r-e)\mathrm{d}F_y \tag{2.19}$$

因此，刚体桨叶摆振运动的固有频率为

$$\omega_\zeta = \sqrt{\dfrac{e\displaystyle\int_e^R (r-e)m\mathrm{d}r}{\displaystyle\int_e^R (r-e)^2 m\mathrm{d}r}}\,\Omega \tag{2.20}$$

对于均质桨叶 (m 为常数)，摆振固有频率比为

$$\nu_\zeta = \sqrt{\dfrac{3e}{2(R-e)}} \tag{2.21}$$

与挥舞铰一样，摆振铰外伸量通常不大于桨叶半径的 4.0%，对于纯铰接式均质桨叶，摆振运动的固有频率比一般不大于 0.25。与挥舞运动不同，气动力对摆振运动提供的阻尼非常小，为增强旋翼桨叶摆振方向的稳定性，铰接式、无铰式和无轴承式旋翼一般都加装减摆器 (摆振阻尼器)，给桨叶摆振方向提供机械阻尼。

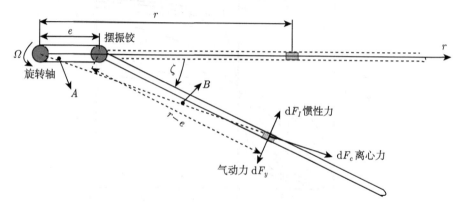

图 2.9   刚性桨叶摆振运动示意图

三、刚体桨叶变距运动

铰接式和无铰式旋翼桨叶都带有变距铰，桨叶可绕变距铰做刚体转动，桨叶小拉杆、摇臂以及相应的连接和支持系统组成桨叶操纵线系，其对桨叶变距运动提供弹性约束，该约束刚度实际上是非线性的，进行刚体桨叶变距运动分析时，通常将其简化为线性约束。

将桨叶看成刚体，图 2.10 给出刚体桨叶变距运动示意图。桨叶转速为 Ω，假定桨叶质量分布于翼型弦线上，考虑距变距轴线为 x 的微元 $\mathrm{d}m$，微元所受离心力在翼剖面内分量为 $\Omega^2 x\cos\theta\mathrm{d}m$，如图 2.10 所示，该力对变距轴线的扭矩为 $\Omega^2 x^2\sin\theta\cos\theta\mathrm{d}m$，沿剖面积分可得桨叶单位长度螺旋桨力矩，考虑小角度假设，剖面螺旋桨力矩为

$$\int_A \Omega^2 x^2 \sin\theta\cos\theta\mathrm{d}m \doteq \Omega^2\theta\int_A x^2\mathrm{d}m = I_\theta\Omega^2\theta \tag{2.22}$$

式中，沿整片桨叶积分可得整片桨叶所受螺旋桨力矩为

$$\int_0^R I_\theta\Omega^2\theta\mathrm{d}r = I_f\Omega^2\theta \tag{2.23}$$

其中，I_θ 为剖面绕变距轴质量惯矩；I_f 为桨叶绕变距轴线转动惯量，即

$$I_f = \int_0^R I_\theta \mathrm{d}r \tag{2.24}$$

桨叶绕变距轴线的转动，在惯性力矩 $I_\theta \ddot{\theta}$、离心力产生的螺旋桨力矩 $I_f \Omega^2 \theta$、操纵线系产生的约束力矩 $k_\theta \theta$ 和气动扭矩 M_θ 的共同作用下，桨叶变距运动方程为

$$I_\theta \ddot{\theta} + I_f \Omega^2 \theta + k_\theta \theta = M_\theta \tag{2.25}$$

式中，k_θ 为操纵线系提供的线性变距约束刚度。根据式 (2.25)，桨叶绕变距轴线自由振动的固有频率为

$$\omega_\theta = \sqrt{\frac{k_\theta}{I_f} + \Omega^2} \tag{2.26}$$

对应频率比为

$$\nu_\theta = \frac{\omega_\theta}{\Omega} = \sqrt{\frac{k_\theta}{I_f \Omega^2} + 1} \tag{2.27}$$

　　由式 (2.27) 可以看出，操纵线系和离心力均对桨叶变距运动提供约束刚度，通常桨叶变距运动约束刚度较大，离心力对变距运动提供的刚度相对较小。这里，我们并未考虑桨叶扭转方向的弹性，桨叶弹性对桨叶绕变距轴线运动也有影响，通常桨叶弹性扭转刚度较大，操纵线系对桨叶绕变距轴线运动的固有频率起主导作用。

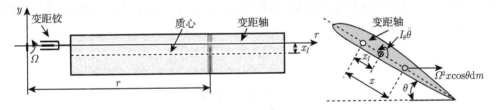

图 2.10　刚体桨叶变距运动示意图

第三节　不旋转弹性桨叶动力学

一、弯曲振动方程

　　很早以前，研究人员就认识到，桨叶预扭可提升旋翼性能，较大的负预扭有利于提升悬停时旋翼性能，而较小的桨叶负预扭有利于前飞。一般情况下，桨叶负预扭度不大，通常为 $-8° \sim -15°$。假设不旋转桨叶剖面刚心 (刚度中心简称刚心，指不考虑扭转情况下各抗侧力单元层剪力的合力中心，即剪切中心) 形成的轴线为直线，剖面质心 (质量中心简称质心，指物质系统上被认为质量集中于此的一个假想点) 和刚心一致，桨叶无预扭，即所有剖面的惯性主轴互相平行，如图 2.11 所示。在此假定下，桨叶可简化为弹性梁，可用梁的弯曲振动方程分析其动力学特性。

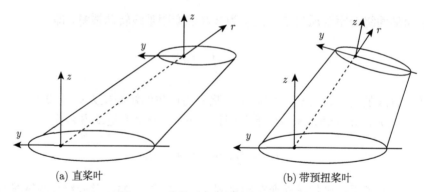

(a) 直桨叶　　　　　　　　　　　(b) 带预扭桨叶

图 2.11　直桨叶和带预扭桨叶示意图

　　桨叶做挥舞方向弹性振动, 取桨叶微段 $\mathrm{d}r$ 进行受力分析, 微段受力如图 2.12 所示, 作用在微段上的力和力矩有剪力 Q、弯矩 M 和惯性力 $-m\ddot{z}$。根据垂向力平衡, 有

$$Q + \mathrm{d}Q - Q - m\ddot{z}\mathrm{d}r = 0 \Rightarrow \frac{\partial Q}{\partial r} = m\ddot{z} \Rightarrow Q' = m\ddot{z} \tag{2.28}$$

由对中心点的力矩平衡 (忽略高阶项), 有

$$\mathrm{d}M + (Q + \mathrm{d}Q)\frac{\mathrm{d}r}{2} + Q\frac{\mathrm{d}r}{2} = 0 \Rightarrow \frac{\partial M}{\partial r} + Q = 0 \Rightarrow M'' + Q' = 0 \tag{2.29}$$

根据材料力学知识, 梁剖面弯矩为

$$M = EI_y \frac{\partial^2 z}{\partial r^2} = EI_y z'' \tag{2.30}$$

式中, EI_y 为桨叶剖面挥舞弯曲刚度。将式 (2.28) 和式 (2.30) 代入式 (2.29), 桨叶挥舞方向弯曲振动方程可化为

$$(EI_y(r)z'')'' + m(r)\ddot{z} = 0 \tag{2.31}$$

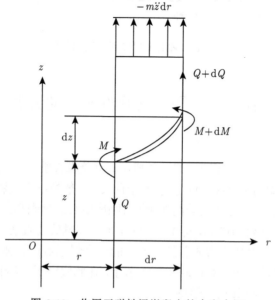

图 2.12　作用于弹性梁微段上的力和力矩

同理，桨叶摆振方向弯曲振动方程为

$$(EI_z y'')'' + m\ddot{y} = 0 \tag{2.32}$$

式中，EI_z 为桨叶摆振方向弯曲刚度。

边界条件取决于旋翼桨叶根部的构造型式。假定铰外伸量为零，对于铰接式旋翼，根部位移为零，且铰处弯矩为零，有

$$\begin{cases} z|_{r=0} = 0, & y|_{r=0} = 0 \\ (EI_y z'')|_{r=0} = 0, & (EI_z y'')|_{r=0} = 0 \end{cases} \tag{2.33}$$

对于无铰式旋翼，桨叶根部位移和转角均为零，有

$$\begin{cases} z|_{r=0} = 0, & y|_{r=0} = 0 \\ z'|_{r=0} = 0, & y'|_{r=0} = 0 \end{cases} \tag{2.34}$$

对于桨叶的自由端 (桨尖)，无论铰接式还是无铰式旋翼桨叶，均应满足剪力及弯矩皆等于零，即

$$\begin{cases} (EI_y z'')'|_{r=R} = 0, & (EI_z y'')'|_{r=R} = 0 \\ (EI_y z'')|_{r=R} = 0, & (EI_z y'')|_{r=R} = 0 \end{cases} \tag{2.35}$$

桨叶挥舞和摆振弯曲振动方程可采用分离变量法求解。假定挥舞方向弯曲自由振动方程的解为

$$z(r,t) = \varsigma(r) \cdot \delta(t) \tag{2.36}$$

式中，$\varsigma(r)$ 仅为径向坐标 r 的函数；$\delta(t)$ 仅为时间 t 的函数。将式 (2.36) 代入桨叶挥舞弯曲自由振动方程 (2.31)，有

$$(EI_y \varsigma''(r)\delta(t))'' + m\varsigma(r)\ddot{\delta}(t) = 0 \Rightarrow \frac{(EI_y \varsigma''(r))''}{m\varsigma(r)} = -\frac{\ddot{\delta}(t)}{\delta(t)} \tag{2.37}$$

要使方程两边相等，方程两边只能同时等于一常量，将该常量记为 ω^2，即

$$\frac{(EI_y \varsigma''(r))''}{m\varsigma(r)} = -\frac{\ddot{\delta}(t)}{\delta(t)} = \omega^2 \tag{2.38}$$

原方程可解耦为两个方程：一个是与 r 相关的振型方程；另一个是与 t 相关的频率方程，即

$$\begin{cases} (EI_y \varsigma'')'' - \omega^2 m\varsigma = 0 \\ \ddot{\delta} + \omega^2 \delta = 0 \end{cases} \tag{2.39}$$

频率方程是二阶常系数线性微分方程，该方程的解为

$$\delta = A\sin(\omega t) + B\cos(\omega t) \tag{2.40}$$

很明显，该运动是角频率为 ω 的简谐振动，系数 A 和 B 由初始条件确定，函数 $\varsigma(r)$ 为该角频率为 ω 的简谐振动的振型，即沿桨叶径向的振幅分布。

对于具有常弯曲刚度、常质量分布的不旋转桨叶，振型方程可表示为

$$\varsigma'''' - a^4 \varsigma = 0 \tag{2.41}$$

式中

$$a^4 = \frac{m\omega^2}{EI_y} \tag{2.42}$$

振型方程的通解为

$$\varsigma(r) = C_1 \cosh(ar) + C_2 \sinh(ar) + C_3 \cos(ar) + C_4 \sin(ar) \tag{2.43}$$

式中，C_1、C_2、C_3 和 C_4 为待定常数。注意，$\cosh x = (\mathrm{e}^x + \mathrm{e}^{-x})/2$ 和 $\sinh x = (\mathrm{e}^x - \mathrm{e}^{-x})/2$。

二、无铰式旋翼桨叶固有特性

引入无铰式旋翼桨叶的边界条件 $z|_{r=0} = 0$、$z'|_{r=0} = 0$、$(EI_y z'')'|_{r=R} = 0$ 和 $(EI_y z'')|_{r=R} = 0$，有

$$\varsigma|_{r=0} = \varsigma'|_{r=0} = \varsigma''|_{r=R} = \varsigma'''|_{r=R} = 0 \tag{2.44}$$

将边界条件代入振型方程的通解式 (2.43)，得齐次线性代数方程组为

$$\begin{cases} C_1 + C_3 = 0 \\ aC_2 + aC_4 = 0 \\ C_1 a^2 \cosh(aR) + C_2 a^2 \sinh(aR) - C_3 a^2 \cos(aR) - C_4 a^2 \sin(aR) = 0 \\ C_1 a^3 \sinh(aR) + C_2 a^3 \cosh(aR) + C_3 a^3 \sin(aR) - C_4 a^3 \cos(aR) = 0 \end{cases} \tag{2.45}$$

由方程组 (2.45) 前面两式，可得出 $C_1 = -C_3$ 和 $C_2 = -C_4$，代入后面两式，有

$$(\cosh(aR) + \cos(aR))^2 = (\sinh(aR) + \sin(aR))(\sinh(aR) - \sin(aR)) \tag{2.46}$$

化简后有

$$\cosh(aR)\cos(aR) + 1 = 0 \tag{2.47}$$

该方程为超越方程，有无穷多个根，可通过数值方法求解。绘制 $y = \cos x$ 与 $y = -1/\cosh x$ 曲线，如图 2.13 所示，根据两曲线的交点值可得方程的前 4 个根为 $a_1 = 1.87/R$、$a_2 = 4.68/R$、$a_3 = 7.86/R$ 和 $a_4 = 10.99/R$。将这些数值代入式 (2.42) 可得前 4 阶频率为

$$\begin{cases} \omega_1 = 3.50\sqrt{\dfrac{EI_y}{mR^4}} \\[2mm] \omega_2 = 21.90\sqrt{\dfrac{EI_y}{mR^4}} \\[2mm] \omega_3 = 61.78\sqrt{\dfrac{EI_y}{mR^4}} \\[2mm] \omega_4 = 120.78\sqrt{\dfrac{EI_y}{mR^4}} \end{cases} \tag{2.48}$$

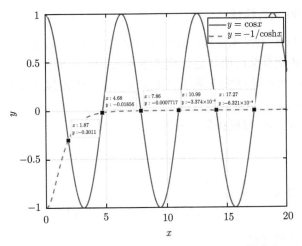

图 2.13　函数 $y = \cos x$ 与 $y = -1/\cosh x$ 的交点

当然，也可以用近似公式求解 a_j 的值，即

$$a_j = \frac{\pi}{R}\left(j - \frac{1}{2}\right) \tag{2.49}$$

式中，$j = 1, 2, 3, \cdots$。近似公式中的阶次 j 越高，a_j 的值越精确。

令 $C_1 = 1$，可求得系数 C_2、C_3 和 C_4 的值。如令振型函数在 $r/R \in [0,1]$ 的范围内最大值为 1，那么第 j 阶振型函数可表示为

$$\varsigma_j = \cosh(a_j r) - \cos(a_j r) - \frac{\cosh(a_j R) + \cos(a_j R)}{\sinh(a_j R) + \sin(a_j R)}\left(\sinh(a_j r) - \sin(a_j r)\right) \tag{2.50}$$

图 2.14 给出了由式 (2.50) 绘制的旋翼桨叶前 4 阶固有振型图，很明显，振型位移最大处均位于桨叶尖部，也就是说，通常桨叶尖部位移最大。

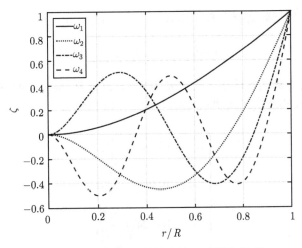

图 2.14　无铰式旋翼桨叶前 4 阶固有振型

三、铰接式旋翼桨叶固有特性

铰接式旋翼不同于无铰式旋翼，由于铰的存在，铰接式旋翼桨叶存在零频对应的刚体运动模态 (不旋转旋翼桨叶刚体运动模态频率为 0Hz)。需要注意的是，无铰式旋翼桨叶不存在零频模态，因此桨叶模态从 1 开始算起，而对于铰接式旋翼，因存在零频模态，桨叶模态从 0 开始计。

当 $\omega_0 = 0$ 时，$a = 0$，对应振型方程为

$$\varsigma'''' = 0 \tag{2.51}$$

此时模态方程的通解为

$$\varsigma(r) = C_3 r^3 + C_2 r^2 + C_1 r + C_0 \tag{2.52}$$

由铰接式旋翼桨叶边界条件

$$\varsigma|_{r=0} = \varsigma''|_{r=0} = \varsigma''|_{r=R} = \varsigma'''|_{r=R} = 0 \tag{2.53}$$

有

$$C_0 = C_2 = C_3 = 0 \tag{2.54}$$

振型方程可化简为

$$\varsigma(r) = C_1 r \tag{2.55}$$

将该振型正则化后，有

$$\int_0^R m\,(C_1 r)^2\,\mathrm{d}r = 1 \Rightarrow C_1 = \sqrt{\frac{3}{mR^3}} \tag{2.56}$$

当 $\omega \neq 0$ 时，方程的通解同样可假定为

$$\varsigma(r) = C_1 \cosh(ar) + C_2 \sinh(ar) + C_3 \cos(ar) + C_4 \sin(ar) \tag{2.57}$$

同样根据铰接式旋翼桨叶边界条件 (2.53)，有 $C_1 = C_3 = 0$，且

$$\tan(aR) - \tanh(aR) = 0 \tag{2.58}$$

同理可求得铰接式旋翼桨叶的前 4 阶分别为 $a_1 = 3.93/R$、$a_2 = 7.07/R$、$a_3 = 10.21/R$ 和 $a_4 = 13.35/R$。将这些数值代入式 (2.42) 可得前 4 阶频率为

$$\begin{cases} \omega_1 = 15.44\sqrt{\dfrac{EI_y}{mR^4}} \\[2mm] \omega_2 = 49.99\sqrt{\dfrac{EI_y}{mR^4}} \\[2mm] \omega_3 = 104.24\sqrt{\dfrac{EI_y}{mR^4}} \\[2mm] \omega_4 = 178.22\sqrt{\dfrac{EI_y}{mR^4}} \end{cases} \tag{2.59}$$

令 $C_2 = 1$，可得对应各阶振型函数。如令振型函数在 $r/R \in [0,1]$ 的范围内最大值为 1，那么第 j 阶振型函数可表示为

$$\varsigma_j(r) = \sinh(a_j r) + \frac{\sinh(a_j R)}{\sin(a_j R)} \sin(a_j r) \tag{2.60}$$

根据振型函数表达式，绘制铰接式旋翼桨叶前 4 阶固有振型如图 2.15 所示。对于零阶振型同样按 $[0,1]$ 的范围内最大值为 1 进行处理。

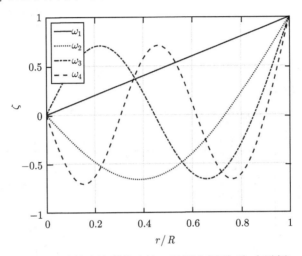

图 2.15　铰接式旋翼桨叶前 4 阶固有振型 (包含零频)

由铰接式和无铰式旋翼桨叶各阶固有频率可以看出，存在铰接 $\omega_0 <$ 无铰 $\omega_1 <$ 铰接 $\omega_1 <$ 无铰 $\omega_2 < \cdots$。由求得的各阶固有频率及其振型，以及位移响应是各阶固有振型叠加的结果，可得 $z(r,t)$，桨叶剖面弯曲应力就为

$$\sigma = \frac{Mh}{I_y} = \frac{EI_y z'' h}{I_y} = Ehz'' \tag{2.61}$$

式中，h 为桨叶剖面所求应力点到惯性主轴 Oy 的距离；M 为桨叶剖面弯矩。

前面用于旋翼桨叶挥舞方向的动力学分析方法，同样适用于摆振平面。通常，摆振平面弯曲刚度 EI_z 明显大于挥舞平面刚度 EI_y (桨叶翼型构造特点)，因而，不旋转桨叶摆振平面弯曲固有频率明显大于挥舞平面弯曲固有频率。

四、桨叶扬起下坠的应力分析

停在地面或舰面上的直升机，在旋翼启动和停转过程中，当遇到突风作用时，由于桨叶离心力较小 (离心力刚度小) 和离心式限动块释放，可能出现桨叶大幅上扬后坠落与挥舞限动装置发生碰撞的现象，导致桨尖位移过大与尾梁或者机身相碰撞的事故。因此，桨叶扬起下坠问题是直升机设计和使用过程中需注意的重要问题。

旋翼桨叶在扬起下坠运动过程中，由于阻尼的作用 (气动阻尼和结构阻尼)，桨叶的振动会自然衰减，若确定桨叶的最大应力状态，即首次扬起下坠最大变形状态，可忽略各种阻尼的影响。桨叶扬起下坠示意如图 2.16 所示。桨叶的弹性变形可表示为各阶固有振

型的叠加：

$$z(r,t) = \sum_j \varsigma_j(r)\left(A_j\sin(\omega_j t) + B_j\cos(\omega_j t)\right) \tag{2.62}$$

式中，ς_j 和 ω_j 分别为桨叶挥舞方向第 j 阶弯曲固有振型和频率。级数求和项数越多，所得结果越能接近精确解，一般取 3~4 项级数求和可近似给出满足精度要求的弹性变形 $z(r,t)$。

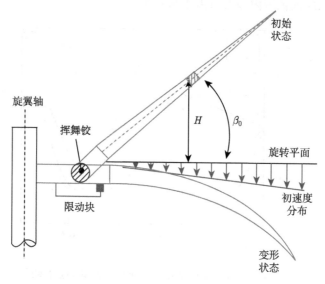

图 2.16　桨叶扬起下坠示意图

桨叶置于限动块之上，桨叶边界条件类似于无铰式旋翼桨叶，有

$$\begin{cases} z|_{r=0} = 0, & EI_y z''|_{r=R} = 0 \\ z'|_{r=0} = 0, & (EI_y z'')'|_{r=R} = 0 \end{cases} \tag{2.63}$$

初始条件按初始位移为零和初始速度 $v_0(r)$ 给定，即

$$\begin{cases} z|_{t=0} = 0 \\ \dot{z}|_{t=0} = v_0(r) \end{cases} \tag{2.64}$$

将初始条件代入桨叶挥舞弯曲自由振动方程的解，有

$$\begin{cases} B_j = 0 \\ \sum_j \varsigma_j \omega_j A_j = v_0(r) \end{cases} \tag{2.65}$$

将式 (2.65) 中第 2 式两边同时乘以 $m\varsigma_k \mathrm{d}r$，并沿桨叶半径 R 积分，有

$$\sum_j A_j \omega_j \int_0^R m\varsigma_j \varsigma_k \mathrm{d}r = \int_0^R m v_0 \varsigma_k \mathrm{d}r \tag{2.66}$$

利用固有振型的正交性，存在

$$\int_0^R m\varsigma_j\varsigma_k\mathrm{d}r = \begin{cases} 0, & j \neq k \\ \displaystyle\int_0^R m\varsigma_k^2\mathrm{d}r, & j = k \end{cases} \tag{2.67}$$

有

$$A_j\omega_j\int_0^R m\varsigma_j^2\mathrm{d}r = \int_0^R mv_0\varsigma_j\mathrm{d}r \Rightarrow A_j = \dfrac{\displaystyle\int_0^R mv_0\varsigma_j\mathrm{d}r}{\omega_j\displaystyle\int_0^R m\varsigma_j^2\mathrm{d}r} \tag{2.68}$$

如果已知桨叶沿径向的初始速度分布函数 $v_0(r)$，那么可由式 (2.68) 求出 A_j，之后代入关于 z 的表达式中求出 z；将 z 对 r 求二阶导数即可确定 z''，进而可根据桨叶剖面的弯曲应力公式 (2.61) 确定 σ。

速度 $v_0(r)$ 的分布可通过机械能守恒定律求得。假定桨叶扬起到与限动块接触过程中无弹性变形，桨叶向上挥舞的初始角为 β_0 时，桨叶的重力势能为

$$U = \int_0^R mgH\mathrm{d}r = \int_0^R mgr\sin\beta_0\mathrm{d}r = S_b g\sin\beta_0 \tag{2.69}$$

式中，$S_b = \displaystyle\int_0^R mr\mathrm{d}r$ 为桨叶质量静矩。桨叶扬起下坠后与限动块接触时，由桨叶重力势能转化为桨叶动能，存在

$$T = \frac{1}{2}I_b\omega^2 = S_b g\sin\beta_0 \tag{2.70}$$

式中，$I_b = \displaystyle\int_0^R mr^2\mathrm{d}r$ 为桨叶转动惯量 (质量惯矩)。初始速度 v_0 的分布为

$$v_0(r) = \omega r = r\sqrt{\dfrac{2S_b g\sin\beta_0}{I_b}} \tag{2.71}$$

上述分析假定，桨叶扬起到与限动块接触过程无弹性变形，但实际上，旋翼桨叶在下坠过程中会出现弯曲变形，下坠时的速度分布并非按假定的线性分布。桨叶扬起下坠后与限动块碰撞，其间涉及复杂的碰撞动力学问题。如需模拟实际的桨叶扬起下坠过程，需采用弹性梁模型，并考虑桨叶与限动块之间的碰撞问题。鉴于该问题的复杂性，不在此叙述，可参考相关文献 (Keller and Smith, 1999；韩东等, 2006)。

第四节　旋转弹性桨叶动力学

与不旋转桨叶类似，旋转弹性桨叶动力学主要包括桨叶挥舞、摆振和扭转方向的动力学特性，旋转桨叶与不旋转桨叶的本质区别在于离心力对旋翼桨叶的动力学特性影响，离心力对不同方向的动力学特性的影响不尽相同。

一、旋转桨叶的挥舞弯曲运动

(一) 挥舞动力学方程

假定旋翼转速为 Ω，由桨叶各剖面刚心 (剪力的合力中心) 形成的轴线为直线，剖面质心与刚心重合，桨叶无扭转，桨叶挥舞、摆振和扭转运动之间无耦合。

取桨叶微段 dr 进行受力分析，微段受力如图 2.17 所示。作用在微段上的力和力矩有剪力 Q、弯矩 M、离心力 N 和分布载荷 W，分布载荷 W 由气动力 T 和惯性力 $m\ddot{z}$ 组成，即 $W = T - m\ddot{z}$。平衡方程的建立从微段垂向力、径向力和挥舞弯矩的平衡着手。

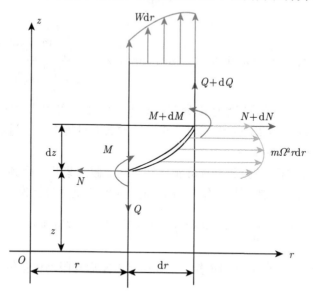

图 2.17　作用于桨叶微段上的力和力矩

根据桨叶微段 dr 在挥舞方向 (z 方向，或垂向) 的力平衡，存在

$$Q + \frac{\partial Q}{\partial r}dr - Q + Wdr = 0 \Rightarrow \frac{\partial Q}{\partial r} + W = 0 \tag{2.72}$$

将其代入分布载荷 W 的表达式，可得

$$Q' + T - m\ddot{z} = 0 \tag{2.73}$$

由微段 dr 在 r 向的力平衡 (离心力方向，或径向)，存在

$$N + dN - N + m\Omega^2 rdr = 0 \tag{2.74}$$

式 (2.74) 两边同时在区间 $[r, R]$ 积分，可得离心力表达式为

$$dN + m\Omega^2 rdr = 0 \Rightarrow \int_r^R dN = N(R) - N(r) = \int_r^R -m\Omega^2 rdr \Rightarrow N(r) = \int_r^R m\Omega^2 rdr \tag{2.75}$$

式中，运用了 $N(R) = 0$，原因是桨叶尖部的离心力为零。

由各力和力矩对微段 dr 中心点的力矩平衡 (外力影响为零，逆时针为正)，存在

$$M + dM - M - (N + dN)\frac{dz}{2} - N\frac{dz}{2} + (Q + dQ)\frac{dr}{2} + Q\frac{dr}{2} = 0 \tag{2.76}$$

略去高阶项 $dNdz$ 和 $dQdr$，保留一阶项，式 (2.76) 两边同时除以 dr，可以化为

$$\frac{\partial M}{\partial r} - N\frac{\partial z}{\partial r} + Q = 0 \Rightarrow M'' - (Nz')' + Q' = 0 \tag{2.77}$$

将 $Q' = m\ddot{z} - T$ 和 $M = EI_y z''$ 代入式 (2.77)，得旋转桨叶挥舞运动方程为

$$(EI_y z'')'' - (Nz')' + m\ddot{z} = T \tag{2.78}$$

如令外激励 (气动力) 为零，可得旋转桨叶挥舞弯曲自由振动方程为

$$(EI_y z'')'' - (Nz')' + m\ddot{z} = 0 \tag{2.79}$$

旋转桨叶挥舞弯曲自由振动方程的求解同样可采用分离变量法。假定该方程的解为

$$z(r,t) = \varsigma(r) \cdot \delta(t) \tag{2.80}$$

将其代入桨叶弯曲自由振动方程中，有

$$\frac{(EI_y \varsigma''(r))'' - (N\varsigma'(r))'}{m(r)\varsigma(r)} = -\frac{\ddot{\delta}(t)}{\delta(t)} \tag{2.81}$$

式 (2.81) 左边是关于径向坐标 r 的函数，而右边是关于时间 t 的函数，如果要使方程两边相等，那么方程左右两边等于某一常量，假定该常量为 ω_n^2，则有

$$\frac{(EI_y \varsigma''(r))'' - (N\varsigma'(r))'}{m(r)\varsigma(r)} = -\frac{\ddot{\delta}(t)}{\delta(t)} = \omega_n^2 \tag{2.82}$$

因此，挥舞运动的振型方程为

$$(EI_y \varsigma''(r))'' - (N\varsigma'(r))' - \omega_n^2 m(r)\varsigma(r) = 0 \tag{2.83}$$

频率方程为

$$\ddot{\delta}(t) + \omega_n^2 \delta(t) = 0 \tag{2.84}$$

挥舞运动边界条件根据不同的旋翼构型会有所不同。铰接式旋翼桨叶根部位移和力矩为零，且桨叶尖部剪力和弯矩为零，存在

$$\varsigma(0) = \varsigma''(0) = \varsigma''(R) = \varsigma'''(R) = 0 \tag{2.85}$$

如为无铰式或无轴承式旋翼桨叶，其根部位移和转角为零，且桨叶尖部剪力和弯矩为零，存在

$$\varsigma(0) = \varsigma'(0) = \varsigma''(R) = \varsigma'''(R) = 0 \tag{2.86}$$

(二) 振型正交性

对于具有无限个自由度的弹性桨叶而言，它有无限个固有频率 ω_i，每一个固有频率对应着一个固有振型 ς_i，也就是说桨叶具有无限个对应于固有频率 ω_i 的固有振型 $\varsigma_i (i = 1, 2, 3, \cdots)$。桨叶的挥舞运动可表示为各阶频率与振型积的叠加，即

$$z(r,t) = \sum_{i=1}^{\infty} \varsigma_i(r)\delta_i(t) \tag{2.87}$$

振型 ς_i 的一个重要特征是满足正交性。假定 $\varsigma_j(r)$ 和 $\varsigma_k(r)$ 是式 (2.83) 的两个不同的解，它们对应的频率为 ω_j 和 ω_k，分别代入式 (2.83)，有

$$\left(EI_y\varsigma_j''\right)'' - \left(N\varsigma_j'\right)' - \omega_j^2 m\varsigma_j = 0 \tag{2.88}$$

$$\left(EI_y\varsigma_k''\right)'' - \left(N\varsigma_k'\right)' - \omega_k^2 m\varsigma_k = 0 \tag{2.89}$$

式 (2.88) 两边乘以 ς_k，并对 r 沿径向从 0 到 R 积分，有

$$\int_0^R \left(EI_y\varsigma_j''\right)'' \varsigma_k dr - \int_0^R \left(N\varsigma_j'\right)' \varsigma_k dr - \omega_j^2 \int_0^R m\varsigma_j\varsigma_k dr = 0 \tag{2.90}$$

式 (2.89) 两边乘以 ς_j，并对 r 沿径向从 0 到 R 积分，有

$$\int_0^R \left(EI_y\varsigma_k''\right)'' \varsigma_j dr - \int_0^R \left(N\varsigma_k'\right)' \varsigma_j dr - \omega_k^2 \int_0^R m\varsigma_k\varsigma_j dr = 0 \tag{2.91}$$

将式 (2.90) 左边第一项进行两次分部积分，同时利用边界条件，有

$$\int_0^R \left(EI_y\varsigma_j''\right)'' \varsigma_k dr = \varsigma_k \left(EI_y\varsigma_j''\right)' |_0^R - \int_0^R \left(EI_y\varsigma_j''\right)' \varsigma_k' dr$$
$$= \int_0^R \left(EI_y\varsigma_j''\varsigma_k''\right) dr - EI_y\varsigma_j''\varsigma_k' |_0^R$$
$$= \int_0^R \left(EI_y\varsigma_j''\varsigma_k''\right) dr \tag{2.92}$$

将式 (2.90) 左边第二项进行一次分部积分，同时利用边界条件，有

$$\int_0^R \left(N\varsigma_j'\right)' \varsigma_k dr = N\varsigma_j'\varsigma_k |_0^R - \int_0^R \left(N\varsigma_j'\varsigma_k'\right) dr$$
$$= -\int_0^R \left(N\varsigma_j'\varsigma_k'\right) dr \tag{2.93}$$

式 (2.90) 可化为

$$\int_0^R \left(EI_y\varsigma_j''\varsigma_k''\right) dr + \int_0^R \left(N\varsigma_j'\varsigma_k'\right) dr - \omega_j^2 \int_0^R m\varsigma_j\varsigma_k dr = 0 \tag{2.94}$$

同理，式 (2.91) 可表示为

$$\int_0^R \left(EI_y\varsigma_k''\varsigma_j''\right) dr + \int_0^R \left(N\varsigma_k'\varsigma_j'\right) dr - \omega_k^2 \int_0^R m\varsigma_k\varsigma_j dr = 0 \tag{2.95}$$

式 (2.94) 减去式 (2.95)，有

$$\left(\omega_j^2 - \omega_k^2\right) \int_0^R m\varsigma_j\varsigma_k dr = 0 \tag{2.96}$$

当 $j \neq k$ 时，$\omega_j \neq \omega_k$，存在

$$\int_0^R m\varsigma_j\varsigma_k dr = 0 \tag{2.97}$$

因此，有

$$\int_0^R m\varsigma_j\varsigma_k \mathrm{d}r = \begin{cases} 0, & j \neq k \\ \displaystyle\int_0^R m\varsigma_j^2 \mathrm{d}r, & j = k \end{cases} \tag{2.98}$$

式 (2.98) 表明，桨叶不同固有振型之间是加权正交的，加权函数为桨叶的质量分布 $m(r)$。正交性可用来检验所计算的模态的精确性，如果计算出来的模态不满足正交性要求，说明所计算的模态中有错误模态。

(三) 挥舞固有频率及振型

由模态的正交性，可得第 i 阶模态运动方程的积分表达式，即

$$\int_0^R EI_y \left(\varsigma_i''\right)^2 \mathrm{d}r + \int_0^R N \left(\varsigma_i'\right)^2 \mathrm{d}r - \omega_i^2 \int_0^R m\varsigma_i^2 \mathrm{d}r = 0 \tag{2.99}$$

因此，桨叶第 i 阶挥舞固有频率的表达式为

$$\omega_{\beta_i}^2 = \frac{\displaystyle\int_0^R EI_y \left(\varsigma_i''\right)^2 \mathrm{d}r + \int_0^R N \left(\varsigma_i'\right)^2 \mathrm{d}r}{\displaystyle\int_0^R m\varsigma_i^2 \mathrm{d}r} = \frac{K_i}{M_i} \tag{2.100}$$

式中，K_i 和 M_i 分别为第 i 阶模态的广义刚度和广义质量，即

$$\begin{cases} K_i = \displaystyle\int_0^R EI_y \left(\varsigma_i''\right)^2 \mathrm{d}r + \int_0^R N \left(\varsigma_i'\right)^2 \mathrm{d}r \\ M_i = \displaystyle\int_0^R m\varsigma_i^2 \mathrm{d}r \end{cases} \tag{2.101}$$

由离心力表达式 $N = \displaystyle\int_r^R m\Omega^2 r \mathrm{d}r$，有

$$K_i = \int_0^R EI_y \left(\varsigma_i''\right)^2 \mathrm{d}r + \Omega^2 \int_0^R \left(\varsigma_i'\right)^2 \left(\int_r^R mr\mathrm{d}r\right) \mathrm{d}r \tag{2.102}$$

式中，右边第一项为弹性刚度；第二项为离心力刚度。

对于铰接式旋翼，其 0 阶振型是一条直线 $\varsigma_0(r) = r$，代表桨叶刚性挥舞，对于该模态，弹性刚度为零，对应频率为 Ω。对于无铰式旋翼，其一阶振型对应铰接式零阶、二阶振型对应铰接式一阶，区别在于桨叶根部约束形式，铰接式旋翼桨叶根部铰支，而无铰式及无轴承式旋翼桨叶根部固支，其根部模态弯矩最大。某铰接式旋翼桨叶和某无铰式旋翼桨叶挥舞振型如图 2.18 和图 2.19 所示。

对于铰接式旋翼，考虑其 0 阶振型 $\varsigma_0(r)$，由于是刚性挥舞，$EI_y z''$ 弹性项不存在，桨叶基阶模态的固有频率可按式 (2.5) 计算。

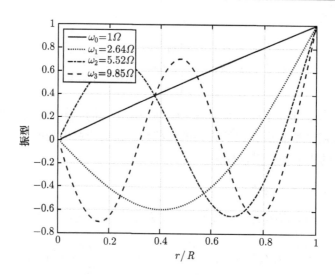

图 2.18　铰接式旋翼桨叶挥舞振型

当挥舞铰外伸量 $e=0$ 时，挥舞零阶固有频率 $\omega_{\beta_0} = \Omega$，对应无量纲频率比 $\nu_{\beta_0} = 1$，跷跷板式旋翼就属于这种情况。由于构造上的限制，挥舞铰外伸量不可能太大，即使是带弹性铰的旋翼，其铰偏置量一般也不超过 5%。铰接式旋翼桨叶挥舞零阶频率比一般介于 1.0~1.04，一般不会超过 1.04，无铰式和无轴承式旋翼挥舞一阶频率比一般介于 1.08~1.15；挥舞二阶频率比一般介于 2.6~2.9；挥舞三阶频率比一般介于 4.0~6.0；挥舞四阶频率比一般介于 7.0~9.0。

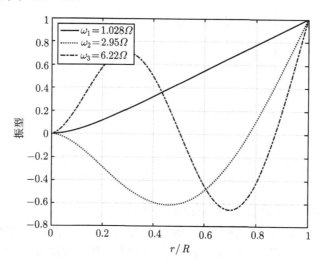

图 2.19　无铰式旋翼桨叶挥舞振型

由式 (2.100) 可看出，桨叶的挥舞固有频率主要由两部分组成，第一部分主要取决于刚度与质量之比，以及刚度、质量分布规律 (弹性刚度项)，与弹性梁的振动是一样的；第二部分取决于质量分布规律 (离心力刚度项)。对桨叶挥舞基阶 (铰接式 0 阶和无铰式 1 阶) 固有频率，离心力项的贡献是主要的，弹性力项是次要的。

(四) 旋翼共振图

　　旋翼共振图表示的是旋翼桨叶各阶次频率随旋翼转速变化的曲线。通常把旋翼各阶次谐波激振力频率和桨叶固有频率绘制在一张图上,用来检查旋翼的共振情况,这就是旋翼共振图。旋翼共振图横轴通常为旋翼转速,有量纲或者无量纲均可,纵轴为固有频率,有量纲或者无量纲均可。旋翼的激振频率为旋翼转速的整数倍,因此在旋翼共振图中,通常绘制纵坐标为横坐标整数倍的直线,这些直线表示固有频率是激振频率的整数倍。如桨叶某阶次固有频率与这些直线中的某条相交,该交点表明,旋翼工作于该点对应转速时 (横坐标),桨叶会发生对应阶次的共振。旋翼共振图可用来检查旋翼频率与共振转速的靠近程度,越靠近共振转速,说明旋翼载荷和振动水平越高,旋翼工作转速应与共振转速有一定安全范围。

　　图 2.20 给出多架直升机旋翼桨叶挥舞频率旋翼共振图的计算值 (Bousman, 1990),图中横坐标代表旋翼无量纲化转速,纵坐标代表无量纲化频率,图中 1P、2P 等代表激振力频率为转速的 1 倍和 2 倍等,如桨叶某阶挥舞频率与该直线相交,表明交点对应转速的桨叶频率与激振力频率发生共振,旋翼应该避免工作于该转速。

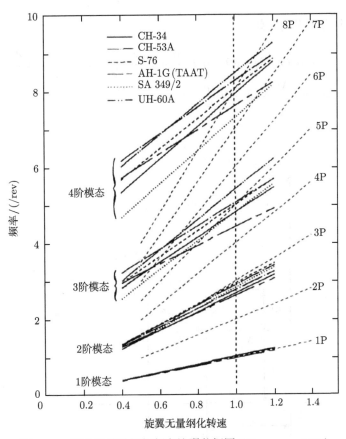

图 2.20　直升机桨叶挥舞频率旋翼共振图 (Bousman, 1990)

二、旋转桨叶的摆振弯曲运动

旋转桨叶的摆振弯曲运动方程与挥舞方向运动方程的本质区别在于离心力的影响。在建立旋转桨叶的摆振弯曲运动方程时，与挥舞类似，假定旋翼转速为 Ω，由桨叶各剖面刚心 (剪力的合力中心) 形成的轴线为直线，剖面质心与刚心重合，桨叶无扭转，桨叶挥舞、摆振和扭转运动之间无耦合。

取桨叶微段 $\mathrm{d}r$ 进行受力分析，微段受力如图 2.21 所示，其中离心力各分量如图 2.22 所示。作用在微段上的力和力矩有剪力 Q、弯矩 M、离心力 N 和分布载荷 W，分布载荷 W 由气动力 T 和惯性力 $m\ddot{y}$ 组成。与挥舞方程类似，摆振运动平衡方程的建立从微段摆振方向力、径向力和摆振弯矩方向力矩平衡着手。根据摆振方向力平衡，有

$$Q + \mathrm{d}Q - Q + W\mathrm{d}r + m\Omega^2 y\mathrm{d}r = 0 \Rightarrow \frac{\partial Q}{\partial r} + W + m\Omega^2 r = 0 \tag{2.103}$$

由径向力平衡，有

$$N + \mathrm{d}N - N + m\Omega^2 r\mathrm{d}r = 0 \Rightarrow \frac{\partial N}{\partial r} + m\Omega^2 r = 0 \tag{2.104}$$

由摆振弯矩方向力矩平衡，有

$$M + \mathrm{d}M - M + (Q + \mathrm{d}Q)\frac{\mathrm{d}r}{2} + Q\frac{\mathrm{d}r}{2} - (N + \mathrm{d}N)\frac{\mathrm{d}y}{2} - N\frac{\mathrm{d}y}{2}$$

$$= 0 \Rightarrow \frac{\partial M}{\partial r} + Q - N\frac{\partial y}{\partial r} = 0 \tag{2.105}$$

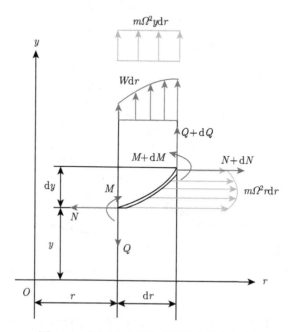

图 2.21　摆振运动时桨叶微段上的力和力矩

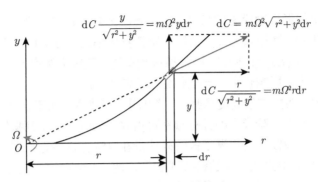

图 2.22　摆振方向离心力

类似于挥舞方程，由 $M = EI_z y''$，旋转桨叶的摆振运动方程为

$$(EI_z y'')'' - (Ny')' - m\Omega^2 y + m\ddot{y} = T \tag{2.106}$$

如外界气动力为零，可得旋转桨叶的摆振自由振动方程为

$$(EI_z y'')'' - (Ny')' - m\Omega^2 y + m\ddot{y} = 0 \tag{2.107}$$

同样采用分离变量法，假定方程的解为

$$y = \zeta(r) \cdot \delta(t) \tag{2.108}$$

将式 (2.108) 代入摆振自由振动方程，可得振型方程，即

$$(EI_z \zeta''(r))'' - (N\zeta'(r))' - (\omega_n^2 + \Omega^2) m\zeta(r) = 0 \tag{2.109}$$

频率方程为

$$\ddot{\delta}(t) + \omega_n^2 \delta(t) = 0 \tag{2.110}$$

边界条件与挥舞运动类似，不同的旋翼型式，边界条件也有所不同。铰接式旋翼桨叶根部位移和弯矩为零，且桨叶尖部剪力和弯矩为零，有

$$\zeta(0) = \zeta''(0) = \zeta''(R) = \zeta'''(R) = 0 \tag{2.111}$$

如为无铰式或无轴承式旋翼桨叶，其根部位移和转角为零，且桨叶尖部剪力和弯矩为零，有

$$\zeta(0) = \zeta'(0) = \zeta''(R) = \zeta'''(R) = 0 \tag{2.112}$$

很明显，旋转桨叶的摆振运动方程与挥舞运动方程的区别在于离心力的作用方式不同。同理，桨叶第 i 阶摆振固有频率的表达式为

$$\omega_{\zeta_i}^2 = \frac{\int_0^R EI_z \left(\zeta_i''\right)^2 \mathrm{d}r}{\int_0^R m\zeta_i^2 \mathrm{d}r} + \Omega^2 \left(\frac{\int_0^R \left(\zeta_i'\right)^2 \left(\int_r^R mr\mathrm{d}r\right) \mathrm{d}r}{\int_0^R m\zeta_i^2 \mathrm{d}r} - 1 \right) \tag{2.113}$$

式中，ζ_i 为第 i 阶摆振运动模态的振型。由于离心力对挥舞和摆振频率的影响不同，同等条件下 (刚度相同)，摆振频率 ω_{ζ_i} 要比同阶挥舞频率 ω_{β_i} 小，但由于桨叶摆振刚度通常比挥舞刚度大很多 ($EI_z \gg EI_y$)，同阶摆振频率通常较挥舞频率高。相较于挥舞而言，离心力对摆振固有频率影响较小，结构刚度的影响更大。

对于质量均匀分布的铰接式旋翼桨叶，考虑其 0 阶振型，由于是刚性运动，$EI_z y''$ 对应弹性项不存在，桨叶 0 阶模态的固有频率可用式 (2.20) 表示。摆振铰外伸量越大，摆振 0 阶频率越大。一般铰接式旋翼摆振铰外伸量在 4% 左右。铰接式旋翼摆振 0 阶频率比一般介于 0.2~0.3，带弹性约束的铰接式旋翼可达 0.5~0.6。对于摆振柔软型无铰式和无轴承式旋翼，摆振 1 阶频率比一般介于 0.6~0.7，摆振刚硬型则介于 1.3~1.6。摆振 2 阶频率比一般介于 3.0~7.0。摆振 3 阶频率比一般大于 10.0。图 2.23 所示为多个直升机旋翼桨叶摆振频率旋翼共振图的计算值 (Bousman, 1990)，图中横坐标代表旋翼无量纲化转速，纵轴代表无量纲化频率。

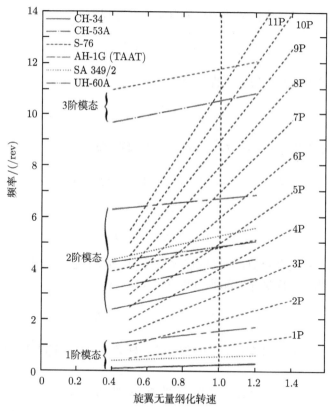

图 2.23　直升机桨叶摆振频率旋翼共振图 (Bousman, 1990)

三、旋转桨叶的扭转运动

考虑图 2.24 中桨叶微段 dr，M 为作用于微段 dr 左侧弹性扭矩，$M+dM$ 为作用于微段 dr 右侧弹性扭矩，L 为作用于微段 dr 的外扭矩。外力矩通常由三部分组成，即惯性力矩 $I_\theta \ddot{\theta} dr$、气动力矩 dL_A 和由离心力引起的螺旋桨力矩 (propeller moment)。

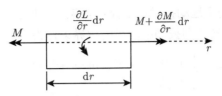

图 2.24　弹性扭转微段受力图

如图 2.25 所示，作用于桨叶微段剖面离心力在 y 轴方向的分量为 $\Omega^2 y \mathrm{d}m$，该离心力分量作用于变距轴线的扭矩为 $\Omega^2 yz\mathrm{d}m$，沿剖面积分就可得桨叶单位长度的螺旋桨力矩 $\Omega^2 \int_A yz\mathrm{d}m$。假定剖面质量沿弦线对称分布，质量微元到变距轴的距离为 x_I，螺旋桨力矩可表示为

$$\Omega^2 \int_A yz\mathrm{d}m = \Omega^2 \int_A x_I^2 \sin\theta\cos\theta\mathrm{d}m = \frac{\Omega^2}{2} \int_A x_I^2 \sin(2\theta)\mathrm{d}m \tag{2.114}$$

按小角度假设处理桨距角 θ，螺旋桨力矩为

$$\Omega^2 \int_A yz\mathrm{d}m = \Omega^2\theta \int_A x_I^2\mathrm{d}m = I_\theta \Omega^2\theta \tag{2.115}$$

式中，I_θ 为剖面绕变距轴线的质量惯矩。

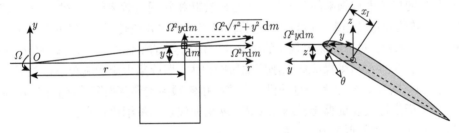

图 2.25　螺旋桨力矩示意图

根据桨叶微段扭矩平衡，有

$$\frac{\partial M}{\partial r} + \frac{\partial L}{\partial r} = 0 \tag{2.116}$$

将外扭矩代入式 (2.116)，同时考虑梁剖面扭矩：

$$M = GJ\frac{\partial\theta}{\partial r} \tag{2.117}$$

式中，GJ 为桨叶剖面抗扭刚度。桨叶绕变距轴线的扭转振动微分方程为

$$(GJ\theta')' - I_\theta\left(\ddot{\theta} + \Omega^2\theta\right) + \frac{\partial L_A}{\partial r} = 0 \tag{2.118}$$

那么，桨叶扭转自由振动方程为

$$(GJ\theta')' - I_\theta\left(\ddot{\theta} + \Omega^2\theta\right) = 0 \tag{2.119}$$

　　桨叶小拉杆对桨叶变距运动提供根部弹性约束，类似于铰扭转弹簧的功能，桨叶尖部扭矩为零，那么桨叶扭转方向振动应满足的边界条件为

$$\begin{cases} M(0) = GJ\theta'|_{r=0} = k_\theta\theta|_{r=0} \\ M(R) = 0 \end{cases} \tag{2.120}$$

式中，k_θ 为操纵线系刚度。通常桨叶根部变距操纵线系的柔度较大，操纵线系变形引起的变距角的变化占总变距角度变化的 70%~80%，说明桨叶自身的扭转刚度显著高于操纵线系的刚度。

　　扭转振动方程的求解，同样可采用分量变量法。令 $\theta = \tau(r) \cdot \delta(t)$，将其代入式 (2.119)，有

$$\frac{(GJ\tau')'}{I_\theta\tau} = \frac{\ddot{\delta} + \Omega^2\delta}{\delta} \tag{2.121}$$

如上述方程成立，那么等号两边必须为某一常量，设为 $-\omega_{\theta_0}^2$，可得振型方程和频率方程为

$$\begin{cases} (GJ\tau')' + I_\theta\omega_{\theta_0}^2\tau = 0 \\ \ddot{\delta} + \left(\omega_{\theta_0}^2 + \Omega^2\right)\delta = 0 \end{cases} \tag{2.122}$$

　　由频率方程可知，旋转时桨叶扭转固有频率为

$$\omega_\theta^2 = \omega_{\theta_0}^2 + \Omega^2 \tag{2.123}$$

即旋转桨叶的扭转固有频率的平方等于不旋转桨叶扭转固有频率的平方与旋翼转速平方之和。不旋转桨叶扭转频率一般较高，旋翼转速变化对桨叶扭转固有频率的影响很小，对 1 阶模态也是如此，对于高速短且宽的尾桨桨叶情况会有所不同。一般旋转桨叶，扭转 1 阶频率比介于 3.0~6.0 (受操纵线系刚度的影响很大，螺旋桨力矩影响较小)；扭转 2 阶频率比大于 7.0。图 2.26 给出多个直升机旋翼桨叶扭转频率旋翼共振图的计算值 (Bousman, 1990)，图中横坐标代表旋翼无量纲化转速，纵坐标代表无量纲化频率。

　　将式 (2.123) 代入振型方程，有

$$(GJ\tau')' + I_\theta\left(\omega_\theta^2 - \Omega^2\right)\tau = 0 \tag{2.124}$$

由振型方程可以看出，桨叶扭转刚度 GJ 和剖面质量惯性矩 I_θ 与旋翼转速 Ω 不相关，扭转振型 $\tau(r)$ 与旋翼转速 Ω 也基本上没有关系，也就是说，桨叶扭转振型与旋翼是否旋转关系不大。

　　通常难以得到旋转桨叶扭转自由振动方程的解析解，可采用数值方法。假定桨叶扭转刚度 GJ 为常数，桨叶旋转速度 Ω 为 0，可得到不旋转桨叶扭转自由振动的固有频率和振型的解析解。据此，不旋转桨叶自由扭转振型方程可化为

$$\begin{cases} GJ\tau'' + I_\theta\omega_\theta^2\tau = 0 \\ \ddot{\delta} + \omega_\theta^2\delta = 0 \end{cases} \tag{2.125}$$

振型方程为二阶常系数齐次微分方程，方程的解为

$$\tau(r) = A\cos(\beta_\theta r) + B\sin(\beta_\theta r) \tag{2.126}$$

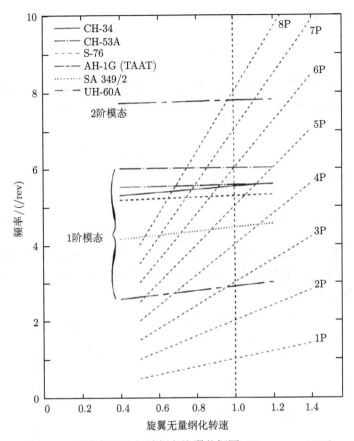

图 2.26　直升机桨叶扭转频率旋翼共振图 (Bousman, 1990)

式中，$\beta_\theta = \sqrt{\omega_\theta^2 I_\theta/(GJ)}$，引入桨叶扭转边界条件，有

$$
\begin{cases} GJ\tau'(0) = k_\theta\tau(0) \\ GJ\tau'(R) = 0 \end{cases} \Rightarrow \begin{cases} GJ\beta_\theta B = k_\theta A \\ GJ\beta_\theta \left(-A\sin\left(\beta_\theta R\right) + B\cos\left(\beta_\theta R\right)\right) = 0 \end{cases} \tag{2.127}
$$

联立上面两方程，有

$$
\beta_\theta \tan\left(\beta_\theta R\right) = \frac{k_\theta}{GJ} \tag{2.128}
$$

通过式 (2.128) 求解出各阶 β_θ 值，代入振型方程就可得到各阶振型及频率。

由桨尖扭转角为

$$
\begin{aligned}
\tau(R) &= A\cos\left(\beta_\theta R\right) + B\sin\left(\beta_\theta R\right) \\
&= A\left(\cos\left(\beta_\theta R\right) + \frac{B}{A}\sin\left(\beta_\theta R\right)\right) \\
&= A\left(\cos\left(\beta_\theta R\right) + \tan\left(\beta_\theta R\right)\sin\left(\beta_\theta R\right)\right) \\
&= \frac{A}{\cos\left(\beta_\theta R\right)}
\end{aligned} \tag{2.129}
$$

桨根扭转角为

$$
\tau(0) = A \tag{2.130}
$$

那么，桨根扭转角与桨尖扭转角之比为

$$\frac{\tau(0)}{\tau(R)} = \cos\left(\beta_\theta R\right) \tag{2.131}$$

假定桨叶扭转一阶模态的根部扭转角是尖部扭转角的一半，那么就有 $\cos(\beta_\theta R) = 0.5$，即 $\beta_\theta R = \pi/3$，假定典型值 $GJ/(I_\theta R^2) = 4000$，那么频率表达式为

$$\beta_\theta^2 = \frac{I_\theta}{GJ}\omega_\theta^2 \Rightarrow \omega_\theta = \sqrt{\frac{GJ}{I_\theta R^2}}\left(\beta_\theta R\right) \tag{2.132}$$

对应的一阶扭转频率为 10.5Hz，相应模态为

$$\tau(r) = A\cos\left(\beta_\theta r\right) + B\sin\left(\beta_\theta r\right) = \frac{A}{\cos\left(\beta_\theta R\right)}\cos\left(\beta_\theta R - \beta_\theta r\right) \tag{2.133}$$

同理求解其他各阶 $\beta_\theta R \tan(\beta_\theta R) = \pi/\sqrt{3}$ 对应的 $\beta_\theta R$，进而可求得各阶频率及振型。对应第二阶和第三阶 $\beta_\theta R$ 的值为 3.62 和 6.54，对应的固有频率为 36.4Hz 和 65.8Hz，相应的各阶振型如图 2.27 所示。

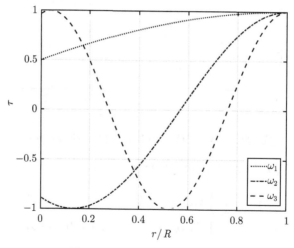

图 2.27　桨叶前 3 阶扭转振型

四、桨叶固有频率的调整

桨叶挥舞固有频率的表达式由两部分组成，如式 (2.100) 所示，从频率表达式第一项可以看出，实际上对频率影响最大的还是振型函数的二阶导数较大的那些部位的刚度，因此，可以通过改变刚度的分布规律，即刚度的局部增减来实现调频。弹性刚度项 (第一项) 中，桨叶中部增加刚度对一阶频率有较大影响，而对根部、尖部影响很小。由于弹性刚度对挥舞高阶振型有明显影响，所以对低阶振型一般不用调整挥舞刚度这个办法，用改变离心力刚度的方法改变低阶频率会更有效。从离心刚度 (第二项) 可以看出，只改变桨叶质量大小而不改变分布规律对频率不会有什么影响 (分子、分母相互抵消)。如果改变质量分布规律，加集中质量往往会对固有频率产生明显的影响。在桨尖加集中质量，对离心力刚度会产生较大影响；对广义质量，在振型的波腹处加集中质量对其影响较大，而

在节点处加集中质量则对其没有影响。综合起来，在靠近桨尖的振型节点处加集中质量，频率提高；在靠近桨根的振型波腹处加集中质量，频率降低。

对于摆振固有频率，旋转面 (摆振面) 离心力刚度的影响较小，弹性刚度影响较大，加之旋转面结构尺寸较大，所以改变桨叶摆振弯曲刚度是旋转面调频的有效措施。

扭转固有频率取决于操纵线系刚度 (70%~80%) 和桨叶自身的扭转刚度 (20%~ 30%)，增大或减小操纵线系刚度可有效增大或减小桨叶扭转方向刚度，也可采用多闭室结构提高桨叶扭转刚度，如图 2.28 所示。当然采用多闭室结构也可增强桨叶抗弹伤能力，某一闭室损伤，对总体刚度影响不大。

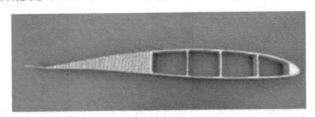

图 2.28　AH-64 直升机旋翼桨叶

第五节　桨叶固有频率和振型计算

通常，桨叶刚度 $EI(r)$ 和质量 $m(r)$ 的分布不是常数，而是展向坐标 r 的复杂函数，难以找到变系数微分方程的解析解，因此桨叶固有特性的计算需寻求近似解法或数值解法。

桨叶固有特性的解法通常可采用假设模态法和集中质量法。假设模态法的基本思想是假设一组满足边界条件的函数序列，使其接近所期求的振型函数，然后应用能量原理，求得桨叶固有频率和振型的近似值。假设模态法又分拉格朗日法 (Lagrange's method)、瑞利法 (Rayleigh's method) 和伽辽金法 (Galerkin's method)。集中质量法又分传递矩阵法和有限单元法，有限单元法是现代结构分析的基础。

一、拉格朗日法

保守系统的拉格朗日方程为

$$\frac{\mathrm{d}}{\mathrm{d}t}\left(\frac{\partial L}{\partial \dot{\delta}_i}\right) - \frac{\partial L}{\partial \delta_i} = 0, \quad i = 1, 2, 3, \cdots, n \tag{2.134}$$

式中，$L = T - U$，T 为系统动能，U 为系统势能；δ_i 为一组广义坐标。将拉格朗日方程无量纲化，根据

$$\frac{\partial()}{\partial t} = \frac{\partial()}{\partial \psi}\frac{\partial \psi}{\partial t} = \Omega\frac{\partial()}{\partial \psi} \tag{2.135}$$

拉格朗日方程可化为

$$\frac{\mathrm{d}}{\mathrm{d}t}\left(\frac{\partial L}{\partial \dot{\delta}_i}\right) - \frac{\partial L}{\partial \delta_i} = \Omega\frac{\mathrm{d}}{\mathrm{d}\psi}\left(\frac{\partial L}{\Omega\partial\widehat{\delta}_i}\right) - \frac{\partial L}{\partial \delta_i} \Rightarrow \frac{\mathrm{d}}{\mathrm{d}\psi}\left(\frac{\partial L}{\partial\widehat{\delta}_i}\right) - \frac{\partial L}{\partial \delta_i} = 0 \tag{2.136}$$

式中，$\widehat{()}$ 代表 $\partial()/\partial\psi$。

以挥舞方程为例，桨叶挥舞振动的位移解可表示为

$$\bar{z} = \sum_{i=1}^{\infty} \varsigma_i(x) \delta_i(\psi) \tag{2.137}$$

式中，ς_i 为第 i 阶固有振型；δ_i 为对应的广义坐标；且有 $\bar{z} = z/R$ 和 $x = r/R$。

桨叶在挥舞方向振动时，所具有的动能 T 为

$$T = \frac{1}{2} \int_0^R m \left(\frac{\partial z}{\partial t} \right)^2 \mathrm{d}r = \frac{1}{2} \int_0^1 m \left(\frac{R \partial \bar{z}}{\partial \psi} \frac{\partial \psi}{\partial t} \right)^2 R \mathrm{d}x = \frac{1}{2} \Omega^2 R^3 \int_0^1 m \left(\frac{\partial \bar{z}}{\partial \psi} \right)^2 \mathrm{d}x \tag{2.138}$$

将 $\bar{z}$ 的表达式代入动能表达式中，有

$$T = \frac{1}{2} \Omega^2 R^3 \sum_{i=1}^{\infty} \sum_{j=1}^{\infty} \widehat{\delta}_i \widehat{\delta}_j \int_0^1 m \varsigma_i \varsigma_j \mathrm{d}x \tag{2.139}$$

桨叶的势能包括两部分，即桨叶弯曲弹性势能 U_F 和桨叶离心力势能 U_N。

桨叶弯曲弹性势能 U_F，即桨叶的弹性应变能，为

$$U_F = \frac{1}{2} \int_0^R EI_y \left(\frac{\partial^2 z}{\partial r^2} \right)^2 \mathrm{d}r = \frac{1}{2R} \int_0^1 EI_y \left(\frac{\partial^2 \bar{z}}{\partial x^2} \right)^2 \mathrm{d}x = \frac{1}{2R} \sum_{i=1}^{\infty} \sum_{j=1}^{\infty} \delta_i \delta_j \int_0^1 EI_y \varsigma_i'' \varsigma_j'' \mathrm{d}x \tag{2.140}$$

注意，上面公式推导应用了以下公式进行变换：

$$\frac{\partial^2 z}{\partial r^2} = \frac{\partial}{\partial r} \left(\frac{\partial z}{\partial r} \right) = \frac{\partial}{\partial r} \left(\frac{\partial (R\bar{z})}{\partial (xR)} \right) = \frac{\partial}{\partial (xR)} \left(\frac{\partial \bar{z}}{\partial x} \right) = \frac{1}{R} \frac{\partial^2 \bar{z}}{\partial x^2} \tag{2.141}$$

离心力势能等于离心力在桨叶微段变形时产生的轴向位移上所做的功，如图 2.29 所示，微段变形时的轴向位移为 $\sqrt{(\mathrm{d}r)^2 + (\mathrm{d}z)^2} - \mathrm{d}r$，桨叶在离心力作用下存储的势能为

$$U_N = \int_0^R N \left(\sqrt{(\mathrm{d}r)^2 + (\mathrm{d}z)^2} - \mathrm{d}r \right) = \int_0^R N \left(\sqrt{1 + \left(\frac{\partial z}{\partial r} \right)^2} - 1 \right) \mathrm{d}r \tag{2.142}$$

采用二项式定理，将式 (2.142) 带根号项展开，保留二阶项，略去高阶项，有

$$\sqrt{1 + \left(\frac{\partial z}{\partial r} \right)^2} = 1 + \frac{1}{2} \left(\frac{\partial z}{\partial r} \right)^2 \tag{2.143}$$

将式 (2.143) 代入离心力势能表达式中，有

$$U_N = \frac{1}{2} \int_0^R N \left(\frac{\partial z}{\partial r} \right)^2 \mathrm{d}r \tag{2.144}$$

对式 (2.144) 进行无量纲化，有

$$U_N = \frac{1}{2} \int_0^1 N \left(\frac{R \partial \bar{z}}{R \partial x} \right)^2 R \mathrm{d}x = \frac{1}{2} R \int_0^1 N \left(\frac{\partial \bar{z}}{\partial x} \right)^2 \mathrm{d}x \tag{2.145}$$

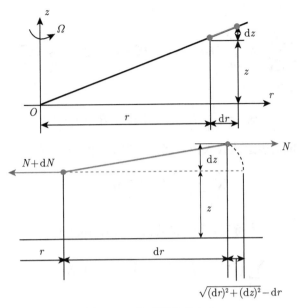

图 2.29　桨叶微段离心力

将桨叶挥舞振动的位移解代入式 (2.145)，有

$$U_N = \frac{1}{2}R\sum_{i=1}^{\infty}\sum_{j=1}^{\infty}\delta_i\delta_j\int_0^1 N\varsigma_i'\varsigma_j'\mathrm{d}x \tag{2.146}$$

桨叶总势能可表示为

$$U = U_F + U_N = \frac{1}{2R}\sum_{i=1}^{\infty}\sum_{j=1}^{\infty}\delta_i\delta_j\int_0^1 \left(EI_y\varsigma_i''\varsigma_j'' + R^2N\varsigma_i'\varsigma_j'\right)\mathrm{d}x \tag{2.147}$$

根据假设模态法的基本思想，假定一组满足相应边界条件的函数序列 $f_1(x)$, $f_2(x),\cdots,f_i(x),\cdots,f_n(x)$，去逼近桨叶振型函数 $\varsigma_i(x)$ $(i=1,2,\cdots,\infty)$，以达到足够精确的近似。桨叶挥舞自由振动方程的位移解 (无量纲化形式) 可近似表达为

$$\bar{z} = \sum_{i=1}^{n} f_i(x)\delta_i(\psi) \tag{2.148}$$

在此情况下，桨叶的动能为

$$T = \frac{1}{2}\Omega^2 R^3\sum_{i=1}^{\infty}\sum_{j=1}^{\infty}\delta_i\delta_j\int_0^1 mf_if_j\mathrm{d}x = \sum_{i=1}^{\infty}\sum_{j=1}^{\infty}A_{ij}\delta_i\delta_j \tag{2.149}$$

式中

$$A_{ij} = \frac{1}{2}\Omega^2 R^3\int_0^1 mf_if_j\mathrm{d}x \tag{2.150}$$

注意，f_i 和 f_j 并非桨叶振型的精确解，只是假定满足相应边界条件的近似振型，振型的正交性对此不适用，即当 $i\neq j$ 时，$\int_0^1 mf_if_j\mathrm{d}x \neq 0$，$A_{ij}\neq 0$。

桨叶总势能为

$$U = \frac{1}{2R} \sum_{i=1}^{n} \sum_{j=1}^{n} \delta_i \delta_j \int_0^1 \left(EI_y f_i'' f_j'' + R^2 N f_i' f_j' \right) \mathrm{d}x = \sum_{i=1}^{n} \sum_{j=1}^{n} B_{ij} \delta_i \delta_j \qquad (2.151)$$

式中

$$B_{ij} = \frac{1}{2R} \int_0^1 \left(EI_y f_i'' f_j'' + R^2 N f_i' f_j' \right) \mathrm{d}x \qquad (2.152)$$

将动能和总势能的表达式代入拉格朗日方程 (2.136) 中, 有

$$\sum_{j=1}^{n} A_{ij} \frac{\partial^2 \delta_j}{\partial \psi^2} + \sum_{j=1}^{n} B_{ij} \delta_j = 0 \qquad (2.153)$$

若令 $\delta_j = c_j \sin(\lambda_i \psi)$, c_j 为待定系数, 将其代入式 (2.153) 有

$$\sum_{j=1}^{n} \left(B_{ij} - \lambda_i^2 A_{ij} \right) c_j = 0, \quad i = 1, 2, \cdots, n \qquad (2.154)$$

表示为矩阵形式:

$$\left(\boldsymbol{B}_{n \times n} - \lambda^2 \boldsymbol{A}_{n \times n} \right) \boldsymbol{c}_{n \times 1} = \boldsymbol{0} \qquad (2.155)$$

列向量 c 存在的充分必要条件是其系数行列式的值为零, 该关系式代表了桨叶振动的特征方程, 从而可求得系统的特征值 λ, 进而得出相应的特征向量 $\boldsymbol{c}$。

例题 2.1　假设铰接式旋翼桨叶剖面刚度 EI 和质量 m 均匀分布, 水平铰外伸量为零, 求桨叶的第一阶和第二阶固有频率和振型。

解　假定桨叶变形为

$$f = c_1 f_1 + c_2 f_2$$

式中, 位移函数为

$$f_1(x) = x$$

$$f_2(x) = \frac{10}{3} x^3 - \frac{10}{3} x^4 + x^5$$

这些函数满足桨叶几何边界条件。将桨叶变形表达式代入 A_{ij} 和 B_{ij} 的表达式, 有

$$A_{11} = \frac{1}{2} \Omega^2 R^3 \int_0^1 m f_1 f_1 \mathrm{d}x = \frac{1}{2} \Omega^2 R^3 \int_0^1 m x^2 \mathrm{d}x = \frac{1}{6} m \Omega^2 R^3$$

$$N = \int_r^R m \Omega^2 r \mathrm{d}r = \frac{1}{2} m \Omega^2 (R^2 - r^2) = \frac{1}{2} m \Omega^2 R^2 (1 - x^2)$$

$$B_{11} = \frac{1}{2R} \int_0^1 \left(EI_y f_1'' f_1'' + R^2 N f_1' f_1' \right) \mathrm{d}x$$

$$= \frac{1}{2R} \int_0^1 \left(0 + \frac{1}{2} m \Omega^2 R^2 (1 - x^2) R^2 \right) \mathrm{d}x = \frac{1}{6} m \Omega^2 R^3$$

同理有下列结果:

$$\bar{A}_{11} = \frac{1}{3}, \quad \bar{A}_{12} = \bar{A}_{21} = \frac{16}{63}, \quad \bar{A}_{22} = \frac{1304}{6237}$$

$$\bar{B}_{11} = \frac{1}{3}, \quad \bar{B}_{12} = \bar{B}_{21} = \frac{16}{63}, \quad \bar{B}_{22} = \frac{80}{21}k^2 + \frac{1850}{6237}$$

上面加横线表示已除过 $m\Omega^2 R^3/2$，且 $k^2 = EI/(m\Omega^2 R^4)$。应用矩阵形式方程，有

$$\begin{bmatrix} \dfrac{1}{3} & \dfrac{16}{63} \\ \dfrac{16}{63} & \dfrac{80}{21}k^2 + \dfrac{1850}{6237} \end{bmatrix} \begin{bmatrix} c_1 \\ c_2 \end{bmatrix} - \begin{bmatrix} \dfrac{1}{3}\lambda^2 & \dfrac{16}{63}\lambda^2 \\ \dfrac{16}{63}\lambda^2 & \dfrac{1304}{6237}\lambda^2 \end{bmatrix} \begin{bmatrix} c_1 \\ c_2 \end{bmatrix} = \mathbf{0}$$

或

$$\begin{bmatrix} \dfrac{1}{3}\left(\lambda^2 - 1\right) & \dfrac{16}{63}\left(\lambda^2 - 1\right) \\ \dfrac{16}{63}\left(\lambda^2 - 1\right) & \dfrac{1304}{6237}\lambda^2 - \dfrac{80}{21}k^2 - \dfrac{1850}{6237} \end{bmatrix} \begin{bmatrix} c_1 \\ c_2 \end{bmatrix} = \mathbf{0}$$

由 $[c_1\ c_2]^{\mathrm{T}}$ 列阵的系数矩阵的行列式值等于零可得到频率方程，如果取 $k^2 = 0.004$（一般桨叶的典型值），则频率方程为

$$\begin{vmatrix} \lambda^2 - 1 & 0.7619\left(\lambda^2 - 1\right) \\ \lambda^2 - 1 & 0.8232\lambda^2 - 1.2279 \end{vmatrix} = 0$$

展开后，有

$$\left(\lambda^2 - 1\right)\left(\lambda^2 - 7.5998\right) = 0$$

该方程有两个根，即 $\lambda_1 = 1$ 和 $\lambda_2 = 2.757$。$\lambda_1 = 1$ 表示桨叶第一阶固有频率 $\omega_1 = \Omega$，对应的向量 $[c_1\ c_2]^{\mathrm{T}}$ 为 $[1\ 0]^{\mathrm{T}}$，考虑振型在 $[0, 1]$ 区间内的最大值为 1，那么对应的振型函数为

$$\varsigma_1(x) = x$$

$\lambda_2 = 2.757$ 表示桨叶的第二阶固有频率 $\omega_2 = 2.757\Omega$，对应的向量 $\boldsymbol{c}$ 可为 $[1\ \ -1.313]^{\mathrm{T}}$，考虑振型在 $[0, 1]$ 区间内的最大值为 1，对应振型为

$$\varsigma_2(x) = -3.195x + 4.195x^3\left(\frac{10}{3} - \frac{10}{3}x + x^2\right)$$

两振型如图 2.30 所示。

二、瑞利法

瑞利法是根据机械能守恒得到的一种近似计算方法，该方法通过动能的最大值与弹性势能的最大值相等求解桨叶的固有频率。

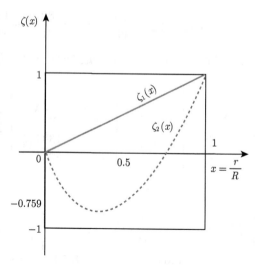

图 2.30　前两阶振型图

假定桨叶以固有频率 ω_i、相位 ϕ_i 振动时，满足相应边界条件的振型函数为 $f_i(x)$，桨叶振动位移可表示为

$$\bar{z} = f_i(x)\sin\left(\omega_i t + \phi_i\right) = f_i(x)\sin\left(\lambda_i\psi + \phi_i\right) \tag{2.156}$$

式中，$\lambda_i = \omega_i/\Omega$。桨叶的动能可表示为

$$T = \frac{1}{2}\Omega^2 R^3 \int_0^1 m\left(\frac{\partial\bar{z}}{\partial\psi}\right)^2 \mathrm{d}x = \frac{1}{2}\lambda_i^2\Omega^2 R^3 \left(\cos\left(\lambda_i\psi + \phi_i\right)\right)^2 \int_0^1 m f_i^2(x)\mathrm{d}x \tag{2.157}$$

桨叶的势能可表示为

$$
\begin{aligned}
U &= \frac{1}{2R}\int_0^1 EI_y\left(\frac{\partial^2\bar{z}}{\partial x^2}\right)^2\mathrm{d}x + \frac{1}{2}R\int_0^1 N\left(\frac{\partial\bar{z}}{\partial x}\right)^2\mathrm{d}x \\
&= \frac{1}{2R}\left(\sin\left(\lambda_i\psi + \phi_i\right)\right)^2 \int_0^1 EI_y\left(\frac{\mathrm{d}^2 f_i(x)}{\mathrm{d}x^2}\right)^2\mathrm{d}x \\
&\quad + \frac{1}{2}R\left(\sin\left(\lambda_i\psi + \phi_i\right)\right)^2 \int_0^1 N\left(\frac{\mathrm{d}f_i(x)}{\mathrm{d}x}\right)^2\mathrm{d}x
\end{aligned}
\tag{2.158}
$$

桨叶振动所具有的最大动能为

$$T_{\max} = \frac{1}{2}\lambda_i^2\Omega^2 R^3 \int_0^1 m f_i^2(x)\mathrm{d}x \tag{2.159}$$

桨叶振动所具有的最大势能为

$$U_{\max} = \frac{1}{2R}\int_0^1 EI_y\left(\frac{\mathrm{d}^2 f_i(x)}{\mathrm{d}x^2}\right)^2\mathrm{d}x + \frac{1}{2}R\int_0^1 N\left(\frac{\mathrm{d}f_i(x)}{\mathrm{d}x}\right)^2\mathrm{d}x \tag{2.160}$$

根据机械能守恒定律，由最大动能与最大势能相等，有

$$\lambda_i^2\Omega^2 = \frac{\displaystyle\int_0^1 EI_y\left(\frac{\mathrm{d}^2 f_i}{\mathrm{d}x^2}\right)^2\mathrm{d}x + R^2\int_0^1 N\left(\frac{\mathrm{d}f_i}{\mathrm{d}x}\right)^2\mathrm{d}x}{\displaystyle R^4\int_0^1 m f_i^2\mathrm{d}x} \tag{2.161}$$

如果函数 $f_i(x)$ 为桨叶的第 i 阶精确振型, 式 (2.161) 求得的频率 $\lambda_i\Omega$ 即为振型函数 $f_i(x)$ 对应的精确固有频率。如果 $f_i(x)$ 为假定的近似振型, 式 (2.161) 求得的固有频率也是近似的。瑞利法通常用于计算桨叶的低阶固有频率, 因为对应的模态比较简单, 易于假设, 而高阶频率的计算, 对应模态较为复杂, 精度不如低阶。

苏斯韦尔 (Southwell) 把式 (2.161) 改写成如下形式:

$$\omega_i^2 = \lambda_i^2\Omega^2 = \omega_{nr}^2 + \frac{\displaystyle\int_0^1 N\left(\frac{\mathrm{d}f_i}{\mathrm{d}x}\right)^2\mathrm{d}x}{R^2\displaystyle\int_0^1 mf_i^2\mathrm{d}x} \tag{2.162}$$

式中, ω_{nr} 是不旋转桨叶的固有频率, 即

$$\omega_{nr}^2 = \frac{\displaystyle\int_0^1 EI_y\left(\frac{\mathrm{d}^2f_i}{\mathrm{d}x^2}\right)^2\mathrm{d}x}{R^4\displaystyle\int_0^1 mf_i^2\mathrm{d}x} \tag{2.163}$$

桨叶剖面离心力可表示为

$$N = \int_r^R m\Omega^2 r\mathrm{d}r = \Omega^2 R^2\int_x^1 mx\mathrm{d}x \tag{2.164}$$

式 (2.162) 可写为

$$\omega_i^2 = \omega_{nr}^2 + a_i\Omega^2 \tag{2.165}$$

式中

$$a_i = \frac{\displaystyle\int_0^1\left(\int_x^1 mx\mathrm{d}x\right)\left(\frac{\mathrm{d}f_i}{\mathrm{d}x}\right)^2\mathrm{d}x}{\displaystyle\int_0^1 mf_i^2\mathrm{d}x} \tag{2.166}$$

式 (2.166) 即为苏斯韦尔公式, 该式能非常直观地说明旋翼转速 Ω 对桨叶固有频率的影响。严格来说, a_i 不是常数, 因为桨叶振型随旋翼转速稍有变化。假定 a_i 为常数, 根据该公式, 很明显, 旋翼转速很大时, 桨叶固有频率接近 $\Omega\sqrt{a_i}$。

例题 2.2 利用例题 2.1 得出的振型函数, 应用苏斯韦尔公式求解中心铰接式旋翼桨叶 (无挥舞铰偏置量) 第二阶挥舞弯曲固有频率, 假定剖面刚度 EI 和质量 m 均匀分布。

解 振型函数按前面求出的近似振型给定:

$$f_2(x) = -3.195x + 4.195x^3\left(\frac{10}{3} - \frac{10}{3}x + x^2\right)$$

将其代入苏斯韦尔的系数表达式, 有

$$a_2 = 6.621$$

不旋转桨叶的固有频率为

$$\omega_{2r}^2 = \frac{EI}{m} \frac{\int_0^1 \left(\frac{\mathrm{d}^2 f_2}{\mathrm{d}x^2}\right)^2 \mathrm{d}x}{R^4 \int_0^1 f_2^2 \mathrm{d}x} = \frac{EI}{m}\mu^4$$

式中

$$\mu^4 R^4 = \frac{\int_0^1 \left(\frac{\mathrm{d}^2 f_2}{\mathrm{d}x^2}\right)^2 \mathrm{d}x}{\int_0^1 f_2^2 \mathrm{d}x}$$

有

$$(\mu R)^4 = 244.6$$

由 $k^2 = EI/(m\Omega^2 R^4)$，得

$$\frac{EI}{m} = k^2 \Omega^2 R^4$$

有

$$\omega_{2r}^2 = (\mu R)^4 k^2 \Omega^2$$

如果取 $k^2 = 0.004$，有

$$\omega_{2r}^2 = 0.978\Omega^2$$

根据苏斯韦尔公式，有

$$\omega_2^2 = \omega_{2r}^2 + a_2\Omega^2 = 0.978\Omega^2 + 6.621\Omega^2 = 7.599\Omega^2$$

那么

$$\omega_2 = 2.757\Omega$$

这里计算出来的桨叶挥舞第二阶固有频率值与拉格朗日法计算出来的频率值一致。

三、伽辽金法

虚功原理指出，平衡力系在任意、可能的虚位移上所做的虚功之和为零。桨叶的振型方程相当于平衡力系，振型函数的变分相当于虚位移，振型方程乘以振型函数的变分在整片桨叶上积分为零。以桨叶弹性挥舞为例，考虑到 $\partial()/\partial r = \partial()/(R\partial x)$，以及 $\omega_n = \lambda_n\Omega$，旋转桨叶弹性挥舞方程可写为

$$(EI_y\varsigma_n''(x))'' - R^2(N\varsigma_n'(x))' - \lambda_n^2\Omega^2 R^4 m(x)\varsigma_n(x) = 0 \tag{2.167}$$

按虚功原理，可得控制方程为

$$\int_0^1 \left((EI_y\varsigma_n''(x))'' - R^2(N\varsigma_n'(x))' - \lambda_n^2\Omega^2 R^4 m(x)\varsigma_n(x)\right)\delta\varsigma_n(x)\mathrm{d}x = 0 \tag{2.168}$$

假设振型函数 $\varsigma_n(x)$ 为 n 个位移函数的线性组合, 即

$$\varsigma_n(x) = A_1 f_1(x) + A_2 f_2(x) + \cdots + A_i f_i(x) + \cdots + A_n f_n(x) = \sum_{i=1}^{n} A_i f_i \tag{2.169}$$

式中, A_i 为广义坐标; f_i 为满足几何边界条件和力学边界条件的位移函数。将该振型表达式代入控制方程, 有

$$\int_0^1 \left(\left(EI_y \sum_{i=1}^{n} A_i f_i'' \right)'' - R^2 \left(N \sum_{i=1}^{n} A_i f_i' \right)' - \lambda_i^2 m \Omega^2 R^4 \sum_{i=1}^{n} A_i f_i \right) \delta \left(\sum_{j=1}^{n} A_j f_j \right) \mathrm{d}x = 0 \tag{2.170}$$

将该方程整理后, 有

$$\sum_{i=1}^{n} \sum_{j=1}^{n} \left(B_{ij} - \lambda_n^2 C_{ij} \right) A_i \delta A_j = 0 \tag{2.171}$$

式中

$$B_{ij} = \int_0^1 \left(\left(EI_y f_i'' \right)'' f_j - R^2 \left(N f_i' \right)' f_j \right) \mathrm{d}x \tag{2.172}$$

$$C_{ij} = \Omega^2 R^4 \int_0^1 m f_i f_j \mathrm{d}x \tag{2.173}$$

因为 A_i 为独立广义坐标, 其所对应的广义力为零, 由控制方程可得

$$\sum_{i=1}^{n} \left(B_{ij} - \lambda^2 C_{ij} \right) A_i = 0, \quad j = 1, 2, \cdots, n \tag{2.174}$$

写成矩阵形式为

$$\left(\boldsymbol{B}_{n \times n} - \lambda^2 \boldsymbol{C}_{n \times n} \right) \boldsymbol{A}_{n \times 1} = \boldsymbol{0} \tag{2.175}$$

列向量 $\boldsymbol{A}$ 存在的充分必要条件是它的系数行列式的值为零, 这个关系式代表了桨叶振动的特征方程, 进而可求出系统的特征值 λ, 从而得到特征向量 $\boldsymbol{A}$。

如将 B_{ij} 表达式中两项分别应用分部积分, 考虑到边界条件, 最后除以 $2R$, 则有

$$\bar{B}_{ij} = \frac{1}{2R} \int_0^1 \left(EI_y f_i'' f_j'' + R^2 N f_i' f_j' \right) \mathrm{d}x \tag{2.176}$$

将 C_{ij} 除以 $2R$, 有

$$\bar{C}_{ij} = \frac{1}{2} \Omega^2 R^3 \int_0^1 m f_i f_j \mathrm{d}x \tag{2.177}$$

将 $\bar{B}_{ij}$ 和 $\bar{C}_{ij}$ 与拉格朗日法所得出的 B_{ij} 和 A_{ij} 相比可知, 在处理线性问题时, 拉格朗日法与伽辽金法求得的特征方程是一致的, 但伽辽金法可推广到求解非线性问题, 对处理桨叶动力学中的非线性问题, 伽辽金法更适用。

四、有限单元法

有限单元法 (finite element method) 是随着电子计算机技术的发展而迅速发展起来的一种现代计算方法, 是现代结构分析的基础, 源于其对不同结构形式和边界条件的良好适应性。有限单元法是一种为求解偏微分方程边值问题近似解的数值技术 (离散化方法), 其基础是变分原理和加权余量法 (王勖成, 2003), 基本求解思想是把计算域划分为有限个互不重叠的单元, 在每个单元内, 选择一些合适的节点作为求解函数的插值点, 将微分方程中的变量改写成由各变量及其导数的节点值与所选用的插值函数组成的线性表达式, 借助于变分原理或加权余量法, 将微分方程离散求解。本节主要介绍一种基于一维简单位移的有限单元法, 与瑞利–里茨法 (Rayleigh-Ritz method) 结合来解决旋转欧拉–伯努利 (Euler-Bernoulli) 梁问题。有限元处理物理问题通常遵循有限元离散、单元特性分析、单元阵的组集、约束处理与计算求解等步骤。

(一) 有限元离散

有限单元法的第一步是将旋翼桨叶离散化为图 2.31 所示的一系列单元, 每一个单元均处于自由状态。对于所有单元构建一个坐标系, 称为总体坐标系, 对于单个单元分别建立各单元坐标系, 称为局部坐标系, 通常局部坐标系与总体坐标系之间存在一定的空间转换关系。如图 2.31 所示, 由于桨叶为直梁, 总体坐标系与局部坐标系可取为一致, 就不存在空间坐标转换问题。但是对于非直梁的旋翼桨叶, 如图 2.32 所示蓝边 (blue edge™) 旋翼桨叶 (Rauch et al., 2011; Alfano et al., 2019), 桨尖先前掠后后掠, 对于此类非直梁, 有限元划分单元时, 局部坐标系与总体坐标系之间不一致, 如图 2.33 所示, 存在空间坐标转换关系, 在建立了单元矩阵后, 需将相应的局部坐标变换到总体坐标系中, 在同一坐标系下各单元阵才能进行组集。

(二) 单元特性分析

图 2.31 给出了梁变形前后的位置及梁的一个单元。梁从桨叶径向坐标 $r = 0$ 延伸至 $r = R$, 每一个梁单元沿展向定义单元局部坐标 $s \in [0, l]$, 从单元左端 $s = 0$ 延伸至右端 $s = l$, 梁单元的变形以 s 为自变量的函数形式表示, 即

$$q(s) = \sum_{i=1}^{n} H_i(s) q_i(t) \tag{2.178}$$

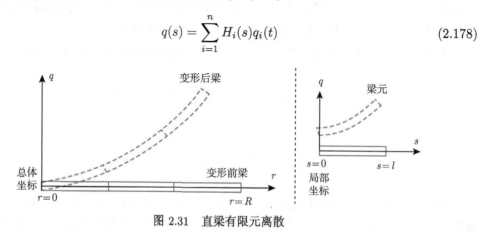

图 2.31　直梁有限元离散

图 2.32　蓝边旋翼桨叶

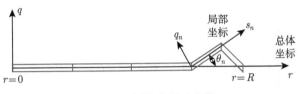

图 2.33　折梁有限元离散

此处，$q_i(i=1,2,\cdots,n)$ 为单元内所选的 n 个点的位移，这些位移可为桨叶挥舞、摆振和扭转变形的弹性位移或转角，这些点被称为节点。$H_i(i=1,2,\cdots,n)$ 是插值函数，被称为形函数，由所选的节点确定，H 的阶次取决于 n。

为了计算形函数 H_i，假设单元内 q 呈多项式分布，即

$$q(s,t)=\alpha_0+\alpha_1 s+\alpha_2 s^2+\alpha_3 s^3 \tag{2.179}$$

阶数小于 3 阶时，对应的剪切载荷为零，阶数可以大于 3 阶，但需要确定更多的未知参数。对于 3 阶多项式，未知参数为 α_0、α_1、α_2 和 α_3。为了得到这 4 个常数，需要给定 4 个 q_i。如果在一个单元内 q_i 被定义为 4 个等间隔节点位移，如图 2.34 所示，那么

$$\begin{cases} q(0,t)=q_1=\alpha_0 \\[2mm] q\left(\dfrac{l}{3},t\right)=q_2=\alpha_0+\alpha_1\left(\dfrac{l}{3}\right)+\alpha_2\left(\dfrac{l}{3}\right)^2+\alpha_3\left(\dfrac{l}{3}\right)^3 \\[2mm] q\left(\dfrac{2l}{3},t\right)=q_3=\alpha_0+\alpha_1\left(\dfrac{2l}{3}\right)+\alpha_2\left(\dfrac{2l}{3}\right)^2+\alpha_3\left(\dfrac{2l}{3}\right)^3 \\[2mm] q(l,t)=q_4=\alpha_0+\alpha_1 l+\alpha_2 l^2+\alpha_3 l^3 \end{cases} \tag{2.180}$$

根据式 (2.180) 可求得系数 $\alpha_i(q_i)$，再将 α_i 代入式 (2.179)，就可得式 (2.178)，形函数 $H_i(s)$ 为拉格朗日插值，即

$$
\begin{cases}
H_1(s) = -\dfrac{9}{2}\left(\dfrac{s}{l} - \dfrac{1}{3}\right)\left(\dfrac{s}{l} - \dfrac{2}{3}\right)\left(\dfrac{s}{l} - 1\right) \\[2mm]
H_2(s) = \dfrac{27}{2}\dfrac{s}{l}\left(\dfrac{s}{l} - \dfrac{2}{3}\right)\left(\dfrac{s}{l} - 1\right) \\[2mm]
H_3(s) = -\dfrac{27}{2}\dfrac{s}{l}\left(\dfrac{s}{l} - \dfrac{1}{3}\right)\left(\dfrac{s}{l} - 1\right) \\[2mm]
H_4(s) = \dfrac{9}{2}\dfrac{s}{l}\left(\dfrac{s}{l} - \dfrac{1}{3}\right)\left(\dfrac{s}{l} - \dfrac{2}{3}\right)
\end{cases}
\tag{2.181}
$$

图 2.34 给出了弯曲问题中对于 q_i 的一个更合适的选择。q_1 和 q_2 分别为单元左侧节点 1 的位移和转角，q_3 和 q_4 分别为单元右侧节点 2 的位移和转角。为确定插值函数，根据边界处位移及其导数，有

$$
\begin{cases}
q(0,t) = q_1 = \alpha_0 \\[2mm]
q'(0,t) = \left(\dfrac{\mathrm{d}q}{\mathrm{d}s}\right)_{s=0} = q_2 = \alpha_2 \\[2mm]
q(l,t) = q_3 = \alpha_0 + \alpha_1 l + \alpha_2 l^2 + \alpha_3 l^3 \\[2mm]
q'(l,t) = \left(\dfrac{\mathrm{d}q}{\mathrm{d}s}\right)_{s=l} = q_4 = \alpha_1 + 2\alpha_2 l + 3\alpha_3 l^2
\end{cases}
\tag{2.182}
$$

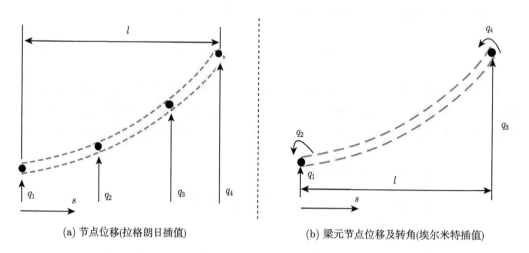

(a) 节点位移(拉格朗日插值)　　　　　　(b) 梁元节点位移及转角(埃尔米特插值)

图 2.34　两种梁单元插值

这一处理既能保证相邻单元间位移和转角的连续性，又具有采用较少单元数量使得求解快速收敛的优势。根据式 (2.182) 可求得系数 $\alpha_i(q_i)$，再将 α_i 代入表达式 (2.179)，就可得式 (2.178)，不过现在形函数 $H_i(s)$ 为埃尔米特插值多项式，即

$$\begin{cases} H_1 = 2\left(\dfrac{s}{l}\right)^3 - 3\left(\dfrac{s}{l}\right)^2 + 1 \\[2mm] H_2 = \left(\left(\dfrac{s}{l}\right)^3 - 2\left(\dfrac{s}{l}\right)^2 + \dfrac{s}{l}\right)l \\[2mm] H_3 = -2\left(\dfrac{s}{l}\right)^3 + 3\left(\dfrac{s}{l}\right)^2 \\[2mm] H_4 = \left(\left(\dfrac{s}{l}\right)^3 - \left(\dfrac{s}{l}\right)^2\right)l \end{cases} \tag{2.183}$$

现在用瑞利–里茨法来计算单元能量, 这里所做的积分是对单元 $s=0$ 至 $s=l$ 进行积分, 而不是整个梁。假定桨叶为直梁, 如图 2.31 所示, 桨叶仅有挥舞方向位移, 那么 q 就为挥舞方向弹性位移, 单元动能 T_e 可以表示为

$$T_e = \frac{1}{2}\int_0^l m\dot{q}^2 \mathrm{d}s = \frac{1}{2}\sum_{i=1}^4\sum_{j=1}^4 m_{ij}\dot{q}_i\dot{q}_j \tag{2.184}$$

式中

$$m_{ij} = \int_0^l mH_iH_j\mathrm{d}s \tag{2.185}$$

定义 N 为剖面拉力 (离心力引起), 单元势能 U_e 可以表示为

$$U_e = \frac{1}{2}\int_0^l EI\left(\frac{\mathrm{d}^2 q}{\mathrm{d}s^2}\right)^2\mathrm{d}s + \frac{1}{2}\int_0^l N\left(\frac{\mathrm{d}q}{\mathrm{d}s}\right)^2\mathrm{d}s = \frac{1}{2}\sum_{i=1}^4\sum_{j=1}^4 k_{ij}q_iq_j \tag{2.186}$$

式中

$$k_{ij} = \int_0^l EI\frac{\mathrm{d}^2 H_i}{\mathrm{d}s^2}\frac{\mathrm{d}^2 H_j}{\mathrm{d}s^2}\mathrm{d}s + \int_0^l N\frac{\mathrm{d}H_i}{\mathrm{d}s}\frac{\mathrm{d}H_j}{\mathrm{d}s}\mathrm{d}s \tag{2.187}$$

外力所做虚功由式 (2.188) 给出:

$$\delta W_e = \int_0^l f_q\delta q(s,t)\mathrm{d}s = \sum_{i=1}^4 Q_i\delta q_i \tag{2.188}$$

式中

$$Q_i = \int_0^l f_qH_i\mathrm{d}s \tag{2.189}$$

以上能量表达式可表示为矩阵形式:

$$T_e = \frac{1}{2}\dot{\boldsymbol{q}}^\mathrm{T}\boldsymbol{M}_e\dot{\boldsymbol{q}}, \quad V_e = \frac{1}{2}\dot{\boldsymbol{q}}^\mathrm{T}\boldsymbol{K}_e\dot{\boldsymbol{q}}, \quad \delta W_e = \boldsymbol{Q}_e^\mathrm{T}\delta\boldsymbol{q}$$

式中, $\boldsymbol{q} = [q_1 \quad q_2 \quad q_3 \quad q_4]^\mathrm{T}$。

假设每个单元的弯曲刚度 EI 和线密度 m 为常数。剖面拉力 N (离心力) 依赖于其与旋转轴之间的距离。若单元 i 的左端距旋转轴的距离为 r_i, 单元长度为 l, 那么该单元内的拉力为

$$N(s) = \int_{r_i+s}^R m\Omega^2\rho\mathrm{d}\rho = \int_{r_i}^R m\Omega^2\rho\mathrm{d}\rho - \int_{r_i}^{r_i+s} m\Omega^2\rho\mathrm{d}\rho \tag{2.190}$$

式中，ρ 为积分点到旋翼轴距离；右边第一项是所有单元从 j 到 n 的连续积分，即

$$\int_{r_i}^{R} m\Omega^2 \rho \mathrm{d}\rho = \sum_{j=1}^{n} \frac{m_j \Omega^2 \left(r_{j+1}^2 - r_j^2\right)}{2} \tag{2.191}$$

第二项是

$$\int_{r_i}^{r_i+s} m\Omega^2 \rho \mathrm{d}\rho = \frac{1}{2} m_i \Omega^2 \left(s^2 + 2r_i s\right) \tag{2.192}$$

因此

$$\int_{0}^{R} N\frac{\mathrm{d}H_i}{\mathrm{d}s}\frac{\mathrm{d}H_j}{\mathrm{d}s}\mathrm{d}s = \sum_{j=1}^{n} \frac{m_j\Omega^2}{2}\left(r_{j+1}^2 - r_j^2\right)\int_{0}^{R}\frac{\mathrm{d}H_i}{\mathrm{d}s}\frac{\mathrm{d}H_j}{\mathrm{d}s}\mathrm{d}s$$
$$- \frac{1}{2}m_i\Omega^2\int_{0}^{R}\left(s^2 + 2r_i s\right)\frac{\mathrm{d}H_i}{\mathrm{d}s}\frac{\mathrm{d}H_j}{\mathrm{d}s}\mathrm{d}s \tag{2.193}$$

对于力学特性均匀分布单元，封闭形式单元质量阵和单元刚度阵为

$$\boldsymbol{M}_e = \begin{bmatrix} \dfrac{13}{35}l & \dfrac{11}{210}l^2 & \dfrac{9}{70}l & -\dfrac{13}{420}l^2 \\[3mm] \dfrac{11}{210}l^2 & \dfrac{1}{105}l^3 & \dfrac{13}{420}l^2 & -\dfrac{1}{140}l^3 \\[3mm] \dfrac{9}{70}l & \dfrac{13}{420}l^2 & \dfrac{13}{35}l & -\dfrac{11}{210}l^2 \\[3mm] -\dfrac{13}{420}l^2 & -\dfrac{1}{140}l^3 & -\dfrac{11}{210}l^2 & \dfrac{1}{105}l^3 \end{bmatrix} \tag{2.194}$$

$$\boldsymbol{K}_e = EI\begin{bmatrix} \dfrac{12}{l^3} & \dfrac{6}{l^2} & -\dfrac{12}{l^3} & \dfrac{6}{l^2} \\[3mm] \dfrac{6}{l^2} & \dfrac{4}{l} & -\dfrac{6}{l^2} & \dfrac{2}{l} \\[3mm] -\dfrac{12}{l^3} & -\dfrac{6}{l^2} & \dfrac{12}{l^3} & -\dfrac{6}{l^2} \\[3mm] \dfrac{6}{l^2} & \dfrac{2}{l} & -\dfrac{6}{l^2} & \dfrac{4}{l} \end{bmatrix} + \dfrac{\Omega^2 A_i}{2}\begin{bmatrix} \dfrac{6}{5l} & \dfrac{1}{10} & -\dfrac{6}{5l} & \dfrac{1}{10} \\[3mm] \dfrac{1}{10} & \dfrac{2l}{15} & -\dfrac{1}{10} & -\dfrac{l}{30} \\[3mm] -\dfrac{6}{5l} & -\dfrac{1}{10} & \dfrac{6}{5l} & -\dfrac{1}{10} \\[3mm] \dfrac{1}{10} & -\dfrac{l}{30} & -\dfrac{1}{10} & \dfrac{2l}{15} \end{bmatrix}$$

$$- m_i\Omega^2\begin{bmatrix} \dfrac{3}{5}r_i + \dfrac{6l}{35} & \dfrac{l}{10}r_i + \dfrac{l^2}{28} & -\dfrac{3}{5}r_i - \dfrac{6l}{36} & -\dfrac{l^2}{70} \\[3mm] \dfrac{l}{10}r_i + \dfrac{l^2}{28} & \dfrac{l^2}{30}r_i + \dfrac{l^3}{105} & -\dfrac{l}{10}r_i - \dfrac{l^2}{28} & -\dfrac{l^2}{60}r_i + \dfrac{l^3}{70} \\[3mm] -\dfrac{3}{5}r_i - \dfrac{6l}{35} & -\dfrac{l}{10}r_i - \dfrac{l^2}{28} & \dfrac{3}{5}r_i + \dfrac{6l}{35} & \dfrac{l^2}{70} \\[3mm] -\dfrac{l^2}{70} & -\dfrac{l^2}{60}r_i + \dfrac{l^3}{70} & \dfrac{l^2}{70} & \dfrac{l^2}{10}r_i + \dfrac{3l^3}{70} \end{bmatrix} \tag{2.195}$$

式中

$$A_i = \sum_{j=i}^{n} m_j \left(r_{j+1}^2 - r_j^2 \right) \tag{2.196}$$

其中，r_j 和 r_{j+1} 分别为第 j 单元的左端和右端。

（三）单元阵的组集

在得到每个单元的能量和虚功后，下一步则是将它们组集起来得到系统总的能量和虚功。为了说明单元组集过程，将梁离散为三个单元，如图 2.35 所示，系统总共有 8 个自由度，即 $N=8$。总势能是所有单元势能之和，即

$$U = (U_e)_1 + (U_e)_2 + (U_e)_3 \tag{2.197}$$

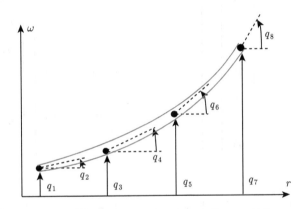

图 2.35　采用埃尔米特插值将梁离散为 3 个单元

每个单元仅有四个自由度，各单元的势能为

$$(\boldsymbol{U}_e)_1 = \frac{1}{2} \begin{bmatrix} q_1 \\ q_2 \\ q_3 \\ q_4 \\ q_5 \\ q_6 \\ q_7 \\ q_8 \end{bmatrix}^{\mathrm{T}} \begin{matrix} \begin{matrix} 1 & 2 & 3 & 4 & 5 & 6 & 7 & 8 \end{matrix} \\ \begin{bmatrix} \times & \times & \times & \times & & & & \\ \times & \times & \times & \times & & & & \\ \times & \times & \times & \times & & & & \\ \times & \times & \times & \times & & & & \\ & & & & & & & \\ & & & & & & & \\ & & & & & & & \\ & & & & & & & \end{bmatrix} \end{matrix} \begin{bmatrix} q_1 \\ q_2 \\ q_3 \\ q_4 \\ q_5 \\ q_6 \\ q_7 \\ q_8 \end{bmatrix}$$

矩阵 $(\boldsymbol{U}_e)_1$ 仅在标记位置有非零值，列数被标记在矩阵上方，类似地有

$$(\boldsymbol{U}_e)_2 = \frac{1}{2}
\begin{bmatrix} q_1 \\ q_2 \\ q_3 \\ q_4 \\ q_5 \\ q_6 \\ q_7 \\ q_8 \end{bmatrix}^{\mathrm{T}}
\begin{matrix} 1 & 2 & 3 & 4 & 5 & 6 & 7 & 8 \end{matrix}
\begin{bmatrix}
 & & & & & & & \\
 & & & & & & & \\
 & & + & + & + & + & & \\
 & & + & + & + & + & & \\
 & & + & + & + & + & & \\
 & & + & + & + & + & & \\
 & & & & & & & \\
 & & & & & & & \\
\end{bmatrix}
\begin{bmatrix} q_1 \\ q_2 \\ q_3 \\ q_4 \\ q_5 \\ q_6 \\ q_7 \\ q_8 \end{bmatrix}$$

$$(\boldsymbol{U}_e)_3 = \frac{1}{2}
\begin{bmatrix} q_1 \\ q_2 \\ q_3 \\ q_4 \\ q_5 \\ q_6 \\ q_7 \\ q_8 \end{bmatrix}^{\mathrm{T}}
\begin{matrix} 1 & 2 & 3 & 4 & 5 & 6 & 7 & 8 \end{matrix}
\begin{bmatrix}
 & & & & & & & \\
 & & & & & & & \\
 & & & & & & & \\
 & & & & & & & \\
 & & & & \square & \square & \square & \square \\
 & & & & \square & \square & \square & \square \\
 & & & & \square & \square & \square & \square \\
 & & & & \square & \square & \square & \square \\
\end{bmatrix}
\begin{bmatrix} q_1 \\ q_2 \\ q_3 \\ q_4 \\ q_5 \\ q_6 \\ q_7 \\ q_8 \end{bmatrix}$$

那么总势能可以写成

$$U = \frac{1}{2}\boldsymbol{q}^{\mathrm{T}}(\boldsymbol{K}_e)_1\,\boldsymbol{q} + \frac{1}{2}\boldsymbol{q}^{\mathrm{T}}(\boldsymbol{K}_e)_2\,\boldsymbol{q} + \frac{1}{2}\boldsymbol{q}^{\mathrm{T}}(\boldsymbol{K}_e)_3\,\boldsymbol{q} = \frac{1}{2}\boldsymbol{q}^{\mathrm{T}}\boldsymbol{K}\boldsymbol{q} \tag{2.198}$$

式中，总刚度矩阵 $\boldsymbol{K}$ 有如下形式：

$$\boldsymbol{K} = (\boldsymbol{K}_e)_1 + (\boldsymbol{K}_e)_2 + (\boldsymbol{K}_e)_3 =
\begin{matrix} 1 & 2 & 3 & 4 & 5 & 6 & 7 & 8 \end{matrix}
\begin{array}{c}
1 \\ 2 \\ 3 \\ 4 \\ 5 \\ 6 \\ 7 \\ 8
\end{array}
\begin{bmatrix}
\times & \times & \times & \times & & & & \\
\times & \times & \times & \times & & & & \\
\times & \times & \times+ & \times+ & + & + & & \\
\times & \times & \times+ & \times+ & + & + & & \\
 & & + & + & +\square & +\square & \square & \square \\
 & & + & + & +\square & +\square & \square & \square \\
 & & & & \square & \square & \square & \square \\
 & & & & \square & \square & \square & \square \\
\end{bmatrix}
\begin{array}{l}
\\ \\ \\ \times 单元1 \\ +单元2 \\ \square 单元3 \\ \\ \\
\end{array}$$

类似地，总动能 T 和总虚功 δW 以相同的方式组集，有

$$T = \frac{1}{2}\dot{q}^{\mathrm{T}}(M_e)_1\dot{q} + \frac{1}{2}\dot{q}^{\mathrm{T}}(M_e)_2\dot{q} + \frac{1}{2}\dot{q}^{\mathrm{T}}(M_e)_3\dot{q} = \frac{1}{2}\dot{q}^{\mathrm{T}}M\dot{q} \tag{2.199}$$

$$\delta W = (Q_e)_1^{\mathrm{T}}\delta q + (Q_e)_2^{\mathrm{T}}\delta q + (Q_e)_3^{\mathrm{T}}\delta q = Q^{\mathrm{T}}\delta q \tag{2.200}$$

式中，总质量阵和外力向量为

$$M = (M_e)_1 + (M_e)_2 + (M_e)_3 = \begin{array}{c} \\ 1 \\ 2 \\ 3 \\ 4 \\ 5 \\ 6 \\ 7 \\ 8 \end{array}\begin{array}{cccccccc} 1 & 2 & 3 & 4 & 5 & 6 & 7 & 8 \\ \left[\begin{array}{cccccccc} \times & \times & \times & \times & & & & \\ \times & \times & \times & \times & & & & \\ \times & \times & \times+ & \times+ & + & + & & \\ \times & \times & \times+ & \times+ & + & + & & \\ & & + & + & +\square & +\square & \square & \square \\ & & + & + & +\square & +\square & \square & \square \\ & & & & \square & \square & \square & \square \\ & & & & \square & \square & \square & \square \end{array}\right] \end{array}\begin{array}{l} \times\text{单元}1 \\ +\text{单元}2 \\ \square\text{单元}3 \end{array}$$

$$Q = (Q_e)_1 + (Q_e)_2 + (Q_e)_3 = \begin{array}{c} 1 \\ 2 \\ 3 \\ 4 \\ 5 \\ 6 \\ 7 \\ 8 \end{array}\left[\begin{array}{c} \times \\ \times \\ \times+ \\ \times+ \\ +\square \\ +\square \\ \square \\ \square \end{array}\right]\begin{array}{l} \times\text{单元}1 \\ +\text{单元}2 \\ \square\text{单元}3 \end{array}$$

根据虚功原理，平衡力系在任意、可能的虚位移上所做的虚功之和为零。那么对于整段梁存在

$$\left((EIq'')'' - (Nq')' + m\ddot{q} - f_q\right)\delta q = 0 \tag{2.201}$$

那么在整段梁上积分同样为零，有

$$\int_L \left((EIq'')'' - (Nq')' + m\ddot{q} - f_q\right)\delta q \mathrm{d}L = 0 \tag{2.202}$$

对上述方程中左边第一项和第二项进行分部积分有

$$\int_L EIq''\delta q''\mathrm{d}L + \int_L Nq'\delta q'\mathrm{d}L + \int_L m\ddot{q}\delta q\mathrm{d}L = \int_L f_q\delta q\mathrm{d}L \tag{2.203}$$

根据 $q(s)$ 的表达式，由于 q_i 为独立坐标，其对应广义力为零，即有

$$\int_L \sum_{i=1}^{n}\sum_{j=1}^{n}\left(H_i''H_j''q_i\delta q_j\right)\mathrm{d}L + \int_L \sum_{i=1}^{n}\sum_{j=1}^{n}\left(NH_i'H_j'q_i\delta q_j\right)\mathrm{d}L$$
$$+ \int_L \sum_{i=1}^{n}\sum_{j=1}^{n}\left(mH_iH_j\ddot{q}_i\delta q_j\right)\mathrm{d}L = \int_L \sum_{i=1}^{n}\left(f_qH_j\delta q_j\right)\mathrm{d}L \tag{2.204}$$

将其表示为矩阵形式，有

$$\delta \boldsymbol{q}^{\mathrm{T}} (\boldsymbol{M}\ddot{\boldsymbol{q}} + \boldsymbol{K}\boldsymbol{q} - \boldsymbol{Q}) = 0 \tag{2.205}$$

由独立坐标对应的广义力为零，系统动力学方程为

$$\boldsymbol{M}\ddot{\boldsymbol{q}} + \boldsymbol{K}\boldsymbol{q} = \boldsymbol{Q} \tag{2.206}$$

需要注意的是，虚功表达式中仅包含作用于每个单元上的外力，而不包含作用在单元两端的反作用力 (拉力和剪力) 与弯矩。因为作用于每个节点两侧的一对反作用力大小相等、方向相反，它们所做的功在单元组集过程中相互抵消。对于此 3 个单元的示例，结果为如下所示的常微分方程组：

$$\begin{bmatrix} m_{11} & m_{12} & \cdots & m_{18} \\ m_{21} & m_{22} & \cdots & m_{28} \\ \vdots & \vdots & & \vdots \\ m_{81} & m_{82} & \cdots & m_{88} \end{bmatrix} \begin{bmatrix} \ddot{q}_1 \\ \ddot{q}_2 \\ \vdots \\ \ddot{q}_8 \end{bmatrix} + \begin{bmatrix} k_{11} & k_{12} & \cdots & k_{18} \\ k_{21} & k_{22} & \cdots & k_{28} \\ \vdots & \vdots & & \vdots \\ k_{81} & m_{82} & \cdots & k_{88} \end{bmatrix} \begin{bmatrix} q_1 \\ q_2 \\ \vdots \\ q_8 \end{bmatrix} = \begin{bmatrix} Q_1 \\ Q_2 \\ \vdots \\ Q_8 \end{bmatrix} \tag{2.207}$$

该刚度矩阵 $\boldsymbol{K}$ 是奇异的，这是因为单元本身是自由–自由状态，并且没有任何约束施加于梁的两端，梁仍然是自由的，上述常微分方程组包含了梁的刚体模态，需施加几何边界条件，进行相应的约束处理。

(四) 约束处理

有限单元法的优势在于可以轻松灵活地施加不同边界条件 (通常称为约束，不限于物理边界条件)，而不需要对主要分析内容进行改动。约束处理有两种方式：一种方式是移除一定的自由度；另一种方式是向矩阵中添项。

对于无铰式旋翼，桨叶根部边界条件为

$$\begin{cases} q(0,t) = 0 \Rightarrow q_1(t) = 0 \\ q'(0,t) = 0 \Rightarrow q_2(t) = 0 \end{cases} \tag{2.208}$$

注意，对于第 2 个自由度对应的节点转动自由度，其对应的约束处理方法是，简单地移除式 (2.207) 中前两行和前两列，施加约束后方程变为

$$\begin{bmatrix} m_{33} & m_{34} & \cdots & m_{38} \\ m_{43} & m_{44} & \cdots & m_{48} \\ \vdots & \vdots & & \vdots \\ m_{83} & m_{84} & \cdots & m_{88} \end{bmatrix} \begin{bmatrix} \ddot{q}_3 \\ \ddot{q}_4 \\ \vdots \\ \ddot{q}_8 \end{bmatrix} + \begin{bmatrix} k_{33} & k_{34} & \cdots & k_{38} \\ k_{43} & k_{44} & \cdots & k_{48} \\ \vdots & \vdots & & \vdots \\ k_{83} & m_{84} & \cdots & k_{88} \end{bmatrix} \begin{bmatrix} q_3 \\ q_4 \\ \vdots \\ q_8 \end{bmatrix} = \begin{bmatrix} Q_3 \\ Q_4 \\ \vdots \\ Q_8 \end{bmatrix} \tag{2.209}$$

方程中刚度矩阵 $\boldsymbol{K}$ 不再奇异。

对于铰接式旋翼，桨叶根部边界条件为

$$q(0,t) = 0 \Rightarrow q_1(t) = 0 \tag{2.210}$$

于是仅需移除式 (2.207) 的第一行和第一列。施加约束后，方程变为

$$\begin{bmatrix} m_{22} & m_{23} & \cdots & m_{28} \\ m_{32} & m_{33} & \cdots & m_{38} \\ \vdots & \vdots & & \vdots \\ m_{82} & m_{83} & \cdots & m_{88} \end{bmatrix} \begin{bmatrix} \ddot{q}_2 \\ \ddot{q}_3 \\ \vdots \\ \ddot{q}_8 \end{bmatrix} + \begin{bmatrix} k_{22} & k_{23} & \cdots & k_{28} \\ k_{32} & k_{33} & \cdots & k_{38} \\ \vdots & \vdots & & \vdots \\ k_{82} & m_{83} & \cdots & k_{88} \end{bmatrix} \begin{bmatrix} q_2 \\ q_3 \\ \vdots \\ q_8 \end{bmatrix} = \begin{bmatrix} Q_2 \\ Q_3 \\ \vdots \\ Q_8 \end{bmatrix} \quad (2.211)$$

对于带弹性约束 k_β 的中心铰接式旋翼，将弹性势能 $(1/2)k_\beta q_2^2$ 加入 $(U_e)_1$ 中，即将 k_β 加入 k_{22} 项中。对于铰接式旋翼，移除式 (2.207) 的第一行和第一列。施加约束后，方程变为

$$\begin{bmatrix} m_{22} & m_{23} & \cdots & m_{28} \\ m_{32} & m_{33} & \cdots & m_{38} \\ \vdots & \vdots & & \vdots \\ m_{82} & m_{83} & \cdots & m_{88} \end{bmatrix} \begin{bmatrix} \ddot{q}_2 \\ \ddot{q}_3 \\ \vdots \\ \ddot{q}_8 \end{bmatrix} + \begin{bmatrix} k_{22}+k_\beta & k_{23} & \cdots & k_{28} \\ k_{32} & k_{33} & \cdots & k_{38} \\ \vdots & \vdots & & \vdots \\ k_{82} & m_{83} & \cdots & k_{88} \end{bmatrix} \begin{bmatrix} q_2 \\ q_3 \\ \vdots \\ q_8 \end{bmatrix} = \begin{bmatrix} Q_2 \\ Q_3 \\ \vdots \\ Q_8 \end{bmatrix} \quad (2.212)$$

通常桨叶的各铰并非位于旋翼轴上，而是有一定的偏置量，铰的位置在划分单元时位于单元之间。单元间铰链约束的处理较为复杂，将桨叶离散，使铰链与单元边界重合，例如，将铰链置于两个单元间的节点上，如图 2.36 所示。根据桨叶根部固支的特点，约束处理采用移除根部单元的节点的平动和转动自由度的方法。铰左侧单元右节点和铰右侧单元左节点组集时需注意，铰左侧单元右节点的平动自由度和铰右侧单元左节点的平动自由度是一个自由度，按前述方法叠加组集；转动自由度的组集则不同，两节点的转动自由度看上去重合，但并非同一个自由度。由于铰弹簧的弹性势能为左右节点转角差的平方再乘以弹簧刚度 k_β 的一半，即 $(1/2)k_\beta(q_r - q_1)^2$，那么铰左侧单元右节点转动自由度 q_r 与铰右侧单元左节点转动自由度 q_1 不是同一个自由度，不能叠加，分开组集，q_r 和 q_1 对应的主单元加入 k_β，而两自由度对应耦合项加入 $-k_\beta$，即

$$\begin{array}{c} \\ q_r \\ q_1 \end{array} \begin{array}{cc} q_r & q_1 \\ \begin{bmatrix} \times + k_\beta & \times - k_\beta \\ \times - k_\beta & \times + k_\beta \end{bmatrix} \end{array}$$

其他方向内部铰链依次进行类似处理。

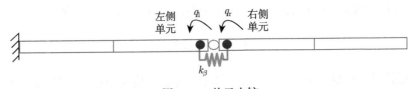

图 2.36　单元内铰

对于求解系统静态位移等问题，例如，求解外力作用下桨叶的初始挥舞位移问题，在进行约束处理时，可直接采用置大数法。例如，桨叶根部为无铰式旋翼，那么可直接

在刚度矩阵所对应的平动和转动自由度，即在 k_{11} 和 k_{22} 对应位置处加入一个大数，如 $c = 1.0 \times 10^{20}$，即

$$
\begin{bmatrix}
k_{11}+c & k_{12} & \cdots & k_{18} \\
k_{21} & k_{22}+c & \cdots & k_{28} \\
\vdots & \vdots & & \vdots \\
k_{81} & m_{82} & \cdots & k_{88}
\end{bmatrix}
\begin{bmatrix}
q_1 \\ q_2 \\ \vdots \\ q_8
\end{bmatrix}
=
\begin{bmatrix}
Q_1 \\ Q_2 \\ \vdots \\ Q_8
\end{bmatrix}
\tag{2.213}
$$

问题化简为直接求解线性代数方程解问题。

(五) 动力学方程

系统的质量和刚度矩阵通常是带状分布，利用这一特性可以减少矩阵的存储空间，显著降低求解过程中矩阵的计算量，具体可参考相关有限元文献 (王勖成, 2003)。约束处理后最终的 N 个系统动力学方程有如下形式：

$$
M_G \ddot{q} + K_G q = Q_G \tag{2.214}
$$

相应的特征值问题就为

$$
\left(K_G - \omega^2 M_G \right) q_0 = 0 \tag{2.215}
$$

式中，M_G、K_G 和 Q_G 都是约束处理后的总体坐标系下的矩阵。

模态振型可以由特征向量导出。与前述示例类似，对于不带弹性约束的中心铰接式旋翼，如果第 i 阶特征向量是 $q_{0i} = [q_{02}\ \ q_{03}\ \ q_{04}\ \ q_{05}\ \ q_{06}\ \ q_{07}\ \ q_{08}]^T$，那么第 i 阶模态振型 ϕ_i 可以用形函数来构造：

$$
\phi_i(r) = \begin{cases}
\omega_1(r) = H_2(s)q_{02} + H_3(s)q_{03} + H_4(s)q_{04}, & r_1 < r < r_2, \quad s = r - r_1 \\
\omega_2(r) = H_1(s)q_{03} + H_2(s)q_{04} + H_3(s)q_{05} + H_4(s)q_{06}, & r_2 < r < r_3, \quad s = r - r_2 \\
\omega_3(r) = H_1(s)q_{05} + H_2(s)q_{06} + H_3(s)q_{07} + H_4(s)q_{08}, & r_3 < r < R, \quad s = r - r_3
\end{cases}
\tag{2.216}
$$

对于质量和刚度来讲，形函数是正交的，即

$$
\int_0^R m\phi_i\phi_j \mathrm{d}r = \delta_{ij}M_i \tag{2.217}
$$

且有

$$
\int_0^R \left(EI\frac{\mathrm{d}^2\phi_i}{\mathrm{d}r^2}\frac{\mathrm{d}^2\phi_j}{\mathrm{d}r^2} + N\frac{\mathrm{d}\phi_i}{\mathrm{d}r}\frac{\mathrm{d}\phi_j}{\mathrm{d}r} \right)\mathrm{d}r = \delta_{ij}\omega_i^2 M_i \tag{2.218}
$$

式中，δ_{ij} 是克罗内克 δ (Kronecker's delta) 函数；M_i 是广义质量，即

$$
M_i = \int_0^R m\phi_i^2 \mathrm{d}r \tag{2.219}
$$

为降低计算工作量，根据计算精度的需要，可以直接利用特征向量，将 N 元常微分方程组减缩至 n 阶 (这里的 n 不是指单元节点数，而是自由度数)。采用 n 个特征向量来转换自由度数：

$$
q = \begin{bmatrix} q_{01} & q_{02} & \cdots & q_{0n} \end{bmatrix} \eta = V\eta \tag{2.220}
$$

式中, 每一个 q_{0i} 是一个 $N \times 1$ 向量; 每一个 V 是一个 $N \times n$ 矩阵。再用 V^{T} 左乘 N 阶常微分方程组, 可得 n 元常微分方程组为

$$M\ddot{\eta} + K\eta = Q \tag{2.221}$$

式中

$$\begin{cases} M = V^{\mathrm{T}} M_G V \\ K = V^{\mathrm{T}} K_G V \\ Q = V^{\mathrm{T}} Q_G \end{cases} \tag{2.222}$$

从而得到一个 n 元未耦合的方程组:

$$M_i \ddot{\eta}_i + \omega_i^2 M_i \eta_i = Q_i, \quad i = 1, 2, \cdots, n \tag{2.223}$$

(六) Newmark 数值积分

结构动力学响应通常以低频为主, 在保证计算精度的条件下, 可以采用较大的时间步长, 以降低计算耗时。对于结构动力学问题, 通常采用无条件稳定的隐式算法, 积分时间步长取决于精度要求, Newmark 方法是结构动力学计算中应用最为广泛的一种隐式算法。

假定需要求解的结构动力学方程为

$$M\ddot{x} + C\dot{x} + K\dot{x} = F \tag{2.224}$$

Newmark 积分假定 $t + \Delta t$ 时刻的速度和位移为

$$\dot{x}_{t+\Delta t} = \dot{x}_t + ((1-\delta)\ddot{x}_t + \delta\ddot{x}_{t+\Delta t})\Delta t \tag{2.225}$$

$$x_{t+\Delta t} = x_t + \dot{x}_t \Delta t + \left(\left(\frac{1}{2} - \alpha\right)\ddot{x}_t + \alpha\ddot{x}_{t+\Delta t}\right)\Delta t^2 \tag{2.226}$$

式中, α 和 δ 为算法参数。根据式 (2.226), 可求得

$$\ddot{x}_{t+\Delta t} = \frac{1}{\alpha\Delta t^2}(x_{t+\Delta t} - x_t) - \frac{1}{\alpha\Delta t}\dot{x}_t - \left(\frac{1}{2\alpha} - 1\right)\ddot{x}_t \tag{2.227}$$

将式 (2.225) 和式 (2.227) 代入结构动力学方程 (2.224), 有

$$\left(K + \frac{1}{\alpha\Delta t^2}M + \frac{\delta}{\alpha\Delta t}C\right)x_{t+\Delta t}$$
$$= F_{t+\Delta t} + M\left(\frac{1}{\alpha\Delta t^2}x_t + \frac{1}{\alpha\Delta t}\dot{x}_t + \left(\frac{1}{2\alpha} - 1\right)\ddot{x}_t\right)$$
$$+ C\left(\frac{\delta}{\alpha\Delta t}x_t + \left(\frac{\delta}{\alpha} - 1\right)\dot{x}_t + \left(\frac{\delta}{2\alpha} - 1\right)\Delta t\ddot{x}_t\right) \tag{2.228}$$

将已知的 x_t、$\dot{x}_t$ 和 $\ddot{x}_t$ 代入式 (2.228), 可求得 $x_{t+\Delta t}$, 将其代入式 (2.227) 和式 (2.225), 可求得 $\ddot{x}_{t+\Delta t}$ 和 $\dot{x}_{t+\Delta t}$, 以此递推, 可得所求时间域上系统动力学响应。当 $\delta \geqslant 0.5$ 且 $\alpha \geqslant 0.25(0.5 + \delta)^2$ 时, Newmark 算法是无条件稳定的, 即时间步长 Δt 不影响解的稳定性, 时间步长 Δt 由计算精度需求确定。

习 题

【习题 1】 假定旋翼桨叶挥舞运动方程为

$$\ddot{\beta} + \frac{1}{8}\gamma\Omega\dot{\beta} + \Omega^2\beta = \frac{1}{8}\gamma\Omega^2\theta$$

式中，γ 为桨叶洛克数；Ω 为旋翼转速。如果桨距角 $\theta = \theta_0 + \theta_{1c}\cos\psi + \theta_{1s}\sin\psi$，$\psi$ 为桨叶方位角，θ_0 为桨叶总距角，θ_{1c} 为横向周期变距，θ_{1s} 为纵向周期变距。试求解挥舞角 β 的表达式，并试解释其解所传递的物理含义。

【习题 2】 带摆振铰弹簧的刚体桨叶如下图所示，旋翼半径为 R，桨叶线密度为 m，摆振铰偏置量为 e，旋翼转速为 Ω，铰弹簧刚度为 k_ζ。不考虑所受气动力，试推导带铰弹簧的旋转刚体桨叶摆振方向运动方程，并给出其自由振动的固有频率表达式。

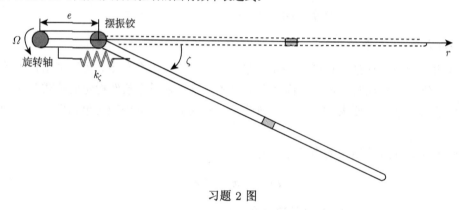

习题 2 图

【习题 3】 某桨叶半径为 R，线密度为 m，挥舞方向剖面刚度为 EI，挥舞方向位移为 z，桨叶径向坐标为 r，旋转桨叶微段剖面受力如下图所示，Q、N、M 分别为桨叶剖面所受的挥舞方向剪切力、轴向力和挥舞方向弯矩，W 代表挥舞方向所受气动力和惯性力，旋翼绕 z 轴转速为 Ω。

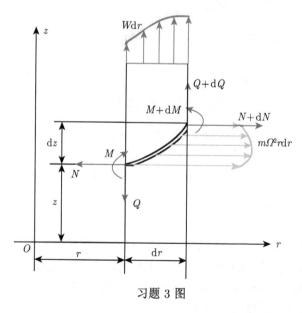

习题 3 图

(1) 建立桨叶微段 z 向力平衡方程；

(2) 建立桨叶微段 r 向力平衡方程；

(3) 建立桨叶微段挥舞弯矩平衡方程；

(4) 联立以上方程，给出旋转桨叶挥舞方向弯曲振动方程；

(5) 如该旋翼为根部铰接式旋翼，给出振动方程对应的边界条件。

【习题 4】　试推导根部铰接均质弹性桨叶挥舞运动前 4 阶固有频率及振型，并利用 MATLAB 软件绘制振型图。

【习题 5】　一棱柱形截面梁，剖面面积为 A、质量密度为 ρ、剖面刚度为 EI，如下图所示置于弹性地基上。假定梁的位移与地基反力成正比，单位长度的地基支撑刚度系数为 k_j，试导出梁做垂向弯曲振动方程。

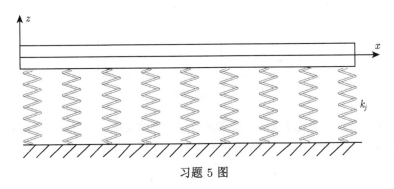

习题 5 图

【习题 6】　试证明：铰偏置量为 0 的中心铰接式旋翼桨叶，对应于刚体模态 $f(x) = x$ 的挥舞频率等于桨叶的旋转频率，如下图所示。

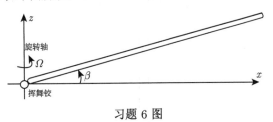

习题 6 图

【习题 7】　悬臂梁尺寸如下图所示，长 $L = 1\mathrm{m}$、宽 $b = 0.1\mathrm{m}$、高 $h = 0.02\mathrm{m}$，材料为铝合金，其弹性模量 $E = 70\mathrm{GPa}$，体密度 $\rho = 2700\mathrm{kg/m^3}$，求该悬臂梁前三阶挥舞方向的固有频率。

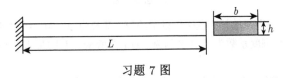

习题 7 图

【习题 8】　不旋转中心铰接式刚体桨叶，如下图所示，质量沿展向均匀分布为 m，距离铰 e 处有刚度系数为 k 的弹簧和阻尼系数为 c 的黏性阻尼器，重力加速度为 g。试用拉格朗日法建立该桨叶做微振动时的动力学方程，需考虑桨叶所受重力，并求解有阻尼和无阻尼时桨叶振动固有频率。

【习题 9】　不旋转中心铰接式刚体桨叶模型，如下图所示。桨叶展向质量分两段且均匀分布，单位长度质量分别为 m_1 和 m_2，距离中心铰 e 处有并联两弹簧，刚度系数分别为 k_1 与 k_2。试用拉格朗日法建立该系统做微振动时的动力学方程，并求解系统的固有频率 (不考虑重力的影响)。

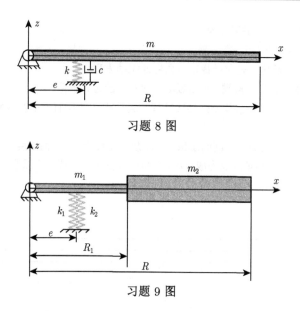

习题 8 图

习题 9 图

【习题 10】 长度为 l 的无重量杆，如下图所示，杆下端有质量为 $2m$ 的摆锤，在距离另一端 $l/4$ 处有刚度均为 k 的两个弹簧。试用瑞利法求解系统做微振动时的固有频率。

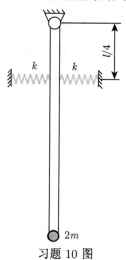

习题 10 图

【习题 11】 有一无重量的棒，在中央以销约束，其长为 $2l$，在棒上端和下端分别有集中质量 $2m$ 和 m，在销钉下端有刚度系数为 k 弹簧约束，如下图所示。试用瑞利法求系统做微振动时的固有频率。

【习题 12】 有一单位长度质量为 m，弯曲刚度为 EI 的均匀悬臂梁，长为 L，如下图所示。已知第一阶弯曲自由振动响应为 $y_1 = A_1(1 - \cos(0.5\pi x/L))\sin(p_1 t)$，利用瑞利法或拉格朗日法求对应第一阶弯曲固有频率。

【习题 13】 长为 L 的悬臂梁质量和刚度分布随展向变化，质量分布为 $m = m_0(1 - 2x/(3L))$，m_0 为固定端单位长度质量，刚度分布为 $EI = EI_0(1 - 2x^2/(3L^2))$，$EI_0$ 为固定端的刚度值，如下图所示。已知第一阶弯曲振型 $y_1 = q_1 x^2/L^2$，q_1 为广义坐标。试用拉格朗日法求对应第一阶弯曲固有频率。

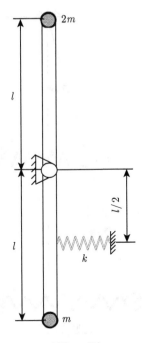

习题 11 图

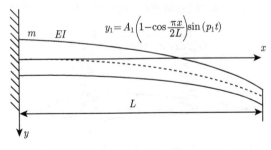

习题 12 图

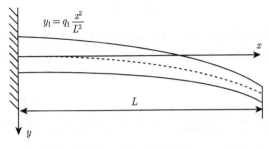

习题 13 图

【习题 14】　两根不考虑重量且长度为 l 的细绳，悬挂质量均为 m 的两小球，小球在水平方向与刚度为 k 的弹簧相连，假定垂直位置为弹簧平衡位置，如下图所示。试建立该两自由度系统的动力学方程，并计算系统自由振动时的固有频率。

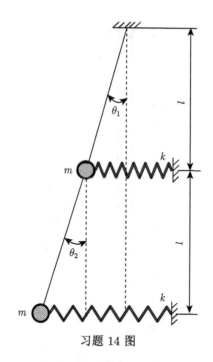

习题 14 图

【习题 15】 翼剖面系统如下图所示，质量为 m，两弹簧刚度系数分别为 k_1 和 k_2。设机翼沿 x 轴做垂直运动与绕质心 CG 做转动，其绕质心的转动惯量为 J，试写出系统的运动方程和频率方程。

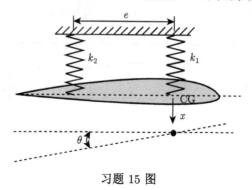

习题 15 图

【习题 16】 下图所示为长为 L 的受扭杆，剖面扭转刚度 GJ 和单位长度质量极惯性矩 I_θ 均为常数。第一阶扭转振型的广义坐标为 $\theta = \theta_0 \sin(\pi x / L) \sin(\omega t)$。当系统做微振动时，试用瑞利法求对应一阶扭振固有频率。

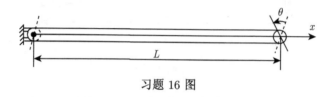

习题 16 图

【习题 17】 长 $L = 0.24\text{m}$、重 $m = 2\text{kg}$ 的均匀细棒，上端以无摩擦的销子销住，如下图所示。距上端 $L/4$ 处有一简谐力 $P = P_0 \sin(\omega t)$ 作用，此力最大振幅为 0.2kg，频率为 1.0Hz，试求系统做稳态强迫振动的振幅。

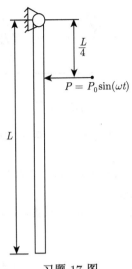

习题 17 图

【习题 18】　如下图所示，转动惯量分别为 J_1 和 J_2 的两转盘通过扭转刚度为 k_t 的弹性杆相连组成一扭振系统。① 试建立该系统扭转振动的动力学方程；② 给出该两自由度系统的固有频率；③ 如果初始条件为 $\theta_1(t=0)=\phi_1$，$\theta_2(t=0)=\phi_2$，$\dot{\theta}_1(t=0)=\dot{\theta}_2(t=0)=0$，求系统角位移 $\theta_1(t)$ 和 $\theta_2(t)$。

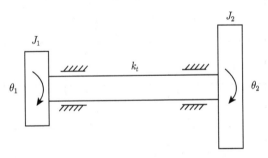

习题 18 图

【习题 19】　利用 MATLAB 求解下面两自由度系统的响应，并绘图：

$$\begin{bmatrix} 4 & 0 \\ 0 & 10 \end{bmatrix}\begin{bmatrix} \ddot{x}_1 \\ \ddot{x}_2 \end{bmatrix} + \begin{bmatrix} 20 & -5 \\ -5 & 5 \end{bmatrix}\begin{bmatrix} \dot{x}_1 \\ \dot{x}_2 \end{bmatrix} + \begin{bmatrix} 40 & -10 \\ -10 & 10 \end{bmatrix}\begin{bmatrix} x_1 \\ x_2 \end{bmatrix} = \begin{bmatrix} 2\sin(3t) \\ 5\cos(10t) \end{bmatrix}$$

初始条件 $x_1(0)=1$，$\dot{x}_1(0)=0$，$x_2(0)=-1$，$\dot{x}_2(0)=0$。

【习题 20】　无铰式旋翼桨叶如下图所示。初始时，配重块位于桨叶变距轴线上，如配重块向桨叶后缘方向移动，那么该桨叶的基阶扭转固有频率是增大还是减小？如该矩形桨叶桨尖后掠，那么该桨叶的基阶扭转固有频率是增大还是减小？试分析变化的原因。

【习题 21】　下图给出了某旋翼桨叶挥舞 1 阶和 2 阶以及扭转 1 阶频率随旋翼转速的变化。旋翼工作转速 (基准转速) 为 240r/min。

(1) 旋翼基准转速时，从图中读出桨叶挥舞 1 阶、2 阶和扭转 1 阶频率是多少 (估计值即可)，并计算对应无量纲化频率比。

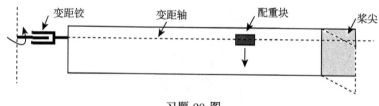

习题 20 图

(2) 为避免基准转速附近桨叶振动水平过高，桨叶频率是增大还是减小好？如何调整桨叶参数以降低桨叶振动载荷？

(3) 如果旋翼转速从 240r/min 降低至 180r/min，其间是否存在桨叶频率与激振频率相碰的危险？并指出相应的激振阶次及桨叶模态。

(4) 旋翼转速从 240r/min 降低至 180r/min，通过桨叶共振频率时，旋翼是快速通过好还是慢速通过好？为什么？

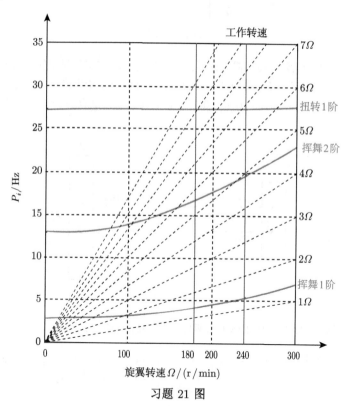

习题 21 图

【习题 22】　试分析为何有限元中置大数法可用于求解静态位移？

第三章　旋翼气弹稳定性

旋翼桨叶存在挥舞、摆振和扭转 (变距) 等运动自由度，这些自由度之间存在着复杂的非线性耦合关系，主要包括惯性、结构、运动 (几何) 和气动等不同性质的耦合。在特定条件下，自由度之间的相互耦合会带来自由度之间的相互激励，也就是说某个自由度对另外一个自由度做功、馈入能量，如果馈入的能量超过了系统阻尼所能耗散的能量，那么能量就会聚集，系统运动的幅值就会不断增大，直至发散，也就出现了动不稳定现象。旋翼气弹稳定性问题主要包括挥舞/变距 (经典颤振)、挥舞/摆振、变距/摆振以及挥舞/摆振/变距等稳定性问题。

悬停和前飞气弹稳定性在数学表达形式上会有所不同：悬停时，稳定性分析方程通常为常系数微分方程，不含周期项，采用常用的系统特征值分析方法可得到系统特征根，进而判定系统稳定性；前飞时，系统动力学方程包含周期项 (相位角的周期函数)，对于此类系统的稳定性分析通常采用 Floquet 理论。

第一节　铰接式旋翼桨叶挥舞/变距气弹稳定性

旋翼桨叶挥舞/变距耦合动不稳定性主要包括颤振和发散两种不稳定现象，通常更多出现的是颤振不稳定性。颤振是指弹性结构在气动力、弹性力和惯性力的耦合作用下发生的大幅度振动，它是气动弹性力学中最重要的问题之一。与传统的机翼颤振问题类似，旋翼桨叶颤振是一种自激振动。当处于平衡位置的桨叶受到扰动时，由于桨叶剖面质心与气动中心 (焦点) 不重合，在气动力和惯性力的作用下，桨叶产生扭转变形，从而引起剖面迎角的变化，桨叶上就会产生附加的气动力，如该附加气动力在桨叶振动过程中起激振作用，即对振动系统做功，振动就可能会发散，发生桨叶颤振等不稳定性问题。由于旋翼桨叶是旋转的，与机翼颤振又有所不同，其稳定性对桨叶重心要求十分苛刻。

一、桨叶挥舞/变距分析模型

对铰接式旋翼而言，桨叶的结构挥舞/摆振和弯曲/扭转耦合量相对较小，在建立铰接式旋翼桨叶挥舞/变距耦合动力学分析模型时，一般可忽略不计，仅考虑桨叶挥舞/变距方向气动力和惯性力的耦合。通常情况下，桨叶扭转刚度要比操纵线系提供的变距刚度大很多，在挥舞/变距稳定性分析时，可以假定桨叶是刚体，桨叶扭转主要由变距运动提供。由于桨叶挥舞刚度主要由离心力提供，可不考虑桨叶挥舞面内弹性变形。因此，铰接式旋翼桨叶挥舞/变距耦合动力学分析模型，可采用考虑挥舞和变距运动两自由度耦合的刚体桨叶简化模型。

图 3.1 给出刚体桨叶挥舞与变距运动的耦合模型示意图。假设水平铰偏置量等于零，旋翼转速为 Ω，剖面质心在变距轴后，离变距轴的距离为 x_I，气动中心与变距轴重合，挥

舞运动由挥舞角 β 决定，变距运动由桨距角 θ 确定，变距铰处有操纵线系的弹性约束，挥舞调节系数 K_P 等于零，挥舞铰和变距铰的摩擦力矩略去不计。

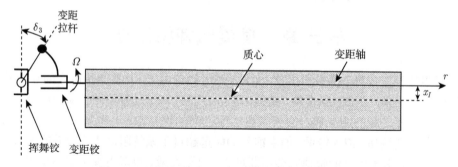

图 3.1　刚体桨叶挥舞与变距运动的耦合模型示意图

二、运动方程的建立

采用牛顿法建立铰接式旋翼桨叶挥舞/变距运动方程。图 3.2 给出作用在桨叶微段上的力和力矩，由这些力对挥舞铰和变距铰的力矩之和分别为零，可得系统的运动方程。

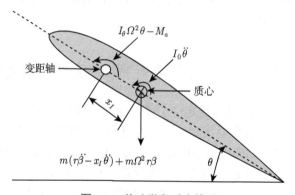

图 3.2　桨叶微段受力模型

作用于桨叶微段上的力和力矩主要包括惯性力、离心力、气动力和铰弹簧力矩。各力和力矩对挥舞铰力矩的幅值、力臂以及方向如表 3.1 所示，定义上挥为正。由这些力对挥舞铰的力矩之和为零，得挥舞运动方程为

$$\int_0^R m\left(r\ddot{\beta} - x_I\ddot{\theta}\right)r\mathrm{d}r + \int_0^R m\Omega^2 r\left(r\beta - x_I\theta\right)\mathrm{d}r + k_\beta\beta = \int_0^R rF_z\mathrm{d}r \tag{3.1}$$

式中，R 为旋翼半径；m 为桨叶线密度；r 为桨叶微段径向坐标；F_z 为挥舞方向气动力。式 (3.1) 可化为

$$\left(\int_0^R mr^2\mathrm{d}r\right)\left(\ddot{\beta} + \Omega^2\beta\right) + k_\beta\beta - \left(\int_0^R mx_I r\mathrm{d}r\right)\left(\ddot{\theta} + \Omega^2\theta\right) = \int_0^R rF_z\mathrm{d}r \tag{3.2}$$

作用于桨叶微段各力和力矩对变距铰力矩的幅值、力臂以及方向如表 3.2 所示，定义抬头为正。由这些力和力矩对变距铰的力矩之和为零，得变距运动方程为

$$\int_0^R \left(I_0\ddot{\theta} - mx_I\left(r\ddot{\beta} - x_I\ddot{\theta}\right) + I_\theta\Omega^2\theta - m\Omega^2 r\beta x_I\right)\mathrm{d}r + k_\theta\left(\theta - \theta_{\mathrm{con}}\right) = \int_0^R M_a\mathrm{d}r \tag{3.3}$$

式中，I_0 为剖面绕质心的质量惯矩；I_θ 为剖面绕变距轴的质量惯矩，存在 $I_\theta = I_0 + mx_I^2$；M_a 为剖面俯仰气动力矩；k_θ 为操纵线系的柔性刚度系数；θ 为真实桨距角；$\theta_{\rm con}$ 为由旋翼操控产生的桨距角，存在

$$\theta_{\rm con} = -K_P\beta \qquad (3.4)$$

其中，K_P 为挥舞/变距调节系数，也就是挥舞调节系数，其是指桨叶挥舞运动引起的桨距角的变化，桨叶上挥时桨距角减小为正，桨距角增大为负，即

$$K_P = -\frac{\Delta\theta_{\rm con}}{\Delta\beta} \qquad (3.5)$$

当桨叶操纵摇臂与变距拉杆的连接点不在挥舞铰轴线上时会产生挥舞调节，当桨叶轴线不垂直于挥舞铰轴线时也有可能会产生挥舞调节，图 3.1 所示构型铰接式旋翼的挥舞调节系数为 $K_P = \tan\delta_3$，对于铰接式旋翼，挥舞调节系数一般设计为 0。变距方程可化为

$$\left(\int_0^R I_\theta {\rm d}r\right)\left(\ddot\theta + \Omega^2\theta\right) - \left(\int_0^R mx_I r{\rm d}r\right)\left(\ddot\beta + \Omega^2\beta\right) + k_\theta\left(\theta - \theta_{\rm con}\right) = \int_0^R M_a{\rm d}r \qquad (3.6)$$

表 3.1　挥舞铰所受力和力矩分析

力/力矩	幅值	力臂	方向
惯性力	$m\left(r\ddot\beta - x_I\ddot\theta\right){\rm d}r$	r	负
离心力	$m\Omega^2 r{\rm d}r$	$r\beta - x_I\theta$	负
气动力	$F_z{\rm d}r$	r	正
铰弹簧力矩	$k_\beta\beta$		负

表 3.2　变距铰所受力和力矩分析

力/力矩	幅值	力臂	方向
惯性力	$m\left(r\ddot\beta - x_I\ddot\theta\right){\rm d}r + m\Omega^2 r\beta{\rm d}r$	x_I	正
惯性力矩	$I_0\ddot\theta{\rm d}r$		负
螺旋桨力矩	$I_\theta\Omega^2\theta{\rm d}r$		负
气动力矩	$M_a{\rm d}r$		正
铰弹簧力矩	$k_\theta(\theta - \theta_{\rm con})$		负

定义 $I_b = \int_0^R mr^2{\rm d}r$、$I_x = \int_0^R mx_I r{\rm d}r$ 和 $I_x^* = I_x/I_b$，以及 $I_f = \int_0^R I_\theta {\rm d}r$ 为桨叶绕变距轴线转动惯量，$I_f^* = I_f/I_b$。考虑旋转桨叶挥舞固有频率 ω_β 和变距固有频率 ω_θ：

$$\begin{cases} \omega_\beta^2 = \dfrac{k_\beta}{I_b} + \Omega^2 \\[2mm] \omega_\theta^2 = \dfrac{k_\theta}{I_f} + \Omega^2 \end{cases} \qquad (3.7)$$

铰接式旋翼挥舞/变距耦合动力学方程可表示为

$$
\begin{cases}
I_b\left(\ddot{\beta}+\omega_\beta^2\beta\right)-I_x\left(\ddot{\theta}+\Omega^2\theta\right)=\int_0^R rF_z\mathrm{d}r=M_F \\
I_f\left(\ddot{\theta}+\omega_\theta^2\theta\right)-I_x\left(\ddot{\beta}+\Omega^2\beta\right)+K_PI_f\left(\omega_\theta^2-\Omega^2\right)\beta=\int_0^R M_a\mathrm{d}r=M_f
\end{cases}
\tag{3.8}
$$

由式 (3.8) 可以看出，当桨叶质心与变距轴线不重合时，挥舞和变距运动通过惯性力和离心力相耦合；当桨叶质心与变距轴线重合时，不存在惯性耦合，但可能存在气动耦合。气动方向耦合主要通过气动挥舞力矩 M_F 和气动变距力矩 M_f 产生。如果 x_I 为常数，那么

$$
I_x^*=\frac{I_x}{I_b}=\frac{x_I\int_0^R mr\mathrm{d}r}{\int_0^R mr^2\mathrm{d}r}=\frac{3x_I}{2R}
\tag{3.9}
$$

通常，相对于桨叶弦长，桨叶质心偏置量是个小量，相对于旋翼半径 R，桨叶弦长一般也是小量，x_I 相对于旋翼半径为 2 阶小量。桨叶绕变距轴线转动惯量 I_f 与桨叶挥舞转动惯量 I_b 之比近似为 $0.1(c/R)^2$，变距力矩通常小挥舞弯矩 2 个量级以上。

三、特征方程

我们在这里所讨论的问题是桨叶在平衡位置处的扰动运动，将桨叶挥舞和变距方向的气动力表示为

$$
\begin{cases}
M_F=M_\theta\theta+M_{\dot\theta}\dot\theta+M_\beta\beta+M_{\dot\beta}\dot\beta \\
M_f=m_\theta\theta+m_{\dot\theta}\dot\theta+m_\beta\beta+m_{\dot\beta}\dot\beta
\end{cases}
\tag{3.10}
$$

式中，M_θ、M_β、m_θ 和 m_β 为气动力在挥舞和变距方向的附加刚度；$M_{\dot\theta}$、$M_{\dot\beta}$、$m_{\dot\theta}$ 和 $m_{\dot\beta}$ 为气动力在挥舞和变距方向的附加阻尼。将式 (3.10) 代入式 (3.8) 可得系统稳定性分析方程：

$$
\begin{bmatrix} I_b & -I_x \\ -I_x & I_f \end{bmatrix}\begin{bmatrix}\ddot\beta\\\ddot\theta\end{bmatrix}+\begin{bmatrix}-M_{\dot\beta} & -M_{\dot\theta}\\-m_{\dot\beta} & -m_{\dot\theta}\end{bmatrix}\begin{bmatrix}\dot\beta\\\dot\theta\end{bmatrix}
$$
$$
+\begin{bmatrix} I_b\omega_\beta^2-M_\beta & -I_x\Omega^2-M_\theta \\ -I_x\Omega^2+K_PI_f\left(\omega_\theta^2-\Omega^2\right)-m_\beta & I_f\omega_\theta^2-m_\theta \end{bmatrix}\begin{bmatrix}\beta\\\theta\end{bmatrix}=\begin{bmatrix}0\\0\end{bmatrix}
\tag{3.11}
$$

注意稳定性分析并未考虑外激励作用，因此式 (3.11) 右侧为零。对其进行拉普拉斯变换 (s 变换)，方程变为

$$
\begin{bmatrix} I_bs^2-M_{\dot\beta}s+I_b\omega_\beta^2-M_\beta & -I_xs^2-M_{\dot\theta}s-I_x\Omega^2-M_\theta \\ -I_xs^2-m_{\dot\beta}s-I_x\Omega^2+K_PI_f\left(\omega_\theta^2-\Omega^2\right)-m_\beta & I_fs^2-m_{\dot\theta}s+I_f\omega_\theta^2-m_\theta \end{bmatrix}\begin{bmatrix}\beta\\\theta\end{bmatrix}
$$
$$
=\begin{bmatrix}0\\0\end{bmatrix}
\tag{3.12}
$$

对应特征方程为

$$\left(I_b s^2 - M_{\dot{\beta}} s + I_b \omega_\beta^2 - M_\beta\right)\left(I_f s^2 - m_{\dot{\theta}} s + I_f \omega_\theta^2 - m_\theta\right)$$
$$- \left(I_x s^2 + M_{\dot{\theta}} s + I_x \Omega^2 + M_\theta\right)\left(I_x s^2 + m_{\dot{\beta}} s + I_x \Omega^2 - K_P I_f \left(\omega_\theta^2 - \Omega^2\right) + m_\beta\right) = 0$$

$$(3.13)$$

　　对于常系数微分方程，可通过求解式 (3.13) 的 4 个根来判断系统的稳定性。若方程的 4 个根的实数部分都是负实数，那么运动是稳定的；但若有一个或者多个根的实数部分为正实数，运动则是不稳定的，而且在稳定性边界上，一个根必须位于 s 平面的虚轴上，从左半平面跨越到右半平面。这里有两种方式可使一个根穿过虚轴进入右半平面，从而产生不稳定性，一是沿着实轴的实根，二是有限频率的共轭复数对，如图 3.3 所示。与沿着实轴进入右半平面相关的不稳定性称为发散，这是一种静态不稳定；而与共轭复数相关的称为颤振，这种不稳定性涉及系统的振荡运动。

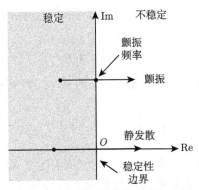

图 3.3　特征值分析示意图

　　影响旋翼桨叶挥舞/变距稳定性最重要的参数有两个。一个是桨叶扭转固有频率 ω_θ，主要由操纵线系刚度决定。另外一个是质心和气动中心相对于变距轴的偏置量，通常两者的相对位置 $(x_I - x_A)$ 比它们相对变距轴的位置更为重要，由于气动中心位置 x_A 需保持尽量小的变化，以避免过大的前飞交变载荷，注意 x_A 为气动中心相对于变距轴线的距离，后置为正。因此，决定旋翼桨叶挥舞/变距气弹稳定性的主要参数是操纵线系刚度和质心弦向位置。

四、发散不稳定边界

　　当系统的实根沿着实轴穿过 s 平面进入右半平面时，就会发生发散不稳定。因此，该稳定性边界定义为一个根为 $s = 0$，其特征方程为

$$\left(I_b \omega_\beta^2 - M_\beta\right)\left(I_f \omega_\theta^2 - m_\theta\right) - \left(I_x \Omega^2 + M_\theta\right)\left(I_x \Omega^2 - K_P I_f \left(\omega_\theta^2 - \Omega^2\right) + m_\beta\right) = 0 \qquad (3.14)$$

　　该方程代表系统刚度的平衡关系。如增加挥舞刚度或者操纵线系刚度，系统稳定性就会增加，那么系统稳定性判据应该满足这个条件。考虑 I_x 相对于 M_θ/Ω^2、M_β 相对于 $I_b \omega_\beta^2$ 为小量，将式 (3.14) 刚度项放置在等号左侧，其他项移至等号右侧，系统稳定性需满足

$$\left(I_b \omega_\beta^2 + M_\theta K_P\right)\left(I_f \omega_\theta^2 - m_\theta\right) > M_\theta \left(I_x \Omega^2 + K_P \left(I_f \Omega^2 - m_\theta\right) + m_\beta\right) \qquad (3.15)$$

挥舞和变距刚度项肯定为正,负的挥舞/变距调节系数 $(K_P < 0)$ 或者前置气动中心 $(x_A < 0)$ 会产生负的刚度,但这些量不可能大于离心刚度。为确保系统发散稳定性,$(I_x \Omega^2 + K_P(I_f \Omega^2 - m_\theta) + m_\beta)$ 应尽量小或为负值,因此,质心应尽量向前配置。同理,可通过增大操纵线系刚度,以增大桨叶扭转固有频率 ω_θ,从而提升稳定性。

通常我们更加关心操纵线系刚度和弦向质心对发散稳定性的影响。忽略挥舞/变距调节系数 K_P 的影响,不等式 (3.15) 可变为

$$\omega_\theta^2 > \frac{1}{I_b \omega_\beta^2 + M_\theta K_P} \left(\frac{I_x}{I_f} \Omega^2 M_\theta + \Omega^2 K_P M_\theta + \frac{I_b}{I_f} \omega_\beta^2 m_\theta + \frac{1}{I_f} m_\beta M_\theta \right) \tag{3.16}$$

很明显,ω_θ^2 与 I_x / I_f 呈线性关系。式 (3.16) 也可写成

$$\frac{I_x}{I_b} + \frac{\omega_\beta^2 m_\theta}{\Omega^2 M_\theta} < \frac{I_b \omega_\beta^2 + M_\theta K_P}{M_\theta} \frac{I_f}{I_b} \frac{\omega_\theta^2}{\Omega^2} - \frac{I_f}{I_b} K_P - \frac{m_\beta}{I_b \Omega^2} \tag{3.17}$$

考虑到 $I_x / I_b \approx 1.5 x_I / R = 1.5 \bar{x}_I$,参考文献 (Johnson, 1980) 中的第 12 章,有

$$\frac{m_\theta}{M_\theta} = -\frac{4}{3} \frac{x_A}{R} \tag{3.18}$$

该等式在后续颤振临界转速那节也有推导。不等式 (3.17) 可改写为

$$\frac{3}{2} \left(\frac{x_I}{R} - \frac{8}{9} \frac{\omega_\beta^2}{\Omega^2} \frac{x_A}{R} \right) < \left(\frac{I_b \omega_\beta^2}{M_\theta} + K_P \right) \frac{I_f}{I_b} \frac{\omega_\theta^2}{\Omega^2} - \frac{I_f}{I_b} K_P - \frac{m_\beta}{I_b \Omega^2} \tag{3.19}$$

考虑到挥舞基阶频率 ω_β 的一般范围,可认为一般情况下 $8\omega_\beta^2/(9\Omega^2) \approx 1$。由式 (3.19) 左侧表达式可以很明显看出,发散不稳定性依赖于质心与气动中心的相对位置 $(x_I - x_A)$。式 (3.19) 右边通常大于 0,只要左边小于 0,即 $x_I - x_A < 0$,质心位于气动中心之前,就可消除发散不稳定性。

五、颤振不稳定边界

当一对共轭复根穿过虚轴进入右半平面时,就会发生颤振不稳定性。因此,颤振稳定性的边界为系统共轭复根位于虚轴上。令 $s = \mathrm{i}\omega$,将其代入式 (3.13),由实部和虚部对应的方程为零,有

$$\left(-\omega^2 I_b + I_b \omega_\beta^2 - M_\beta \right) \left(-\omega^2 I_f + I_f \omega_\theta^2 - m_\theta \right) - \omega^2 M_{\dot{\beta}} m_{\dot{\theta}}$$
$$- \left(-I_x \omega^2 + I_x \Omega^2 + M_\theta \right) \left(-\omega^2 I_x + I_x \Omega^2 - K_P I_f \left(\omega_\theta^2 - \Omega^2 \right) + m_\beta \right) + M_{\dot{\theta}} m_{\dot{\beta}} \omega^2 = 0 \tag{3.20}$$

$$m_{\dot{\theta}} \left(-\omega^2 I_b + I_b \omega_\beta^2 - M_\beta \right) + M_{\dot{\beta}} \left(-\omega^2 I_f + I_f \omega_\theta^2 - m_\theta \right) + m_{\dot{\beta}} \left(-I_x \omega^2 + I_x \Omega^2 + M_\theta \right)$$
$$+ M_{\dot{\theta}} \left(-\omega^2 I_x + I_x \Omega^2 - K_P I_f \left(\omega_\theta^2 - \Omega^2 \right) + m_\beta \right) = 0 \tag{3.21}$$

由虚部方程可解得 ω^2,即

$$\omega^2 = \frac{m_{\dot{\theta}} \left(I_b \omega_\beta^2 - M_\beta \right) + M_{\dot{\beta}} \left(I_f \omega_\theta^2 - m_\theta \right) + m_{\dot{\beta}} \left(I_x \Omega^2 + M_\theta \right) + M_{\dot{\theta}} \left(I_x \Omega^2 - K_P I_f \left(\omega_\theta^2 - \Omega^2 \right) + m_\beta \right)}{I_b m_{\dot{\theta}} + I_f M_{\dot{\beta}} + I_x m_{\dot{\beta}} + I_x M_{\dot{\theta}}} \tag{3.22}$$

将 ω^2 的表达式代入实部方程 (3.20)，可得颤振稳定性需满足的不等式为

$$\omega_\theta^4 + A\omega_\theta^2\frac{I_x}{I_f} + B\omega_\theta^2 + C\frac{I_x}{I_f} + D > 0 \tag{3.23}$$

式中，A、B、C、D 为各项系数，由推导可以得出。式 (3.23) 给出了扭转频率 ω_θ^4 和惯量参数 I_x/I_f 对桨叶颤振不稳定性的影响关系，根据该不等式可绘制图 3.4 所示的颤振和发散稳定性边界。由图 3.4 可以看出：增大操纵线系刚度，即增大 ω_θ^2 可同时提升颤振和发散稳定性；对于足够大的 I_x/I_f，颤振曲线位于发散曲线上方，也就是说，此时更需考虑桨叶颤振不稳定性；由于 ω_θ^2 不可能小于 0，没有必要考虑颤振下边界。

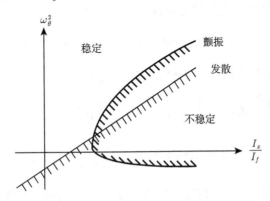

图 3.4　颤振和发散稳定性边界

总之，通过增大操纵线系刚度和前移桨叶质心 (靠近前缘) 可有效抑制颤振和发散不稳定性。保守的方法是将桨叶质心配置于气动中心上或者气动中心前。从载荷和稳定性方面考虑，通常通过桨叶前缘加配重块，将质心配置于 1/4 弦线之前。操纵线系刚度是影响桨叶颤振的重要参数，由于操纵线系的复杂构造，难以给出操纵线系刚度准确值，操纵线系中的机械和摩擦阻尼同样对颤振稳定性有显著影响，通常需采用数值积分方法计算该非线性阻尼。

六、颤振临界转速

颤振临界状态是指振动既不发散也不收敛的等幅运动状态，该临界状态对应的转速就是颤振临界转速。当旋翼转速小于该转速时，旋翼不发生颤振，当旋翼转速大于该转速时，旋翼会发生颤振。为保证旋翼不发生颤振，桨叶的颤振临界转速通常设计为大于正常旋翼工作转速，并保证一定的裕度。

悬停时，假定诱导速度 v_i 均匀分布，即不随桨叶半径和方位角变化，且桨叶的挥舞铰外伸量为零，考虑桨叶变距运动 (迎角变化) 产生的附加剖面升力，根据第二章第二节中准定常气动力的表达形式，剖面气动力为

$$F_z(r) = \frac{1}{2}\rho\Omega^2 r^2 c C_{l\alpha}\left(\theta - \frac{v_i + r\dot{\beta}}{\Omega r} + \left(\frac{c}{2} - x_A\right)\frac{\dot{\theta}}{\Omega r}\right) \tag{3.24}$$

式中，ρ 为空气密度；c 为翼剖面弦长；$C_{l\alpha}$ 为剖面升力线斜率；x_A 为气动中心到变距轴

线 (1/4 弦线) 距离。那么气动引起的桨叶挥舞力矩为

$$M_F = \int_0^R r F_z \mathrm{d}r = \int_0^R \frac{1}{2}\rho\Omega^2 c C_{l\alpha}\left(\theta - \frac{v_i + r\dot{\beta}}{\Omega r} + \left(\frac{c}{2} - x_A\right)\frac{\dot{\theta}}{\Omega r}\right)r^3\mathrm{d}r \tag{3.25}$$

不考虑 θ 沿展向变化，积分后，气动力力矩为

$$M_F = \frac{1}{8}\rho\Omega^2 R^4 c C_{l\alpha}\left(\theta - \frac{\dot{\beta}}{\Omega} - \frac{4}{3}\frac{v_i}{\Omega R} + \frac{4}{3}\left(\frac{c}{2} - x_A\right)\frac{\dot{\theta}}{\Omega R}\right) \tag{3.26}$$

考虑到变距运动 (迎角变化) 产生的附加俯仰力矩以及升力相对气动中心距离 x_A 产生的俯仰力矩，翼剖面产生的俯仰力矩为

$$M_a(r) = \frac{1}{2}\rho\Omega^2 r^2 c^2 C_m - \frac{\pi}{8}\rho\Omega r c^3 \dot{\theta} - F_z x_A \tag{3.27}$$

式中，C_m 为剖面俯仰力矩系数。积分后，气动引起的扭矩为

$$M_f = \int_0^R M_a \mathrm{d}r = \frac{1}{6}\rho\Omega^2 R^3 c^2 C_m - \frac{\pi}{16}\rho\Omega R^2 c^3 \dot{\theta}$$

$$- \frac{1}{6}\rho\Omega^2 R^3 c C_{l\alpha} x_A\left(\theta - \frac{\dot{\beta}}{\Omega} - \frac{3}{2}\frac{v_i}{\Omega R} + \frac{3}{2}\left(\frac{c}{2} - x_A\right)\frac{\dot{\theta}}{\Omega R}\right) \tag{3.28}$$

根据挥舞力矩和变距力矩的表达式，那么桨叶经典颤振相关气动导数为

$$\begin{cases} M_\theta = \dfrac{\partial M_F}{\partial \theta} = \dfrac{1}{8}\rho\Omega^2 R^4 c C_{l\alpha} \\[2mm] M_{\dot{\theta}} = \dfrac{\partial M_F}{\partial \dot{\theta}} = \dfrac{1}{6}\rho\Omega R^3 c C_{l\alpha}\left(\dfrac{c}{2} - x_A\right) \\[2mm] M_\beta = \dfrac{\partial M_F}{\partial \beta} = 0 \\[2mm] M_{\dot{\beta}} = \dfrac{\partial M_F}{\partial \dot{\beta}} = -\dfrac{1}{8}\rho\Omega R^4 c C_{l\alpha} \end{cases} \tag{3.29}$$

和

$$\begin{cases} m_\theta = \dfrac{\partial M_f}{\partial \theta} = -\dfrac{1}{6}\rho\Omega^2 R^3 c C_{l\alpha} x_A \\[2mm] m_{\dot{\theta}} = \dfrac{\partial M_f}{\partial \dot{\theta}} = -\dfrac{\pi}{16}\rho\Omega R^2 c^3 - \dfrac{1}{4}\rho\Omega R^2 c C_{l\alpha} x_A\left(\dfrac{c}{2} - x_A\right) \\[2mm] m_\beta = \dfrac{\partial M_f}{\partial \beta} = 0 \\[2mm] m_{\dot{\beta}} = \dfrac{\partial M_f}{\partial \dot{\beta}} = \dfrac{1}{6}\rho\Omega R^3 c C_{l\alpha} x_A \end{cases} \tag{3.30}$$

根据以上两式，存在 $m_\theta/M_\theta = -4x_A/(3R)$。定义

$$\begin{cases} \bar{\omega}_\beta^2 = \dfrac{k_\beta}{I_b} \\[2mm] \bar{\omega}_\theta^2 = \dfrac{k_\theta}{I_f} \end{cases} \tag{3.31}$$

稳定性分析方程可表示为

$$
\begin{bmatrix} I_b & -I_x \\ -I_x & I_f \end{bmatrix} \begin{bmatrix} \ddot{\beta} \\ \ddot{\theta} \end{bmatrix} + \begin{bmatrix} -M_{\dot{\beta}} & -M_{\dot{\theta}} \\ -m_{\dot{\beta}} & -m_{\dot{\theta}} \end{bmatrix} \begin{bmatrix} \dot{\beta} \\ \dot{\theta} \end{bmatrix}
$$

$$
+ \begin{bmatrix} I_b\left(\bar{\omega}_\beta^2 + \Omega^2\right) - M_\beta & -I_x\Omega^2 - M_\theta \\ -I_x\Omega^2 + K_P I_f \bar{\omega}_\theta^2 - m_\beta & I_f\left(\bar{\omega}_\theta^2 + \Omega^2\right) - m_\theta \end{bmatrix} \begin{bmatrix} \beta \\ \theta \end{bmatrix} = \begin{bmatrix} 0 \\ 0 \end{bmatrix} \tag{3.32}
$$

临界状态时对应既不发散也不收敛的等幅运动状态，方程的解可表示为

$$
\begin{cases} \beta(t) = \beta_0 \mathrm{e}^{\mathrm{i}\omega t} \\ \theta(t) = \theta_0 \mathrm{e}^{\mathrm{i}\omega t} \end{cases} \tag{3.33}
$$

将式 (3.33) 的解代入稳定性分析方程，有

$$
\begin{bmatrix} -I_b\omega^2 - \mathrm{i}M_{\dot{\beta}}\omega + I_b\left(\bar{\omega}_\beta^2 + \Omega^2\right) - M_\beta & I_x\omega^2 - \mathrm{i}M_{\dot{\theta}}\omega - I_x\Omega^2 - M_\theta \\ I_x\omega^2 - \mathrm{i}m_{\dot{\beta}}\omega - I_x\Omega^2 + K_P I_f \bar{\omega}_\theta^2 - m_\beta & -I_f\omega^2 - \mathrm{i}m_{\dot{\theta}}\omega + I_f\left(\bar{\omega}_\theta^2 + \Omega^2\right) - m_\theta \end{bmatrix} \begin{bmatrix} \beta_0 \\ \theta_0 \end{bmatrix}
$$

$$
= \begin{bmatrix} 0 \\ 0 \end{bmatrix} \tag{3.34}
$$

该方程是关于 β_0 和 θ_0 的二元齐次线性代数方程组，如该方程存在解，那么该方程系数行列式为零，即

$$
\begin{vmatrix} -I_b\omega^2 - \mathrm{i}M_{\dot{\beta}}\omega + I_b\left(\bar{\omega}_\beta^2 + \Omega^2\right) - M_\beta & I_x\omega^2 - \mathrm{i}M_{\dot{\theta}}\omega - I_x\Omega^2 - M_\theta \\ I_x\omega^2 - \mathrm{i}m_{\dot{\beta}}\omega - I_x\Omega^2 + K_P I_f \bar{\omega}_\theta^2 - m_\beta & -I_f\omega^2 - \mathrm{i}m_{\dot{\theta}}\omega + I_f\left(\bar{\omega}_\theta^2 + \Omega^2\right) - m_\theta \end{vmatrix} = 0 \tag{3.35}
$$

根据该方程实部和虚部为零，可得

$$
\left(-I_b\omega^2 + I_b(\bar{\omega}_\beta^2 + \Omega^2) - M_\beta\right)\left(-I_f\omega^2 + I_f\left(\bar{\omega}_\theta^2 + \Omega^2\right) - m_\theta\right) - M_{\dot{\beta}} m_{\dot{\theta}} \omega^2
$$

$$
- \left(I_x\omega^2 - I_x\Omega^2 - M_\theta\right)\left(I_x\omega^2 - I_x\Omega^2 + K_P I_f \bar{\omega}_\theta^2 - m_\beta\right) + M_\theta m_{\dot{\beta}} \omega^2 = 0 \tag{3.36}
$$

$$
- \left(-I_b\omega^2 + I_b(\bar{\omega}_\beta^2 + \Omega^2) - M_\beta\right)m_{\dot{\theta}} - \left(-I_f\omega^2 + I_f\left(\bar{\omega}_\theta^2 + \Omega^2\right) - m_\theta\right)M_{\dot{\beta}}
$$

$$
+ \left(I_x\omega^2 - I_x\Omega^2 - M_\theta\right)m_{\dot{\beta}} + \left(I_x\omega^2 - I_x\Omega^2 + K_P I_f \bar{\omega}_\theta^2 - m_\beta\right)M_{\dot{\theta}} = 0 \tag{3.37}
$$

将实部方程表示为 Ω^2 的函数表达式，有

$$
\left(I_b I_f - I_x^2\right)\Omega^4 + I_b\left(-I_f\omega^2 + I_f\bar{\omega}_\theta^2 - m_\theta\right)\Omega^2
$$

$$
+ I_f\left(-I_b\omega^2 + I_b\bar{\omega}_\beta^2 - M_\beta\right)\Omega^2 + I_x\left(I_x\omega^2 + K_P I_f\bar{\omega}_\theta^2 - m_\beta\right)\Omega^2
$$

$$
+ I_x\left(I_x\omega^2 - M_\theta\right)\Omega^2 + \left(I_b\omega^2 - I_b\bar{\omega}_\beta^2 + M_\beta\right)\left(I_f\omega^2 - I_f\bar{\omega}_\theta^2 + m_\theta\right) - M_{\dot{\beta}} m_{\dot{\theta}} \omega^2
$$

$$
- \left(I_x\omega^2 - M_\theta\right)\left(I_x\omega^2 + K_P I_f\bar{\omega}_\theta^2 - m_\beta\right) + M_{\dot{\theta}} m_{\dot{\beta}} \omega^2 = 0 \tag{3.38}
$$

由虚部方程可求得 ω^2 的解为

$$
\omega^2 = \frac{\left(I_b(\bar{\omega}_\beta^2 + \Omega^2) - M_\beta\right)m_{\dot{\theta}} + \left(I_f\left(\bar{\omega}_\theta^2 + \Omega^2\right) - m_\theta\right)M_{\dot{\beta}}}{I_b m_{\dot{\theta}} I_f + I_f M_{\dot{\beta}} + I_x m_{\dot{\beta}} + I_x M_{\dot{\theta}}}
$$

$$+ \frac{\left(I_x \Omega^2 + M_\theta\right) m_{\dot{\beta}} + \left(I_x \Omega^2 - K_P I_f \bar{\omega}_\theta^2 + m_\beta\right) M_{\dot{\theta}}}{I_b m_{\dot{\theta}} I_f + I_f M_{\dot{\beta}} + I_x m_{\dot{\beta}} + I_x M_{\dot{\theta}}} \tag{3.39}$$

将 ω^2 的解代入实部方程，需要注意的是实部方程中气动导数包含 Ω 或 Ω^2，代入后需进行整理，因表达形式复杂，在此不作推导。方程整理后可得临界转速对应方程为

$$\Omega^4 + 2L\Omega^2 + M = 0 \tag{3.40}$$

那么旋翼临界转速为

$$\Omega_{\text{cr}}^2 = -L \pm \sqrt{L^2 - M} \tag{3.41}$$

当旋翼转速 $\Omega = \Omega_{\text{cr}}$ 时，旋翼处于颤振临界状态；当 $\Omega < \Omega_{\text{cr}}$ 时，系统稳定；当 $\Omega > \Omega_{\text{cr}}$ 时，桨叶发生颤振。

第二节　桨叶挥舞/摆振气弹稳定性

旋翼桨叶挥舞和摆振方向都存在气动阻尼，挥舞方向气动阻尼较大，而摆振方向气动阻尼较小，对于常规铰接式和无铰式旋翼，一般需附加减摆器给摆振方向提供机械阻尼，以增强其气弹稳定性。桨叶挥舞与摆振耦合运动通过科氏力和气动力相耦合，有可能会发生不稳定性问题。

一、挥舞/摆振耦合动力学方程

采用牛顿法建立桨叶挥舞/摆振耦合动力学方程，首先分析作用在桨叶微段上的力，以及这些力对挥舞铰和摆振铰的力臂。然后，将这些力对挥舞铰和摆振铰取力矩之和等于零，从而建立挥舞/摆振耦合动力学方程。

图 3.5 给出了桨叶挥舞面内和摆振面内的受力分析。桨叶挥舞和摆振运动通过科氏力相耦合，旋转坐标系中桨叶挥舞运动的水平面内速度分量会产生桨叶摆振方向科氏力；而旋转坐标系中摆振运动会产生轴向科氏力，进而产生挥舞方向力矩。挥舞和摆振方向各力和力矩的幅值、力臂及其方向如表 3.3 和表 3.4 所示，定义挥舞向上为正。由此可得挥舞面内的力矩平衡方程为

$$\ddot{\beta} \int_e^R m(r-e)^2 \mathrm{d}r + \Omega^2 \beta \int_e^R mr(r-e)\mathrm{d}r - 2\Omega \dot{\zeta} \beta \int_e^R m(r-e)^2 \mathrm{d}r + k_\beta(\beta - \beta_p)$$
$$= \int_e^R (r-e) F_z \mathrm{d}r \tag{3.42}$$

式中，β_p 为挥舞预锥角。挥舞方程可表示为

$$I_\beta \ddot{\beta} + (I_\beta + eS_\beta)\Omega^2 \beta - 2I_\beta \Omega \beta \dot{\zeta} + k_\beta(\beta - \beta_p) = M_F \tag{3.43}$$

式中，$I_\beta = \int_e^R m(r-e)^2 \mathrm{d}r$；$S_\beta = \int_e^R m(r-e)\mathrm{d}r$；$M_F = \int_e^R (r-e) F_z \mathrm{d}r$。类似地，定义桨叶后摆为正，摆振面内的力矩平衡方程为

$$\ddot{\zeta} \int_e^R m(r-e)^2 \mathrm{d}r + \Omega^2 \zeta \int_e^R me(r-e)\mathrm{d}r + 2\dot{\beta}\beta\Omega \int_e^R m(r-e)^2 \mathrm{d}r + k_\zeta \zeta$$

$$= \int_e^R (r-e)F_y \mathrm{d}r \tag{3.44}$$

式中，k_ζ 为摆振铰弹簧刚度；F_y 为摆振方向桨叶剖面气动力。摆振方程可表示为

$$I_\zeta \ddot{\zeta} + \Omega^2 e S_\zeta \zeta + k_\zeta \zeta + 2I_\zeta \Omega \dot{\beta}\beta = M_L \tag{3.45}$$

式中，$I_\zeta = \int_e^R m(r-e)^2 \mathrm{d}r$；$S_\zeta = \int_e^R m(r-e)\mathrm{d}r$；$M_L = \int_e^R (r-e)F_y \mathrm{d}r$。

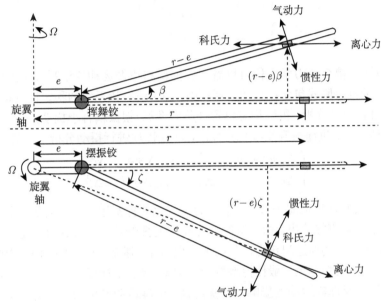

图 3.5　挥舞/摆振耦合运动受力图

表 3.3　挥舞铰所受力和力矩分析

力/力矩	幅值	力臂	方向
惯性力	$m(r-e)\ddot{\beta}\mathrm{d}r$	$r-e$	负
离心力	$m\Omega^2 r\mathrm{d}r$	$(r-e)\beta$	负
气动力	$F_z \mathrm{d}r$	$r-e$	正
科氏力	$2\Omega(r-e)\dot{\zeta}m\mathrm{d}r$	$(r-e)\beta$	正
铰弹簧	$k_\beta(\beta-\beta_p)$		负

表 3.4　摆振铰所受力和力矩分析

力/力矩	幅值	力臂	方向
惯性力	$m(r-e)\ddot{\zeta}\mathrm{d}r$	$r-e$	负
离心力	$m\Omega^2 r\mathrm{d}r$	$e(r-e)\zeta/r$	负
气动力	$F_y \mathrm{d}r$	$r-e$	正
科氏力	$2\Omega(r-e)\dot{\beta}\beta m\mathrm{d}r$	$r-e$	负
铰弹簧	$k_\zeta \zeta$		负

　　需要注意的是，由于此处挥舞/摆振耦合动力学模型中，假定了挥舞铰和摆振铰偏置量相同，实际情况不尽相同，而且建模时将桨叶处理成刚体杆，导致桨叶绕挥舞铰的转动

惯量 I_β 和摆振铰的转动惯量 I_ζ 以及耦合转动惯量 $I_{\beta\zeta}$ 的表达式相同，实际情况也不尽相同。将铰接式旋翼桨叶挥舞/摆振耦合动力学方程改写为

$$\begin{cases} I_\beta\ddot{\beta} + I_\beta\omega_\beta^2\beta - 2I_{\beta\zeta}\Omega\beta\dot{\zeta} = M_F + k_\beta\beta_p \\ I_\zeta\ddot{\zeta} + I_\zeta\omega_\zeta^2\zeta + 2I_{\beta\zeta}\Omega\dot{\beta}\beta = M_L \end{cases} \tag{3.46}$$

式中，桨叶挥舞和摆振运动的固有频率为

$$\begin{cases} \omega_\beta^2 = \left(1 + \dfrac{eS_\beta}{I_\beta}\right)\Omega^2 + \dfrac{k_\beta}{I_\beta} \\ \omega_\zeta^2 = \dfrac{eS_\zeta}{I_\zeta}\Omega^2 + \dfrac{k_\zeta}{I_\zeta} \end{cases} \tag{3.47}$$

从挥舞/摆振耦合动力学方程可以看出，挥舞和摆振运动通过科氏力产生了惯性耦合，气动方面的耦合隐式包含在气动力矩项中。为了进行该系统的稳定性分析，可先对该非线性系统进行摄动分析，得到稳态位置处桨叶挥舞/摆振耦合小扰动方程，然后对该方程进行特征值分析，进而得到系统稳定性。对非线性项进行摄动分析，存在

$$\begin{cases} \Delta(\beta\zeta) = \beta_{\text{trim}}\Delta\dot{\zeta} + \dot{\zeta}_{\text{trim}}\Delta\beta \cong \beta_0\Delta\dot{\zeta} \\ \Delta(\beta\dot{\beta}) = \beta_{\text{trim}}\Delta\dot{\beta} + \dot{\beta}_{\text{trim}}\Delta\beta \cong \beta_0\Delta\dot{\beta} \end{cases} \tag{3.48}$$

式中，β_{trim} 是桨叶挥舞角配平量，该值为周期变化的挥舞运动的平均值，悬停状态时挥舞角为常值 β_0，可直接给出。由于桨叶存在有限的挥舞角，摆振运动通过科氏力产生挥舞方向力矩，挥舞运动通过科氏力产生摆振方向力矩。通常，非线性的科氏力产生的耦合力矩非常小，由于摆振弯矩一般比挥舞弯矩小很多，因此，挥舞运动对摆振运动的影响明显强于摆振运动对挥舞运动的影响，也就是说，挥舞运动产生的科氏力对桨叶摆振方向动力学特性有重要影响。

旋翼稳定性方面要求铰接式旋翼加装减摆器，减摆器会给桨叶摆振方向提供机械阻尼。在摆振运动方程中需增加机械阻尼力矩项 $I_\zeta C_\zeta\dot{\zeta}$，其中 C_ζ 是阻尼系数。对于无铰式旋翼，应当在摆振方程中加入桨叶的结构阻尼，尽管结构阻尼很小（通常阻尼比介于 1%~3%），但由于摆振平面内的力通常较小，结构阻尼对摆振动力学就显得比较重要。

对桨叶挥舞/摆振运动耦合动力学方程进行摄动处理，并考虑摆振方向减摆器阻尼，以 β 代替 $\Delta\beta$、以 ζ 代替 $\Delta\zeta$，挥舞/摆振耦合动力学方程变为

$$\begin{cases} I_\beta\left(\ddot{\beta} + \omega_\beta^2\beta\right) - 2\Omega I_{\beta\zeta}\beta_0\dot{\zeta} = M_F \\ I_\zeta\left(\ddot{\zeta} + C_\zeta\dot{\zeta} + \omega_\zeta^2\zeta\right) + 2\Omega I_{\beta\zeta}\beta_0\dot{\beta} = M_L \end{cases} \tag{3.49}$$

摆振方向的机械阻尼和结构阻尼均包含在 C_ζ 项中。

挥舞和摆振气动力矩为

$$\begin{cases} M_F = M_\theta\left(-K_{P_\beta}\beta - K_{P_\zeta}\zeta\right) + M_{\dot{\beta}}\dot{\beta} + M_\beta\beta + M_{\dot{\zeta}}\dot{\zeta} + M_\zeta\zeta \\ M_L = Q_\theta\left(-K_{P_\beta}\beta - K_{P_\zeta}\zeta\right) + Q_{\dot{\beta}}\dot{\beta} + Q_\beta\beta + Q_{\dot{\zeta}}\dot{\zeta} + Q_\zeta\zeta \end{cases} \tag{3.50}$$

式中，K_{P_β} 为挥舞变距调节系数（前面按 K_P 表示，$\Delta\theta = -K_{P_\beta}\beta$，桨叶上挥低头为正）；$K_{P_\zeta}$ 为摆振变距调节系数（$\Delta\theta = -K_{P_\zeta}\zeta$，后摆低头为正）。

二、系统稳定性

这里的稳定性分析没有考虑变距控制输入。由于运动学上的挥舞/变距耦合和摆振/变距耦合会导致桨叶变距运动，桨距变化为 $\Delta\theta = -K_{P_\beta}\beta - K_{P_\zeta}\zeta$，进而会产生挥舞和摆振力矩，假定由桨叶向上挥舞或向后摆振引起低头变距的耦合为正耦合。

悬停或垂直飞行时，气动力系数为常数，且 $M_\beta = M_\zeta = Q_\beta = Q_\zeta = 0$。悬停状态下的旋翼挥舞/摆振耦合运动微分方程可表示为

$$
\begin{bmatrix} I_\beta & 0 \\ 0 & I_\zeta \end{bmatrix} \begin{bmatrix} \ddot\beta \\ \ddot\zeta \end{bmatrix} + \begin{bmatrix} -M_{\dot\beta} & -M_{\dot\zeta} - 2\Omega I_{\beta\zeta}\beta_0 \\ -Q_{\dot\beta} + 2\Omega I_{\beta\zeta}\beta_0 & -Q_{\dot\zeta} + I_\zeta C_\zeta \end{bmatrix} \begin{bmatrix} \dot\beta \\ \dot\zeta \end{bmatrix}
$$
$$
+ \begin{bmatrix} I_\beta\omega_\beta^2 + K_{P_\beta}M_\theta & K_{P_\zeta}M_\theta \\ K_{P_\beta}Q_\theta & I_\zeta\omega_\zeta^2 + K_{P_\zeta}Q_\theta \end{bmatrix} \begin{bmatrix} \beta \\ \theta \end{bmatrix} = \begin{bmatrix} 0 \\ 0 \end{bmatrix} \tag{3.51}
$$

对应特征方程为

$$
\begin{vmatrix} I_\beta s^2 - M_{\dot\beta}s + I_\beta\omega_\beta^2 + K_{P_\beta}M_\theta & -\left(M_{\dot\zeta} + 2\Omega I_{\beta\zeta}\beta_0\right)s + K_{P_\zeta}M_\theta \\ \left(-Q_{\dot\beta} + 2\Omega I_{\beta\zeta}\beta_0\right)s + K_{P_\beta}Q_\theta & I_\zeta s^2 + \left(-Q_{\dot\zeta} + I_\zeta C_\zeta\right)s + I_\zeta\omega_\zeta^2 + K_{P_\zeta}Q_\theta \end{vmatrix} = 0 \tag{3.52}
$$

由上面方程可以解出系统的四个特征根（一对挥舞模态的复共轭根，一对摆振模态的复共轭根）。非耦合的桨叶挥舞和摆振运动都存在正阻尼，独自运动是稳定的，因此，只有当两自由度相互耦合时才可能产生动不稳定性。如果 K_{P_β} 和 K_{P_ζ} 为较小负数，那么就不会出现净的负挥舞或摆振刚度，通常就不会出现发散不稳定性。

对于没有挥舞铰弹簧和外伸量（即 $\nu_\beta = 1$，$k_\beta = 0$），且没有挥舞/变距耦合（即 $K_{P_\beta} = 0$）的铰接式旋翼，由于摆振速度引起的气动力矩和科氏力矩几乎抵消（参见文献 (Johnson, 1980) 第 12 章），挥舞运动与摆振运动解耦。在这种情况下，挥舞和摆振运动是稳定的。由挥舞产生的科氏力导致的摆振力矩对桨叶载荷和振动非常重要，但对稳定性却没有影响。注意，当挥舞铰没有外伸量且不存在挥舞/变距耦合时，由于铰链弹性导致 $\nu_\beta > 1$，但预锥角为理想值时，由摆振速度而产生的挥舞力矩仍然为零。由此可见，对于挥舞频率比接近 1.0 且挥舞/变距和摆振/变距耦合较小的铰接式旋翼，在悬停或低速前飞时，桨叶的挥舞和摆振运动保持稳定。

接下来考虑零拉力的情况，此时除了 M_θ、$M_{\dot\beta}$ 和 $Q_{\dot\zeta}$ 以外的其他气动力系数均等于或近似等于零。假设预锥角为零，即 $\beta_0 = 0$，那么挥舞/摆振方程组中仍然保持的耦合项是由摆振运动产生的挥舞力矩，其通过当存在运动学上的变距/摆振耦合时（即 $K_{P_\zeta} \neq 0$）的 M_θ 产生作用。此时，系统特征方程变为

$$
\begin{vmatrix} I_\beta s^2 - M_{\dot\beta}s + I_\beta\omega_\beta^2 + K_{P_\beta}M_\theta & K_{P_\zeta}M_\theta \\ 0 & I_\zeta s^2 + \left(-Q_{\dot\zeta} + I_\zeta C_\zeta\right)s + I_\zeta\omega_\zeta^2 + K_{P_\zeta}Q_\theta \end{vmatrix} = 0 \tag{3.53}
$$

此时，摆振运动与挥舞运动解耦，系统稳定。由此可见，如果挥舞/摆振存在不稳定性，则应发生在大拉力或者大桨距情况下。因此，挥舞/摆振耦合运动的稳定边界应当给出临界拉力水平，或者等效地给出总距和预锥角的限制。

(一) 铰接式旋翼挥舞/摆振气弹稳定性

对于铰接式旋翼，摆振频率比通常较小，一般介于 0.25～0.30，在这种情况下，可以求出挥舞/摆振稳定性的近似解，以反映变距/摆振和变距/挥舞耦合对稳定性的影响。当 $K_{P_\zeta} \neq 0$ 时，由摆振角 ζ 通过 M_θ 产生的挥舞力矩，比由摆振速度 $\dot\zeta$ 产生的挥舞力矩大很多，因而可忽略后者的影响。相比科氏力项，可忽略由挥舞运动产生的所有摆振方向气动力矩。为了方便起见，摆振力矩 Q_ζ 和 $K_{P_\zeta} Q_\theta$ 也被忽略，因为它们可以包含在摆振阻尼 C_ζ 和摆振弹性项 $I_\zeta \omega_\zeta^2$ 中。根据这些近似，拉普拉斯形式的运动方程组可表示为

$$\begin{bmatrix} I_\beta s^2 - M_{\dot\beta} s + I_\beta \omega_\beta^2 + K_{P_\beta} M_\theta & K_{P_\zeta} M_\theta \\ 2\Omega I_{\beta\zeta} \beta_0 s & I_\zeta s^2 + I_\zeta C_\zeta s + I_\zeta \omega_\zeta^2 \end{bmatrix} \begin{bmatrix} \beta \\ \zeta \end{bmatrix} = \begin{bmatrix} 0 \\ 0 \end{bmatrix} \tag{3.54}$$

很明显，式 (3.54) 通过由科氏力产生的摆振力矩和变距/摆振耦合产生的挥舞力矩相耦合。

由于挥舞阻尼很大，不大可能产生不稳定性，只有摆振运动模态最有可能产生不稳定性，该摆振模态的频率接近于 ω_ζ，该频率对于铰接式旋翼来讲很小，因而颤振边界的特征值也会很小，进而挥舞方程可以近似表示为由 β 和 ζ 构成的挥舞力矩的准静态平衡方程：

$$\left(I_\beta \omega_\beta^2 + K_{P_\beta} M_\theta\right) \beta + \left(K_{P_\zeta} M_\theta\right) \zeta = 0 \tag{3.55}$$

即

$$\beta = -\frac{K_{P_\zeta} M_\theta}{I_\beta \omega_\beta^2 + K_{P_\beta} M_\theta} \zeta \tag{3.56}$$

因为存在变距/摆振耦合导致在颤振模态中存在摆振振荡的挥舞运动，将该挥舞方程代入科氏力产生的摆振力矩，则摆振方程变成

$$\left(I_\zeta s^2 + \left(I_\zeta C_\zeta - 2\Omega I_{\beta\zeta} \beta_0 \frac{K_{P_\zeta} M_\theta}{I_\beta \omega_\beta^2 + K_{P_\beta} M_\theta}\right) s + I_\zeta \omega_\zeta^2\right) \zeta = 0 \tag{3.57}$$

对于铰接式旋翼，挥舞对变距/摆振耦合产生的力矩的响应与低频摆振运动是同步的。因此，由挥舞速度引起的科氏摆振力矩产生了一个摆振阻尼项，它决定了摆振运动的稳定性。

稳定判据直接从净摆振阻尼为正的要求得到，即

$$I_\zeta C_\zeta - 2\Omega I_{\beta\zeta} \beta_0 \frac{K_{P_\zeta} M_\theta}{I_\beta \omega_\beta^2 + K_{P_\beta} M_\theta} > 0 \tag{3.58}$$

该表达式给出了稳定所需的摆振阻尼，或者说给出了变距/摆振耦合所允许的最大值。对于给定的旋翼，稳定性随着预锥角 β_0 的增大而减小 (随着拉力的增大，β_0 增大)。对于铰接式旋翼，正的变距/摆振耦合 (后摆、低头) 会降低铰接式旋翼挥舞/摆振气弹稳定性。

(二) 无铰式旋翼挥舞/摆振气弹稳定性

考虑无铰式旋翼桨叶挥舞/摆振运动的稳定性。假设不存在变距/挥舞和变距/摆振耦合 (即 $K_{P_\beta} = K_{P_\zeta} = 0$)，则特征方程变为

$$\begin{vmatrix} I_\beta s^2 - M_{\dot\beta} s + I_\beta \omega_\beta^2 & -\left(M_{\dot\zeta} + 2\Omega I_{\beta\zeta}\beta_0\right) s \\ \left(-Q_{\dot\beta} + 2\Omega I_{\beta\zeta}\beta_0\right) s & I_\zeta s^2 + C_\zeta^* s + I_\zeta \omega_\zeta^2 \end{vmatrix} = 0 \tag{3.59}$$

式中，$C_\zeta^* = -Q_{\dot\zeta} + I_\zeta C_\zeta$，表示所有摆振阻尼。将 $s = i\omega$ 代入特征方程得到颤振的稳定边界，由方程虚部和实部均为 0，可得

$$\begin{cases} \left(-I_\beta\omega^2 + I_\beta\omega_\beta^2\right)\left(-I_\zeta\omega^2 + I_\zeta\omega_\zeta^2\right) + M_{\dot\beta}C_\zeta^*\omega^2 \\ \quad + \left(M_{\dot\zeta} + 2\Omega I_{\beta\zeta}\beta_0\right)\left(Q_{\dot\beta} - 2\Omega I_{\beta\zeta}\beta_0\right)\omega^2 = 0 \\ \left(-I_\beta\omega^2 + I_\beta\omega_\beta^2\right)C_\zeta^* - M_{\dot\beta}\left(-I_\zeta\omega^2 + I_\zeta\omega_\zeta^2\right) = 0 \end{cases} \tag{3.60}$$

由方程虚部为零，有

$$\omega^2 = \frac{I_\beta C_\zeta^* \omega_\beta^2 - I_\zeta M_{\dot\beta}\omega_\zeta^2}{I_\beta C_\zeta^* - I_\zeta M_{\dot\beta}} = \omega_\zeta^2 + \frac{\omega_\beta^2 - \omega_\zeta^2}{1 - \dfrac{I_\zeta}{I_\beta}\dfrac{M_{\dot\beta}}{C_\zeta^*}} \tag{3.61}$$

如果挥舞阻尼比摆振阻尼大很多 (注意 $M_{\dot\beta}$ 为负数)，则颤振频率 ω 将稍微超过摆振频率 ω_ζ，这意味着对应模态是摆振，这是不稳定模态。对于铰接式旋翼，摆振阻尼较大，不大可能出现挥舞/摆振动不稳定性问题；对于摆振柔软无铰式或者无轴承式旋翼，摆振阻尼相对较小，有可能出现挥舞/摆振动不稳定性；对于摆振刚硬旋翼，通常不附加摆振阻尼，出现挥舞/摆振动不稳定性的可能性较大，直升机尾桨通常设计成摆振刚硬，也需注意其挥舞/摆振动不稳定性问题。当 $\omega_\beta = \omega_\zeta$ 时，颤振频率 ω 等于摆振频率 ω_ζ，这意味着出现挥舞/摆振不稳定性最强。

将 ω^2 代入特征方程的实部得到颤振边界方程：

$$\begin{aligned} &\left(M_{\dot\zeta} + 2\Omega I_{\beta\zeta}\beta_0\right)\left(Q_{\dot\beta} - 2\Omega I_{\beta\zeta}\beta_0\right) \\ &= -M_{\dot\beta}C_\zeta^*\left(1 + \frac{I_\beta^2 I_\zeta^2 M_{\dot\beta}C_\zeta^*\left(\omega_\beta^2 - \omega_\zeta^2\right)^2}{\left(I_\beta C_\zeta^* - I_\zeta M_{\dot\beta}\right)\left(I_\beta\omega_\beta^2 C_\zeta^* - M_{\dot\beta}I_\zeta\omega_\zeta^2\right)}\right) \end{aligned} \tag{3.62}$$

式 (3.62) 左侧是由耦合项产生的，若要保持稳定，左侧项必须要比右侧阻尼项小。式 (3.62) 可以看作稳定性所需的最小摆振阻尼的判据，也可以看作旋翼允许最大拉力的一个判据，它决定了耦合项中的气动力和预锥角。另外，它可以被看作在 ω_β 和 ω_ζ 平面上定义了稳定边界，或者是其他参数的一个方程。

图 3.6 给出刚体桨叶挥舞/摆振耦合运动稳定性边界 (Ormiston and Hodges, 1972)。从图中可以明显看出，动不稳定性主要发生在摆振刚硬旋翼上，铰接式和摆振柔软无铰

式或者无轴承式旋翼发生挥舞/摆振动不稳定性的可能性较小，随着桨距角增大，即气动力和锥度角增大，气动及惯性耦合增强，不稳定区域随之增大。

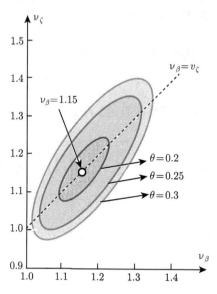

图 3.6　挥舞/摆振稳定性边界示意图

第三节　挥舞/摆振/变距耦合系统

前面讨论的都是两自由度耦合系统动力学稳定性问题，通常情况下，桨叶挥舞、摆振和变距运动之间相互耦合，且耦合关系相对复杂，建立该类系统稳定性分析模型有一定难度，且难以给出系统的解析解。在此，仅给出铰接式旋翼桨叶挥舞/摆振/变距耦合系统动力学方程。

考虑刚体桨叶绕根部挥舞、摆振和变距铰运动 (Panda and Chopra, 1985)，同样定义桨叶挥舞、摆振和扭转方向上挥、后摆和抬头为正，按准定常气动模型处理气动力，保留二阶项以及变距运动方程中的三阶项，挥舞运动方程为

$$\overset{**}{\beta} + \nu_\beta^2 \beta + 2\nu_\beta \zeta_\beta \overset{*}{\beta} - 2\beta \overset{*}{\zeta} - \frac{3}{2}\frac{x_I}{R}\left(\overset{**}{\theta} + \theta\right) + I_f^*\left(\zeta \overset{**}{\theta} + \zeta\theta\right) = \frac{M_F}{I_b \Omega^2} \tag{3.63}$$

摆振运动方程为

$$\overset{**}{\zeta} + \nu_\zeta^2 \zeta + 2\nu_\zeta \zeta_\zeta \overset{*}{\zeta} + 2\beta \overset{*}{\beta} - \frac{3}{2}\frac{x_I}{R}\left(\theta \overset{**}{\theta} + 2\beta \overset{*}{\theta}\right) + I_f^* \beta\theta = \frac{M_L}{I_b \Omega^2} \tag{3.64}$$

变距运动方程为

$$I_f^*\left(\overset{**}{\theta} + \nu_\theta^2 \theta + 2\nu_\theta \zeta_\theta \overset{*}{\theta} + \zeta \overset{**}{\beta} + \beta\zeta\right) + \frac{3}{2}\frac{x_I}{R}\left(-\theta \overset{**}{\zeta} + 2\frac{x_I}{R}\overset{**}{\theta} - \overset{**}{\beta} + 2\beta \overset{*}{\zeta} - \beta\right)$$
$$= \frac{M_f}{I_b \Omega^2} + I_f^*\left(\omega_\theta^2 - 1\right)\theta_{\mathrm{con}} \tag{3.65}$$

式中，ν_β、ν_ζ 和 ν_θ 分别为挥舞、摆振和变距方向运动固有频率，即

$$\begin{cases} \nu_\beta^2 = \dfrac{\omega_\beta^2}{\Omega^2} = 1 + \dfrac{3}{2}\dfrac{e}{1-e} \\[3mm] \nu_\zeta^2 = \dfrac{\omega_\zeta^2}{\Omega^2} = \dfrac{3}{2}\dfrac{e}{1-e} \\[3mm] \nu_\theta^2 = \dfrac{\omega_\theta^2}{\Omega^2} \end{cases} \tag{3.66}$$

ζ_β、ζ_ζ 和 ζ_θ 分别为挥舞、摆振和变距方向运动阻尼比；M_F、M_L 和 M_f 分别为气动产生的挥舞、摆振和变距方向气动弯矩和扭矩；I_f^* 定义为

$$I_f^* = \frac{I_f}{I_b} \tag{3.67}$$

导数 "*" 定义为

$$\overset{*}{()} = \frac{\mathrm{d}()}{\mathrm{d}\psi} = \frac{1}{\Omega}\frac{\mathrm{d}()}{\mathrm{d}t} \tag{3.68}$$

　　由挥舞、摆振和变距耦合动力方程可以看出：挥舞和摆振运动耦合可通过科氏力直接相耦合，变距运动耦合可通过惯性运动和离心力直接对挥舞运动进行激振，x_I 为关键影响参数，变距运动与摆振运动耦合也可对挥舞运动产生激振；挥舞和变距运动均可直接激振摆振运动，两者也可相耦合激振摆振运动，挥舞和变距运动与摆振运动无直接耦合关系；挥舞运动可直接激振变距运动，也可与摆振运动相耦合激振变距运动，摆振运动难以直接激振变距运动。

　　对于该类复杂系统稳定性分析，很难得到稳定性的解析解，一般需借助数值方法分析挥舞/摆振/变距耦合系统稳定性。

第四节　线性和周期系统稳定性分析

　　直升机悬停和前飞时，旋翼动力学方程的特性会有所不同。悬停时，不同方位角处，桨叶各剖面处来流相同，诸如桨叶挥舞/摆振、挥舞/变距等耦合系统动力学方程是常系数二阶微分方程，可采用系统特征值方法分析系统的稳定性。前飞时，不同方位角处、不同径向位置，桨叶剖面来流各不相同，旋翼旋转一周，桨叶剖面重复前一周来流，旋翼系统动力学方程中各系数是以方位角为自变量的周期性函数，对于该类周期性系统，通常采用 Floquet 理论进行系统稳定性分析。

一、线性系统稳定性分析

　　假定二阶系统自由振动的动力学微分方程为

$$M\ddot{X} + C\dot{X} + KX = 0 \tag{3.69}$$

式中，M 为系统的质量矩阵；C 为系统的阻尼矩阵；K 为系统的刚度矩阵；X 为系统自由度向量。为求解该系统动力学稳定性，将式 (3.69) 改写成如下标准形式：

$$\begin{bmatrix} \ddot{X} \\ \dot{X} \end{bmatrix} = A \begin{bmatrix} \dot{X} \\ X \end{bmatrix} \tag{3.70}$$

式中

$$A = \begin{bmatrix} -M^{-1}C & -M^{-1}K \\ I & 0 \end{bmatrix} \tag{3.71}$$

如果矩阵 A 为常系数矩阵，若旋翼处于悬停状态，那么可直接对矩阵求特征值，就可判定系统是否稳定，如果系统的特征根实部均为负值，那么系统稳定，如果存在特征根实部大于 0 的特征根，那么该系统对应的振动模态不稳定。矩阵 A 的特征根根据各阶模态频率的大小依次可表示为 $\lambda^{(1)}$，$\lambda^{(2)}$，$\lambda^{(3)}$，$\cdots$，特征根可表示为如下形式：

$$\lambda^{(k)} = \sigma^{(k)} \pm i\omega^{(k)} \tag{3.72}$$

式中

$$\sigma^{(k)} = \zeta^{(k)}\omega_n^{(k)} \tag{3.73}$$

和

$$\omega^{(k)} = \sqrt{1 - \zeta^{(k)2}}\,\omega_n^{(k)} \tag{3.74}$$

其中，$\omega^{(k)}$ 为第 k 阶模态的阻尼频率；$\zeta^{(k)}$ 为模态阻尼比；$\omega_n^{(k)}$ 为无阻尼固有频率。由式 (3.73) 和式 (3.74) 可得对应模态的无阻尼固有频率和模态阻尼比为

$$\omega_n^{(k)} = \left|\lambda^{(k)}\right| \tag{3.75}$$

和

$$\zeta^{(k)} = \frac{\mathrm{Re}\left(\lambda^{(k)}\right)}{\left|\lambda^{(k)}\right|} \tag{3.76}$$

对于两自由度自激系统，其运动微分方程可写为

$$\begin{bmatrix} m_{11} & m_{12} \\ m_{21} & m_{22} \end{bmatrix}\begin{bmatrix} \ddot{x}_1 \\ \ddot{x}_2 \end{bmatrix} + \begin{bmatrix} c_{11} & c_{12} \\ c_{21} & c_{22} \end{bmatrix}\begin{bmatrix} \dot{x}_1 \\ \dot{x}_x \end{bmatrix} + \begin{bmatrix} k_{11} & k_{12} \\ k_{21} & k_{22} \end{bmatrix}\begin{bmatrix} x_1 \\ x_2 \end{bmatrix} = \begin{bmatrix} 0 \\ 0 \end{bmatrix} \tag{3.77}$$

系统特征方程为

$$\begin{vmatrix} m_{11}s^2 + c_{11}s + k_{11} & m_{12}s^2 + c_{12}s + k_{12} \\ m_{21}s^2 + c_{21}s + k_{21} & m_{22}s^2 + c_{22}s + k_{22} \end{vmatrix} = 0 \tag{3.78}$$

即

$$\left(m_{11}s^2 + c_{11}s + k_{11}\right)\left(m_{22}s^2 + c_{22}s + k_{22}\right) \\ - \left(m_{12}s^2 + c_{12}s + k_{12}\right)\left(m_{21}s^2 + c_{21}s + k_{21}\right) = 0 \tag{3.79}$$

式 (3.79) 展开后，可得如下形式的频率方程：

$$a_0 s^4 + a_1 s^3 + a_2 s^2 + a_3 s + a_4 = 0 \tag{3.80}$$

式中

$$\begin{cases} a_0 = m_{11}m_{22} - m_{12}m_{21} \\ a_1 = c_{11}m_{22} + m_{11}c_{22} - c_{12}m_{21} - m_{12}c_{21} \\ a_2 = k_{11}m_{22} + c_{11}c_{22} + m_{11}k_{22} - k_{12}m_{21} - c_{12}c_{21} - m_{12}k_{21} \\ a_3 = k_{11}c_{22} + c_{11}k_{22} - k_{12}c_{21} - c_{12}k_{21} \\ a_4 = k_{11}k_{22} - k_{12}k_{21} \end{cases} \tag{3.81}$$

系数 a_0、a_1、a_2、a_3 和 a_4 均为实数，因为它们均由系统的物理参数计算得到。如果 s_1、s_2、s_3 和 s_4 为系统的特征根，则存在

$$(s - s_1)(s - s_2)(s - s_3)(s - s_4) = 0 \tag{3.82}$$

系统稳定准则是 $s_i(i = 1,2,3,4)$ 的实部必须是负的，根据四次代数方程的特性，系统稳定的充分必要条件是方程的全部系数 a_0、a_1、a_2、a_3 和 a_4 均大于零，且满足

$$a_1 a_2 a_3 > a_0 a_3^2 + a_4 a_1^2 \tag{3.83}$$

更为一般的方法是采用 Routh-Hurwitz 准则 (Rao, 2010)。对于系统特征方程 (3.80)，稳定的条件是全部系数 a_0、a_1、a_2、a_3 和 a_4 均大于零，且下列行列式的值为正:

$$D_1 = |a_1| > 0 \tag{3.84}$$

$$D_2 = \begin{vmatrix} a_1 & a_3 \\ a_0 & a_2 \end{vmatrix} = a_1 a_2 - a_0 a_3 > 0 \tag{3.85}$$

$$D_3 = \begin{vmatrix} a_1 & a_3 & 0 \\ a_0 & a_2 & 0 \\ 0 & a_1 & a_3 \end{vmatrix} = a_1 a_2 a_3 - a_1^2 a_4 - a_0 a_3^2 > 0 \tag{3.86}$$

式 (3.84) 说明 $a_1 > 0$，式 (3.86) 和 $a_3 > 0$、$a_4 > 0$ 可以保证式 (3.85) 成立。所以系统稳定的充分必要条件与前面所述一致。

例题 3.1　假定悬停时某桨叶挥舞/变距耦合动力学方程如下，试分析该系统的稳定性。

$$\begin{bmatrix} 1 & -0.0075 \\ -0.0075 & 0.001 \end{bmatrix} \begin{bmatrix} \ddot{\beta} \\ \ddot{\theta} \end{bmatrix} + \begin{bmatrix} 1 & -0.033 \\ 0 & 0.000625 \end{bmatrix} \begin{bmatrix} \dot{\beta} \\ \dot{\theta} \end{bmatrix}$$

$$+ \begin{bmatrix} 1.09 & -1.0 \\ -0.0075 & 0.01 \end{bmatrix} \begin{bmatrix} \beta \\ \theta \end{bmatrix} = \begin{bmatrix} 0 \\ 0 \end{bmatrix}$$

解　系统频率方程假定为 $a_0 s^4 + a_1 s^3 + a_2 s^2 + a_3 s + a_4 = 0$，各系数分别为

$$a_0 = 9.4375 \times 10^{-4}, \ a_1 = 0.0014, \ a_2 = 0.0042, \ a_3 = 0.0104, \ a_4 = 0.0034$$

$$a_1 a_2 a_3 - a_0 a_3^2 - a_4 a_1^2 = -4.9420 \times 10^{-8}$$

很明显，系统不稳定。

如采用求解系统特征根方法，可得系统特征根为: $0.3601 + 2.2731\mathrm{i}$、$0.3601 - 2.2731\mathrm{i}$、$-1.8025 + 0.0000\mathrm{i}$、$-0.3774 + 0.0000\mathrm{i}$，很明显存在实部为 0 特征根，系统不稳定。

二、周期性系统稳定性分析

如果特征矩阵 $\boldsymbol{A}$ 为周期系数矩阵,如直升机处于前飞状态,那么需用 Floquet 理论求解系统的稳定性,该系统稳定性与该方程的瞬态解的稳定性一致。Floquet 转换矩阵 $\boldsymbol{Q}$ 定义为

$$\boldsymbol{x}(T) = \boldsymbol{Q}\boldsymbol{x}(0) \tag{3.87}$$

Floquet 理论指出,对于 N 阶常微分方程系统,系数为周期 T 的函数,有如下形式瞬态解:

$$\boldsymbol{x} = \boldsymbol{A}(t)\boldsymbol{\alpha}_k = \boldsymbol{A}(t)(\alpha_k \mathrm{e}^{\eta_k t}) \tag{3.88}$$

式中,$\boldsymbol{A}(t)$ 为周期为 T 的函数;η_k 是复特征值;α_k 是由初始条件决定的常数。则有

$$\boldsymbol{x}(0) = \boldsymbol{A}(0)\boldsymbol{\alpha}_k \Rightarrow \boldsymbol{\alpha}_k = \boldsymbol{A}(0)^{-1}\boldsymbol{x}(0) \tag{3.89}$$

系统稳定性完全由 η_k 的值决定。

由 $\boldsymbol{A}(0) = \boldsymbol{A}(T)$ 并定义

$$\boldsymbol{\Lambda}_k = \mathrm{e}^{\eta_k T} \tag{3.90}$$

有

$$\begin{cases} \boldsymbol{x}(T) = \boldsymbol{A}(0)\boldsymbol{\Lambda}_k\boldsymbol{\alpha}_k \\ \boldsymbol{x}(0) = \boldsymbol{A}(0)\boldsymbol{\alpha}_k \end{cases} \tag{3.91}$$

联立式 (3.87) 和式 (3.91),存在

$$\boldsymbol{Q}\boldsymbol{A}(0)\boldsymbol{\alpha}_k - \boldsymbol{A}(0)\boldsymbol{\Lambda}_k\boldsymbol{\alpha}_k = \boldsymbol{0} \tag{3.92}$$

定义 $\boldsymbol{A}(0)$ 矩阵的第 i 列为 $\boldsymbol{\alpha}_{0i}$,代入式 (3.92) 有

$$\sum_{i=1}^{N}(\boldsymbol{Q} - \boldsymbol{\Lambda}_i I)\,\boldsymbol{\alpha}_{0_i}\boldsymbol{\alpha}_i = \boldsymbol{0} \tag{3.93}$$

由于 $x_i(0)$ 是任意量,α_i 也为任意量,式 (3.93) 中各子项独立为 $\boldsymbol{0}$。同样由式 (3.89),$\boldsymbol{A}(0)$ 可逆,因此无 $\boldsymbol{a}_{0i}$ 等于 0。因此,存在

$$(\boldsymbol{Q} - \boldsymbol{\Lambda}_i\boldsymbol{I})\boldsymbol{\alpha}_{0_i} = 0, \quad \boldsymbol{\alpha}_{0_i} \neq \boldsymbol{0}, \quad i = 1, 2, \cdots, N \tag{3.94}$$

即

$$|\boldsymbol{Q} - \boldsymbol{\Lambda}_i\boldsymbol{I}| = 0, \quad i = 1, 2, \cdots, N \tag{3.95}$$

因此,$\boldsymbol{\Lambda}_i$ 为矩阵 $\boldsymbol{Q}$ 的特征值。

将复特征值 η_k 表示为 $\lambda_k + \mathrm{i}\omega_k$,式 (3.88) 可表示为

$$\boldsymbol{x} = \boldsymbol{A}(t)(\alpha_k \mathrm{e}^{\lambda_k t}(\cos(\omega_k t) + \mathrm{i}\sin(\omega_k t))) \tag{3.96}$$

系统稳定性由 λ_k 决定,λ_k 小于零时,系统稳定,如果 $\lambda_k = 0$,系统中性稳定,如果 λ_k 大于零,系统不稳定。根据定义 $\boldsymbol{\Lambda}_k = \mathrm{e}^{\eta_k T}$,有

$$\eta_k = \frac{\ln \boldsymbol{\Lambda}_k}{T} \tag{3.97}$$

根据 $\boldsymbol{\Lambda}_k = \mathrm{e}^{\eta_k T} = \mathrm{e}^{\lambda_k T}\cos(\omega_k T) + \mathrm{i}\mathrm{e}^{\lambda_k T}\sin(\omega_k T)$，有

$$\begin{cases} \mathrm{Re}\boldsymbol{\Lambda}_k = \mathrm{e}^{\lambda_k T}\cos(\omega_k t) \\ \mathrm{Im}\boldsymbol{\Lambda}_k = \mathrm{e}^{\lambda_k T}\sin(\omega_k t) \end{cases} \tag{3.98}$$

由式 (3.98)，很明显有

$$\lambda_k = \frac{1}{2T}\ln\left((\mathrm{Re}\boldsymbol{\Lambda}_k)^2 + (\mathrm{Im}\boldsymbol{\Lambda}_k)^2\right) \tag{3.99}$$

由以上分析可知，周期系统稳定性的关键在于得到转换矩阵 $\boldsymbol{Q}$。给定初始时刻 $\boldsymbol{x}_i$ $(t = 0)$ 为单位矩阵 $\boldsymbol{I}$ 的第 i 列，即 $\boldsymbol{I}_i$，根据系统动力学方程，在 $[0, T]$ 区间进行积分，可得 T 时刻系统响应 $\boldsymbol{x}_i(T)$，由式 (3.87)，有

$$[\boldsymbol{x}_1(T), \cdots, \boldsymbol{x}_i(T), \cdots, \boldsymbol{x}_n(T)] = \boldsymbol{Q}\boldsymbol{I} \tag{3.100}$$

那么就可求得系统转换矩阵：

$$\boldsymbol{Q} = [\boldsymbol{x}_1(T), \cdots, \boldsymbol{x}_i(T), \cdots, \boldsymbol{x}_n(T)] \tag{3.101}$$

根据转换矩阵 $\boldsymbol{Q}$ 可求得其特征根，由式 (3.99) 可判定系统稳定性。

例题 3.2　分析如下周期为 2π 的动力学系统稳定性。

$$\begin{cases} \dot{x} = x\sin t \\ \dot{y} = x(\cos t)\mathrm{e}^{\cos t} \end{cases}$$

解　由方程第 1 式，有

$$x = C_1\mathrm{e}^{-\cos t}$$

将其代入方程第 2 式，有

$$y = -C_1\sin t + C_2$$

根据 Floquet 理论，求转换矩阵 $\boldsymbol{Q}_{2\times 2}$。当 $t = 0$ 时，$x = 1$、$y = 0$，则有系统函数为

$$\begin{cases} x = \mathrm{e}^{1-\cos t} \\ y = -\mathrm{e}\sin t \end{cases}$$

那么，当 $t = 2\pi$ 时，$x = 1$、$y = 0$，即 $Q_{11} = 1$、$Q_{21} = 0$。

当 $t = 0$ 时，$x = 0$、$y = 1$，则有系统函数为

$$\begin{cases} x = 0 \\ y = 1 \end{cases}$$

那么，当 $t = 2\pi$ 时，$x = 0$、$y = 1$，即 $Q_{12} = 0$、$Q_{22} = 1$。

转换矩阵为

$$\boldsymbol{Q} = \begin{bmatrix} 1 & 0 \\ 0 & 1 \end{bmatrix}$$

转换矩阵的两个特征根均为 1，由此可得 $\lambda_1 = \lambda_2 = 0$，因此系统中性稳定。

该系统稳定性也可通过数值方法计算求得。采用 MATLAB 中 ode45 数值积分方法，系统初始时刻 $t = 0$、$x = 1$、$y = 0$，当 $t = 2\pi$ 时，系统响应 $x = 1.0000$、$y = -0.0001$。系统初始时刻 $t = 0$、$x = 0$、$y = 1$，当 $t = 2\pi$ 时，系统响应 $x = 0$、$y = 1$。对应转换矩阵为

$$Q = \begin{bmatrix} 1.0000 & 0 \\ -0.0001 & 1 \end{bmatrix}$$

该转换矩阵的两个特征根均为 1，由此可得 $\lambda_1 = \lambda_2 = 0$，因此系统中性稳定。与上述求解方法结论一致。

习　　题

【习题 1】　简述桨叶的颤振和发散现象，归纳它们的物理本质及异同点。

【习题 2】　叙述直升机旋翼桨叶经典颤振的物理本质，并分析影响桨叶经典颤振稳定性的结构参数。

【习题 3】　试推导如下图所示构型铰接式旋翼桨叶的挥舞/变距耦合动力学方程，桨叶可认为是刚性挥舞和刚性扭转。

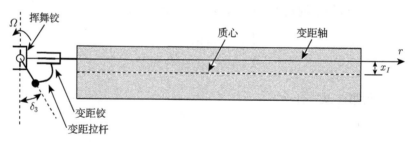

习题 3 图

【习题 4】　无铰式旋翼桨叶如下图所示。初始时，配重块位于桨叶变距轴线上，如配重块向桨叶后缘方向移动，那么该桨叶的颤振稳定性是变好还是变差？如该矩形桨叶桨尖后掠，那么该桨叶的颤振稳定性是变好还是变差？试分析变化的原因。

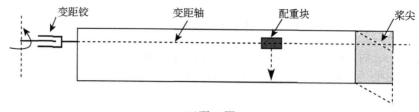

习题 4 图

【习题 5】　挥舞/摆振运动通过哪些力相耦合？哪些结构参数会影响挥舞/摆振耦合稳定性？

【习题 6】　假定悬停时某桨叶挥舞/变距耦合动力学方程如下，试用 Routh-Hurwitz 准则和系统特征值方法确定该系统是否稳定。

$$\begin{bmatrix} 1 & -0.0075 \\ -0.0075 & 0.001 \end{bmatrix} \begin{bmatrix} \ddot{\beta} \\ \ddot{\theta} \end{bmatrix} + \begin{bmatrix} 1 & -0.033 \\ -0.01 & 0.000625 \end{bmatrix} \begin{bmatrix} \dot{\beta} \\ \dot{\theta} \end{bmatrix}$$

$$+ \begin{bmatrix} 1.1 & -1.0 \\ -0.0075 & 0.02 \end{bmatrix} \begin{bmatrix} \beta \\ \theta \end{bmatrix} = \begin{bmatrix} 0 \\ 0 \end{bmatrix}$$

【习题 7】　悬停和前飞状态下，求解旋翼桨叶的气弹稳定性问题，有何差异？

【习题 8】　分析如下周期为 2π 的动力学系统稳定性。

$$\begin{cases} \dot{x} = x\cos t \\ \dot{y} = (x\sin t)\mathrm{e}^{-\sin t} + \sin t \end{cases}$$

第四章 直升机振动及其控制

直升机振动问题较为复杂，振动水平相对固定翼飞行器明显较高，这与直升机自身的工作原理以及实现方式密不可分，从某种意义上来说，这也是直升机的典型特征。本章首先探讨直升机振动问题复杂性的原因，以及直升机振动控制技术的相关发展，然后分析直升机振动载荷的传递规律，最后探讨针对直升机振动问题所提出的振动主动和被动控制方法。

第一节 直升机振动问题

直升机振动问题由来已久，自直升机诞生之日起，降低直升机振动水平就是科研技术人员的重要工作内容，经过持续不断的多年努力，直升机振动水平相比发展初期已经大幅下降，但至今为止，直升机振动水平仍然偏高，有待进一步降低。

一、直升机振动来源

直升机不同于固定翼飞行器，旋转部件多，主要包括旋翼、尾桨、发动机和传动系统等，它们在运转时都会产生交变载荷，成为直升机振动来源，这些振动以周期性为主，激振频率成分多，旋翼是最主要的振动载荷来源。

产生直升机振动的物理成因，可分为外部因素和内容因素。外部因素主要包括交变的气动环境、起降过程中的地面作用、武器发射产生的瞬时激励、飞鸟与直升机撞击时的冲击载荷等。内部因素主要包括旋翼桨叶不平衡产生的激振 (质量、气动、机械等)，旋翼尾流对机体的激励作用，机体振动环境对所携带设备和部件等的激励，发动机运转产生的激振，传动轴、减速器、联轴节等传动部件因动不平衡等因素产生的激振。从振动载荷的动力学特征上来看，激振存在周期性的、瞬态的和 (或) 随机性的激励。直升机前飞过程中，旋翼和尾桨的旋转和前方来流耦合产生周期性的气动环境，进而引发周期激振气动载荷；直升机机动飞行、直升机起降、直升机遭受阵风等影响，均会产生瞬态激振载荷；直升机飞行过程中，随机的气动环境变化，对直升机均会产生随机性的振动激励。

过大的振动，不仅会降低乘员的舒适程度，同样也会降低飞行员的工作效率，增加其工作负荷；过大的振动也会造成直升机结构疲劳破坏以及降低机载设备的使用性能，进而降低其可靠性、增加使用维护工作量，直接威胁直升机的飞行安全。振动对人的影响不仅取决于振动加速度幅值，激振频率也影响明显。图 4.1 给出振动频率和幅值对人的感受的影响 (Kessler, 2011)，很明显，对人影响最重要的振动频率低于 20Hz，如振动幅值高于 $0.1g$ 则人将感到烦躁 (unpleasant)，振动频率更低时，对应使人感到烦躁的振动幅值更低，目前一般直升机的振动水平在 $0.1g$ 左右，离使人感到舒适的振动水平还有段距离。

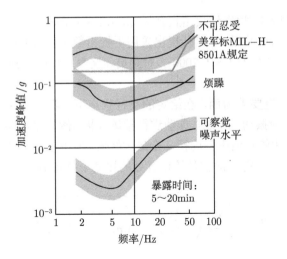

图 4.1　振动对人的感受影响 (Kessler, 2011)

　　振动控制始于被动控制，目前使用的最多和最广的还是被动控制。随着科学技术的发展，人类社会对直升机振动水平的要求越来越严格。20 世纪 70 年代就开始要求直升机振动水平低于 0.10g 水平，之后希望达到喷气式客机 0.02g 水平，由于实际难以达到，后来改为 0.05g，经过多年的不懈努力，目前最先进直升机的振动水平已经可达 0.05g。1955~1995 年直升机振动水平如图 4.2 所示 (Kessler, 2011)。要达到 0.02g 的振动水平，常规的被动振动控制方法难以奏效，除进一步提升被动控制方法的振动抑制效果外，研究人员开始寻求新的振动控制途径，主动控制就是一个重要的发展方向。

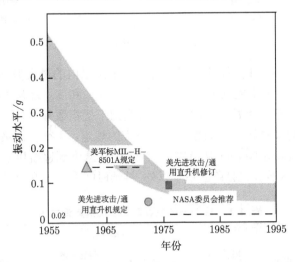

图 4.2　直升机振动水平 (1955~1995 年)(Kessler, 2011)

　　衡量振动水平的标准，早期采用的是振动加速度的概念 (张晓谷, 1995)，即各方向及各频率成分的振动加速度都不超过某个数值，上面所讲的标准就是如此。但人体对不同频率的振动的感受不同，如图 4.1 所示，采用较为单一的标准来衡量不同方向和不同频率的振动水平明显不够合理。美军在总结通用战术运输机系统 (utility tactical transport aircraft system, UTTAS) 和先进攻击直升机 (advanced attack helicopter, AAH) 项目的经验教训基础上，于 20 世纪 80 年代提出采用干扰指数 (intrusion index) 的方法来评价直升机的振动水平 (ADS-27A-SP, 2006)，对乘员、仪表及每转一次振动具有相应的量化指标。

以对乘员振动环境要求为例，在给定的飞行状态下，测量或者预估规定的位置处 3 正交方向直到 60Hz 的振动，对这些振动进行频谱分析，然后采用图 4.3 中的曲线进行相应的正则化，在正则化的频谱中各选择 4 个最大峰值，但不包括每转一次的峰值，对这 12 个数的平方取和后开方，得到的就是该位置处的振动干扰指数 (章光裕和张曾锴，1996)，计算方法为

$$\eta_i = \sqrt{\sum_{i=1}^{4}\left(\left(\frac{x_i}{a_{xi}}\right)^2 + \left(\frac{y_i}{a_{yi}}\right)^2 + \left(\frac{z_i}{a_{zi}}\right)^2\right)} \tag{4.1}$$

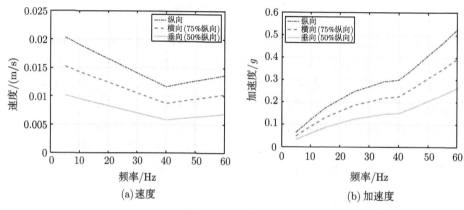

图 4.3　正则化曲线

式中，x_i、y_i 和 z_i 为 3 方向所测得或者预估的 60Hz 以内的最大振动幅值，对应为振动速度或者振动加速度，但不包括每转一次分量；a_{xi}、a_{yi} 和 a_{zi} 为振动加权系数，由图 4.3 所查得。根据所得的干扰指数，对比表 4.1 规定的干扰指数最大值，就可评价该点的振动水平是否超标，对以每转一次的振动也有对应的规定。飞行状态被化为 4 个区域：区域 I 包括载荷系数 (load factor) 从 $0.75g \sim 1.25g$，从悬停到巡航以及到最大后飞和侧飞所有定常飞行状态；区域 II 包括除区域 I 以外，持续时间大于 3s 的所有飞行状态和机动状

表 4.1　各类人员位置处的干扰指数最大值

飞行状态	驾驶员		武器操作手		士兵	
	干扰指数	每转一次 /($\times 10^{-3}$m/s)	干扰指数	每转一次 /($\times 10^{-3}$m/s)	干扰指数	每转一次 /($\times 10^{-3}$m/s)
区域 I	1.2	3.81	1.0	3.81	2.0	3.81
区域 II	3.0	7.62	2.5	7.62	5.0	7.62
区域 III	4.0	10.16	3.0	10.16	6.0	10.16
区域 IV	1.0	3.81	0.8	3.81	1.5	3.81
武器发射增量 (所有区)	+2.0	0.00	+2.0	0.00	+3.0	0.00

态；区域Ⅲ包括除区域Ⅰ以外，持续时间小于或者等于 3s 的所有飞行状态和机动状态；区域Ⅳ仅适用于倾转旋翼飞行器，包括飞机模式的所有飞行状态。

二、振动控制方法分类

振动控制 (vibration control) 通常包括两方面的内容：一是对有害振动的抑制；二是对有利振动的利用。按是否需要能源区分，振动控制可分为无源控制与有源控制，前者又被称为被动控制 (passive control)，后者又被称为主动控制 (active control)。主动控制通常包括两类控制，即开环控制 (open loop control) 与闭环控制 (close loop control)。

按照所采用的抑制振动的手段，可将振动控制分为消振、隔振、吸振、阻振和结构设计与修改等五类。消振就是消除或减弱振源，是治本方法。吸振 (动力吸振) 就是在受控对象上附加一个子系统 (动力吸振器)，产生吸振力以减小振源激励对受控对象的影响。隔振就是在振动的传递途径中，消除或减弱振动传输。阻振 (阻尼减振) 就是在受控对象上附加阻尼器或阻尼元件，通过消耗能量使响应减小。结构修改就是通过修改受控对象的动力学特性参数使其振动水平满足预定的要求，不需要附加任何子系统。

直升机振动控制可以从振源、传递路径和受控对象三方面入手，以直升机机体为受控对象，常用的振动控制策略如图 4.4 所示。其一是降低振源的激振载荷，由于旋翼是直升机振动主要振动来源，振动控制可从旋翼着手。降低直升机旋翼传递给机体的振动载荷可根据不同的需要采用不同的方法。通过安装桨叶吸振器可降低挥舞方向振动载荷，图 4.5 给出了在 BO-105 直升机桨叶上安装的离心式吸振器；在旋翼桨毂上安装双线摆动力吸振器可降低旋翼面内振动载荷，图 4.6 给出了安装在 S-76 直升机桨毂上的双线摆吸振器；通过旋翼桨叶气动和动力学设计与修改可降低旋翼桨叶多个方向的振动载荷，图 4.7 给出 EH-101 直升机所采用的 BERP(british experimental rotor program blade) 旋翼，BERP 旋翼通过旋翼桨叶 (包括桨尖) 的气动和结构综合设计能显著提升旋翼性能和降低旋翼振动载荷 (Harrison et al., 2008)。其二是在旋翼振动载荷传递到机体的路径上进行载荷隔离，一般可通过加装主减隔振器或者采用聚焦式隔振设计等方法进行载荷隔离，美国 Bell 直升机公司在 Bell Model 427 直升机上采用了液弹隔振器 (Smith and Redinger, 1999)，意大利 Augusta 公司的 A109E 直升机采用在旋翼撑杆上加装液弹隔振器进行载荷隔离 (McGuire, 2006)，如图 4.8 所示。其三是直接在机体上进行载荷控制，可通过选择机体的结构参数调节机体的动态特性以降低机体载荷响应水平，或通过安装吸振器、采用结构振动主动控制等措施降低目标位置处振动水

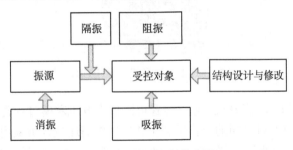

图 4.4 振动控制策略图

图 4.5   BO-105 直升机桨叶吸振器

图 4.6   S-76 直升机桨毂双线摆吸振器

图 4.7   EH-101 直升机旋翼 BERP 桨尖

平。图 4.9 所示为 CH-46 直升机，起落装置可降低直升机着落过程传递给机体的冲击载荷，美国 Sikorsky 直升机公司的 "前行桨叶概念"X2 高速直升机采用结构振动主动控制方法，降低目标位置处振动水平 (Blackwell and Millott, 2008)，图 4.10 为该机所安装的吸振器。

图 4.8　A109E 直升机液弹隔振器

图 4.9　CH-46 直升机起落装置图

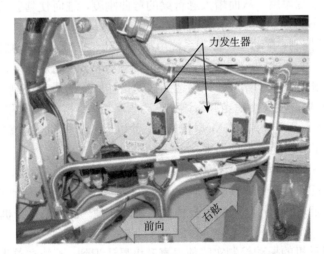

图 4.10　X2 振动主动控制吸振器 (Blackwell and Millott, 2008)

三、"黑鹰" 直升机的振动控制技术

UH-60"黑鹰" 直升机被认为是世界上研制最为成功的直升机之一，根据美陆军对 UTTAS 的要求，成员舱的振动水平不能大于 $0.05g$。在设计初期，"黑鹰" 直升机的振动

问题非常严重，正副驾驶舱处的 4 阶振动超出设计规范一个数量级，垂直方向的振动问题尤为突出，水平方向也超出了规范要求。为了降低 "黑鹰" 直升机的振动水平，西科斯基公司采用了以下多种措施 (Leoni, 2007)。

(1) 双线摆吸振器。双线摆吸振器属于被动吸振装置，安装在旋翼桨毂平面内，通过摆块在旋转平面内的运动吸收桨毂平面内的振动。由于 "黑鹰" 直升机旋翼有 4 片桨叶，所以双线摆吸振器主要用于桨毂平面内 4 阶振动的抑制，吸振效果明显。在后期型号研制过程中，为了进一步提高双线摆吸振器的吸振效果，摆长又被加长两倍，以便产生的力也增加两倍。在 "黑鹰" 直升机后续型号的研制过程中，摆线的形状被进一步优化，进一步增强了双线摆吸振器的吸振效果。

(2) 动力吸振器。动力吸振器属于弹簧/质量被动吸振装置，通过质量块的运动吸收机体结构的振动。"黑鹰" 直升机在座舱顶部区域安装了 2 个垂向动力吸振器，分别位于主减速器的前方和后方，用于降低垂向 4 阶振动。在 "黑鹰" 直升机后期研制阶段，分别在平尾及起落架短翼上又增加了动力吸振器。

(3) 升高桨毂位置。"黑鹰" 直升机为满足军方的运输要求，开始采用了低位桨毂位置的设计。在前飞时，桨毂位置离机身顶部的高度不够，造成了桨盘前下方与机身座舱上方之间的气流堵塞，形成了对机身座舱上部的脉动气动激励，导致机身产生剧烈的振动。为了减小气流堵塞，降低振动水平，使用了旋翼轴延伸器，使桨毂位置升高了 40cm，气流堵塞显著缓解，振动水平明显降低。

(4) 驾驶舱结构加强。"黑鹰" 直升机座舱前部的驾驶舱是一种悬臂梁式结构，有 4 根下部纵梁从座舱后舱壁延伸到驾驶舱前部。由于这些悬臂梁的弯曲刚度不够，驾驶舱的频率与主减速器 4 阶俯仰模态的频率接近，以致驾驶舱产生很大的垂向振动。通过增加铝合金悬臂梁的梁缘厚度，从而增大悬臂梁的弯曲刚度，进而使驾驶舱的频率偏离主减速器 4 阶俯仰模态的频率，降低了驾驶舱的垂直方向振动。

(5) 振动主动控制。振动主动控制系统由加速度计、控制器、作动器等组成闭环控制系统，具有重量代价小、减振效果好、自适应能力强等特点。由加速度计测得机身某处的振动，控制器根据控制律计算该处振动达到振动指标所需的最小控制力，并给作动器发出相应指令，作动器产生大小适当并与该处振动频率相同、相位相反的控制力，来消除该处的振动。该技术已用于 "黑鹰" M 型直升机，并以远低于早期 "黑鹰" 直升机无法回避的重量代价获得了可接受的振动水平。

"黑鹰" 直升机通过以上 5 个振动控制措施，使得驾驶舱处振动水平达到规范要求的 $0.05g$，整个速度范围内的平均振动水平约 $0.1g$ 或略低于这个值。从 "黑鹰" 直升机所采取的振动控制措施来看，同时采取了多种技术措施才使 "黑鹰" 直升机的振动水平达到了 $0.05g$ 的目标。

"黑鹰" 等直升机的振动控制实践使得直升机界认识到：不能在首飞之后遇到振动问题时才开始去设法解决，应该将减振设计作为结构设计的重要组成部分，必须在研制初期就开展直升机振动的计算、分析和设计工作。

四、解决振动问题的途径

对于振动问题的解决通常可分为理论、试验、实现等几个阶段。理论阶段主要对所产生振动问题的成因进行探讨，找到主导因素，并进行理论分析，提出解决方案。试验阶段主要对所提出的方案进行试验检验，验证所提出方案的有效性。实现阶段主要针对具体装机需求，研制相应的振动控制装置，通过实践检验设计方案所解决的问题的具体效果。

首先，知振因，即锁定产生振动问题的成因，从而能对症下药，不能头疼医脚。直升机振动问题复杂，引起振动过大的因素可能来源于多方面，分析时需锁定振动的主要来源，揭示高振动产生的物理成因，细致分析主导该高振动的关键参数，为解决该问题提供理论基础和指导。

其次，定标准，确定衡量振动水平的量及其指标。衡量振动水平的高低的指标要合理，要与当前的技术水平相结合，不能脱离实际技术水平。美国 UTTAS 项目对竞标的飞行器的振动要求能达到 $0.05g$，但实践表明，竞标获胜的"黑鹰"直升机在当时即使采用了多种振动控制措施后，其振动水平在 $0.1g$ 左右，难以达到预期目标。直到 UH-60M 型服役，"黑鹰"直升机振动水平才达到 $0.05g$ 的水平。因此，所确定衡量当时直升机振动水平的指标要符合当时技术水平：太高，难以达到；太低，难以提升技术水平。

再次，选方法，选取适宜的振动控制方法。根据振动问题的成因以及所要达到的振动水平，根据振动控制方法的特点和当前技术水平，提出解决振动问题的方案，综合权衡所采用方法的优劣和利弊，选定适合当前技术水平、能达到技术指标且付出代价最小的解决方法。例如，某型直升机机体垂向振动水平过大，经分析得知，该振动来源于旋翼桨叶整数片的垂向力，为解决该问题，可从旋翼、主减和机体三方面入手，进行振动控制。如从旋翼入手，可采用桨叶结构修改、吸振和振动主动控制等方法；如从主减入手，可采用主动或者被动隔振等技术；如从机体入手，则可采用吸振、机体结构修改和结构振动主动控制等技术。这些振动控制方法，孰优孰劣，需根据具体情况进行细致分析，给出较优振动控制方案。

然后，多分析，包括建模、求解、参数研究、确定方案等。由选取的振动控制方案，建立系统动力学分析模型，求解出所提出振动控制方法的理论减振效果，通过参数分析寻找主导影响参数，对主导影响参数进行优化，进一步提升振动问题解决效果，从而给出问题的解决方案。方案的解决过程中，要重点考虑振动控制方法所处的大环境，直升机不同于固定翼飞行器，振动环境复杂，所提出的解决方案，在真实的直升机振动环境中效果如何，需事先进行探讨，充分分析可能影响解决效果的外部因素，最好在建模中能有效考虑，这样可提升预测的准确度，防止装机后重复多次改进。

最后，重实现，将控制装置的结构与参数从设计转化为实物。振动控制装置的实现要考虑具体机载要求，重点考虑诸如工作环境、重量、尺寸、使用维护等因素，所提出的解决方案最后都需经过实践的检验。直升机真实振动环境不同于理论分析，有诸多潜在的影响因素可能未被预测到，导致使用性能难以达到理论预估，需根据具体实践改进和提升解决方案，对控制装置的设计进一步优化完善，从而能满足设计指标要求。

第二节　旋翼对机体激振力的传递

旋翼力向机体传递主要通过两条路径：其一是，各片桨叶力和力矩除扭转方向载荷，汇聚于桨毂，通过旋翼轴传递给主减速器，然后传递到机体；其二是，桨叶绕变距轴线运动方向载荷汇聚于桨叶变距摇臂，通过自动倾斜器传递给操纵线系 (摇臂支座) 和舵机(支座) 等。

一、激振载荷

旋翼在工作过程中，会给机体产生三种类型的激振。①旋翼在交变的气动力和惯性力作用下产生的弹性振动，传递给机体桨叶片数整数倍频率激振。②各片桨叶由于气动力或者惯性力的不平衡，使机体产生每转 1 次 (1Ω) 的振动。③旋翼的下洗流拍打到机体，诱导机体产生振动。在这三种激振中，起决定作用的是第一种激振。与旋翼类似，尾桨也是激振力源，通常只有前面两种激振力，相对于旋翼，尾桨对机体的激振相对较小，由于尾梁长度较大，在某些特殊情况下，如侧向突风或有偏心力时，尾桨对机体的激振效果也会比较明显。

图 4.11 给出 Bell 206 和 BO-105 两款直升机过渡和平飞时振动谱 (Kessler, 2011)，很明显，传递给机体的主要是桨叶片数整数倍频率的振动载荷，旋翼传给机体的 1Ω 振动明显较小，尾桨的 1 阶 (1ω) 和 2 阶 (2ω) 也会传递到机体，但其幅值相对较小，频率一般较高。

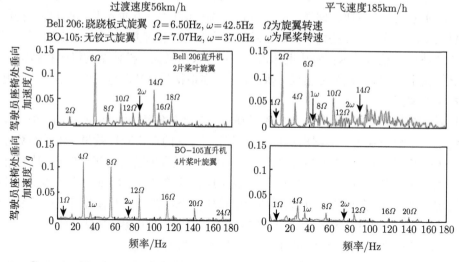

图 4.11   两款直升机过渡和平飞状态振动谱 (Kessler, 2011)

二、桨叶根部载荷

建立图 4.12 所示的桨叶坐标系，坐标原点位于桨毂中心点，z_s 轴向下与旋翼轴重合，x_s 轴指向来流方向，y_s 轴指向右侧方，与 x_s 轴和 z_s 轴垂直。桨叶坐标原点同样位于桨毂中心点，x_b 轴与桨叶重合，z_b 轴垂直向上，垂直于旋翼平面，y_b 轴与 x_b 轴和 z_b 轴垂直，此旋翼平面与旋翼轴垂直。假定第 k 片桨叶的方位角为

$$\psi_k = \psi + \frac{2\pi k}{N_b} \tag{4.2}$$

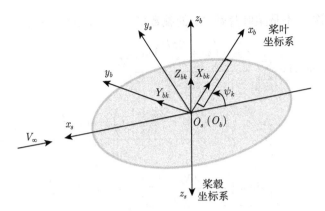

图 4.12　桨叶坐标系和桨轴坐标系

式中，N_b 为桨叶片数；ψ 为方位角。桨叶坐标系 (旋转坐标系)$o_b x_b y_b z_b$ 中第 k 片桨叶根部三方向力记为 X_{bk}、Y_{bk} 和 Z_{bk}，如图 4.12 所示，转换到桨轴坐标系 (桨毂坐标系、不旋转坐标系) 中的分量为

$$\begin{cases} X_{sk} = -X_{bk}\cos\psi_k + Y_{bk}\sin\psi_k \\ Y_{sk} = X_{bk}\sin\psi_k + Y_{bk}\cos\psi_k \\ Z_{sk} = -Z_{bk} \end{cases} \tag{4.3}$$

稳态飞行时，桨叶根部力和力矩是方位角的周期函数，按傅里叶级数展开有

$$\begin{cases} X_{bk} = X_0 + \sum_{n=1}^{\infty} X_{nc}\cos(n\psi_k) + \sum_{n=1}^{\infty} X_{ns}\sin(n\psi_k) \\ Y_{bk} = Y_0 + \sum_{n=1}^{\infty} Y_{nc}\cos(n\psi_k) + \sum_{n=1}^{\infty} Y_{ns}\sin(n\psi_k) \\ Z_{bk} = Z_0 + \sum_{n=1}^{\infty} Z_{nc}\cos(n\psi_k) + \sum_{n=1}^{\infty} Z_{ns}\sin(n\psi_k) \end{cases} \tag{4.4}$$

三、各片桨叶垂向力合成

根据坐标转换关系，各片桨叶垂向力在桨毂处合力为

$$Z_s = -\sum_{k=1}^{N_b} Z_{bk} = -N_b Z_0 - \sum_{n=1}^{\infty}\sum_{k=1}^{N_b} Z_{nc}\cos(n\psi_k) - \sum_{n=1}^{\infty}\sum_{k=1}^{N_b} Z_{ns}\sin(n\psi_k) \tag{4.5}$$

假如谐波阶数 n 是桨叶片数 N_b 的 m 倍，即 $n=mN_b$，存在

$$\sum_{k=1}^{N_b}\cos(n\psi_k) = \sum_{k=1}^{N_b}\cos\left(mN_b\psi + mN_b\frac{2\pi k}{N_b}\right) = \sum_{k=1}^{N_b}\cos(mN_b\psi) = N_b\cos(n\psi) \tag{4.6}$$

如果谐波阶次 n 不是桨叶片数 N_b 的整数倍，即 $n \neq mN_b$，存在

$$
\begin{aligned}
\sum_{k=1}^{N_b} \cos(n\psi_k) &= \sum_{k=1}^{N_b} \frac{\cos n\left(\psi + \dfrac{2\pi k}{N_b}\right) \sin \dfrac{n\pi}{N_b}}{\sin \dfrac{n\pi}{N_b}} \\
&= \sum_{k=1}^{N_b} \frac{\dfrac{1}{2}\left(\sin n\left(\psi + \dfrac{2k+1}{N_b}\pi\right) - \sin n\left(\psi + \dfrac{2k-1}{N_b}\pi\right)\right)}{\sin \dfrac{n\pi}{N_b}} \\
&= \frac{1}{2} \frac{\sin n\left(\psi + \dfrac{2N_b+1}{N_b}\pi\right) - \sin n\left(\psi + \dfrac{1}{N_b}\pi\right)}{\sin \dfrac{n\pi}{N_b}} \\
&= \frac{\cos n\left(\psi + \dfrac{N_b+1}{N_b}\pi\right) \sin(n\pi)}{\sin \dfrac{n\pi}{N_b}} = 0
\end{aligned}
\tag{4.7}
$$

注意公式推导过程中采用了三角函数中积化和差、和差化积公式，可参考本书附录。

根据以上分析，可得到如下结论：

$$
\sum_{n=1}^{\infty} \sum_{k=1}^{N_b} Z_{nc} \cos(n\psi_k) =
\begin{cases}
N_b \displaystyle\sum_{n=mN_b}^{\infty} Z_{nc} \cos(n\psi), & n = mN_b \\[2mm]
0, & n \neq mN_b
\end{cases}
\tag{4.8}
$$

和

$$
\sum_{n=1}^{\infty} \sum_{k=1}^{N_b} Z_{nc} \sin(n\psi_k) =
\begin{cases}
N_b \displaystyle\sum_{n=mN_b}^{\infty} Z_{ns} \sin(n\psi), & n = mN_b \\[2mm]
0, & n \neq mN_b
\end{cases}
\tag{4.9}
$$

由此，桨叶垂向合力为

$$
\begin{aligned}
Z_s = -N_b(&Z_0 + Z_{N_b c}\cos(N_b\psi) + Z_{2N_b c}\cos(2N_b\psi) + Z_{3N_b c}\cos(3N_b\psi) + \cdots \\
&+ Z_{N_b s}\sin(N_b\psi) + Z_{2N_b s}\sin(2N_b\psi) + Z_{3N_b s}\sin(3N_b\psi) + \cdots)
\end{aligned}
\tag{4.10}
$$

由式 (4.10) 可得如下结论：除静载荷 Z_0 外，作用在旋翼桨叶上频率为 Ω、2Ω、3Ω、$\cdots$ 的垂向谐波力通过旋翼桨毂，只有桨叶片数整数倍 $mN_b(m=1,2,3,\cdots)$ 的谐波量会传递给机身，其余谐波量会在桨毂上相互抵消。如对于 5 片桨叶，只有 0Ω、5Ω、10Ω、15Ω、$\cdots$ 的谐波载荷传递给机身，其余 Ω、2Ω、3Ω、4Ω、6Ω、7Ω、$\cdots$ 谐波载荷在桨毂上相互抵消。旋翼桨毂的作用类似滤波器，将非桨叶整数片倍数谐波过滤。旋翼激振力传递给机体的规律同样适用于尾桨。

四、各片桨叶桨毂平面内力合成

根据坐标转换关系，桨毂平面内力 X_s 为

$$
X_s = \sum_{k=1}^{N_b} (-X_{bk}\cos\psi_k + Y_{bk}\sin\psi_k)
$$

$$= \sum_{k=1}^{N_b} (-X_0 \cos \psi_k + Y_0 \sin \psi_k)$$

$$+ \sum_{n=1}^{\infty} \sum_{k=1}^{N_b} (-X_{nc} \cos(n\psi_k) \cos \psi_k - X_{ns} \sin(n\psi_k) \cos \psi_k$$

$$+ Y_{nc} \cos(n\psi_k) \sin \psi_k + Y_{ns} \sin(n\psi_k) \sin \psi_k) \tag{4.11}$$

由

$$\sum_{k=1}^{N_b} \cos \psi_k = \sum_{k=1}^{N_b} \sin \psi_k = 0 \tag{4.12}$$

桨毂平面内力 X_s 化为

$$X_s = \sum_{n=1}^{\infty} \sum_{k=1}^{N_b} (-X_{nc} \cos(n\psi_k) \cos \psi_k - X_{ns} \sin(n\psi_k) \cos \psi_k$$

$$+ Y_{nc} \cos(n\psi_k) \sin \psi_k + Y_{ns} \sin(n\psi_k) \sin \psi_k)$$

$$= -\frac{1}{2} \sum_{n=1}^{\infty} \sum_{k=1}^{N_b} (Y_{ns} + X_{nc}) \cos(n+1)\psi_k$$

$$+ \frac{1}{2} \sum_{n=1}^{\infty} \sum_{k=1}^{N_b} (Y_{ns} - X_{nc}) \cos(n-1)\psi_k$$

$$+ \frac{1}{2} \sum_{n=1}^{\infty} \sum_{k=1}^{N_b} (Y_{nc} - X_{ns}) \sin(n+1)\psi_k$$

$$- \frac{1}{2} \sum_{n=1}^{\infty} \sum_{k=1}^{N_b} (Y_{nc} + X_{ns}) \sin(n-1)\psi_k \tag{4.13}$$

由

$$\sum_{n=1}^{\infty} \sum_{k=1}^{N_b} (Y_{ns} + X_{nc}) \cos(n+1)\psi_k$$

$$= \begin{cases} N_b \sum_{m=1}^{\infty} \left(Y_{(mN_b-1)s} + X_{(mN_b-1)c}\right) \cos(mN_b\psi), & n+1 = mN_b \\ 0, & n+1 \neq mN_b \end{cases} \tag{4.14}$$

$$\sum_{n=1}^{\infty} \sum_{k=1}^{N_b} (Y_{ns} - X_{nc}) \cos(n-1)\psi_k$$

$$= \begin{cases} N_b \sum_{m=0}^{\infty} \left(Y_{(mN_b+1)s} - X_{(mN_b+1)c}\right) \cos(mN_b\psi), & n-1 = mN_b \\ 0, & n-1 \neq mN_b \end{cases} \tag{4.15}$$

$$\sum_{n=1}^{\infty} \sum_{k=1}^{N_b} (Y_{nc} - X_{ns}) \sin(n+1)\psi_k$$

$$= \begin{cases} N_b \sum_{m=1}^{\infty} \left(Y_{(mN_b-1)c} - X_{(mN_b-1)s}\right) \sin(mN_b\psi), & n+1 = mN_b \\ 0, & n+1 \neq mN_b \end{cases} \tag{4.16}$$

$$\sum_{n=1}^{\infty} \sum_{k=1}^{N_b} (Y_{nc} + X_{ns}) \sin(n-1)\psi_k$$

$$= \begin{cases} N_b \sum_{m=1}^{\infty} \left(Y_{(mN_b+1)c} + X_{(mN_b+1)s}\right) \sin(mN_b\psi), & n-1 = mN_b \\ 0, & n-1 \neq mN_b \end{cases} \tag{4.17}$$

桨毂平面内力 X_s 化为

$$X_s = \frac{N_b}{2}(Y_{1s} - X_{1c})$$
$$+ \frac{N_b}{2} \sum_{m=1}^{\infty} \left(Y_{(mN_b-1)c} - X_{(mN_b-1)s} - Y_{(mN_b+1)c} - X_{(mN_b+1)s}\right) \sin(mN_b\psi)$$
$$+ \frac{N_b}{2} \sum_{m=1}^{N_b} \left(Y_{(mN_b+1)s} - X_{(mN_b+1)c} - Y_{(mN_b-1)s} - X_{(mN_b-1)c}\right) \cos(mN_b\psi) \tag{4.18}$$

按照同样的方法，可得到桨毂平面内力 Y_s 为

$$Y_s = \sum_{n=1}^{\infty} \sum_{k=1}^{N_b} (X_{nc}\cos(n\psi_k)\sin\psi_k + X_{ns}\sin(n\psi_k)\sin\psi_k$$
$$+ Y_{nc}\cos(n\psi_k)\cos\psi_k + Y_{ns}\sin(n\psi_k)\cos\psi_k)$$
$$= \frac{1}{2} \sum_{n=1}^{\infty} \sum_{k=1}^{N_b} ((Y_{ns} + X_{nc})\sin(n+1)\psi_k + (Y_{ns} - X_{nc})\sin(n-1)\psi_k$$
$$+ (X_{ns} + Y_{nc})\cos(n-1)\psi_k + (Y_{nc} - X_{ns})\cos(n+1)\psi_k)$$
$$= \frac{N_b}{2}(Y_{1c} + X_{1s}) + \frac{N_b}{2} \sum_{m=1}^{\infty} (Y_{(mN_b-1)s} + X_{(mN_b-1)c}$$
$$+ Y_{(mN_b+1)s} - X_{(mN_b+1)c})\sin(mN_b\psi) + \frac{N_b}{2} \sum_{m=1}^{\infty} (X_{(mN_b+1)s} + Y_{(mN_b+1)c}$$
$$+ Y_{(mN_b-1)c} - X_{(mN_b-1)s})\cos(mN_b\psi) \tag{4.19}$$

　　由以上分析可得出如下结论：由桨毂作用到机体上的平面力，只有当谐波频率是桨叶片数整数倍加或减一时 $(n\Omega=(mN_b\pm1)\Omega, \ m=1,2,3,\cdots)$，才能传递到机体，其余谐波载荷在桨毂上相互抵消，传递到机体的谐波频率是桨叶片数的整数倍 $(mN_b\Omega)$。需要注意的是，传递到机体的稳态载荷 (0Ω) 来源于 1Ω 桨叶载荷。传递到机体的桨毂平面力传递关系见表 4.2。

表 4.2　传递到机体的桨毂平面力传递关系

单片桨叶上交变载荷频率	传递到机体上的载荷频率				
	2 片桨叶	3 片桨叶	4 片桨叶	5 片桨叶	6 片桨叶
1Ω	0Ω 和 2Ω	0Ω	0Ω	0Ω	0Ω
2Ω		3Ω			
3Ω	2Ω 和 4Ω		4Ω		
4Ω		3Ω		5Ω	
5Ω	4Ω 和 6Ω	6Ω	4Ω		6Ω
6Ω				5Ω	

五、传递到机体的力矩

桨叶坐标系 (旋转坐标系)$o_b x_b y_b z_b$ 中第 k 片桨叶根部三方向力矩记为 L_{bk}、M_{bk} 和 N_{bk}，如图 4.13 所示，转换到桨轴坐标系 (桨毂坐标系、不旋转坐标系) 中的分量为

$$\begin{cases} L_{sk} = -L_{bk}\cos\psi_k + M_{bk}\sin\psi_k \\ M_{sk} = L_{bk}\sin\psi_k + M_{bk}\cos\psi_k \\ N_{sk} = -N_{bk} \end{cases} \tag{4.20}$$

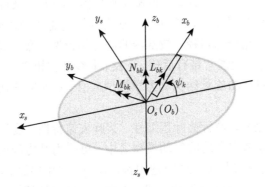

图 4.13　桨叶坐标系中力矩

稳态飞行时，桨叶根部力和力矩是方位角的周期函数，按傅里叶级数展开有

$$\begin{cases} L_{bk} = L_0 + \sum_{n=1}^{\infty} L_{nc}\cos(n\psi_k) + \sum_{n=1}^{\infty} L_{ns}\sin(n\psi_k) \\ M_{bk} = M_0 + \sum_{n=1}^{\infty} M_{nc}\cos(n\psi_k) + \sum_{n=1}^{\infty} M_{ns}\sin(n\psi_k) \\ N_{bk} = N_0 + \sum_{n=1}^{\infty} N_{nc}\cos(n\psi_k) + \sum_{n=1}^{\infty} N_{ns}\sin(n\psi_k) \end{cases} \tag{4.21}$$

传递到机体的力矩则为

$$
\begin{cases}
L_s = \displaystyle\sum_{k=1}^{N_b} \left(-L_{bk} \cos \psi_k + M_{bk} \sin \psi_k \right) \\[2mm]
M_s = \displaystyle\sum_{k=1}^{N_b} \left(L_{bk} \sin \psi_k + M_{bk} \cos \psi_k \right) \\[2mm]
N_s = -\displaystyle\sum_{k=1}^{N_b} N_{bk}
\end{cases}
\tag{4.22}
$$

按照力传递到机体的处理方法可以得到力矩传递到机体的规律，传递规律与力传递规律类似，传递到机体的扭矩 N_s 与传递到机体的垂向力 Z_s 类似，传递到机体的俯仰力矩 M_s 和滚转力矩 L_s 与传递到机体的面内载荷 Y_s 和 X_s 类似。

第三节　机体动力学

一、直升机振动水平预测

准确预估直升机的振动水平对降低直升机的振动至关重要，时至今日，由于旋翼激振载荷、机体动力学特性以及两者间耦合特性等方面预测有待进一步提升，直升机振动水平目前的预测精度仍不高。影响直升机振动水平预测的因素来自多个方面。

从旋翼结构动力学建模来看，桨叶结构动力学模型需能描述柔性桨叶大变形特性、复杂的惯性间耦合、多路传力路径、减摆器的动力学特性、操纵线系的非线性约束等特性。先进平面形状桨叶桨尖通常带有后掠、下反、非线性预扭等特征，这也给旋翼桨叶结构建模带来挑战。从目前的旋翼结构动力学模型来看，通常需采用中等变形梁模型或者大变形梁模型。

从旋翼气动建模来看，前行桨叶压缩性、桨叶失速特性、旋翼诱导速度的非均匀分布等，这些因素通常要考虑在旋翼气动模型之中。可采用升力线或者升力面方法计算桨叶气动载荷，旋翼诱导速度模型通常可选用预定尾迹、自由尾迹、涡粒子等方法。

旋翼与机体之间存在强烈的气动干扰。旋翼脱出的尾流流过机体表面，对机体产生激振，在某些飞行状态下可能对机体振动水平产生严重影响。机体反过来也会对旋翼尾流产生影响，进而影响旋翼气动特性。

直升机空中飞行，通常处于稳态或者机动状态，对于直升机稳态或者机动状态的描述需采用相应的配平模型，得到飞行过程中旋翼和尾桨的输入以及机体的姿态信息。

准确的机体动力学特性预测等诸多因素，对直升机振动水平的准确预估也非常重要。单从旋翼动力学建模来看，即使采用目前最先进的计算结构动力学方法 (computational structural dynamics) 耦合计算流体力学方法 (computational fluid dynamics)，旋翼振动载荷的预测精度仍有待提高。

二、机体动力学特性

直升机机体动力学特性是指机体模态特性以及激振力与机体结构振动响应间的传递关系 (张晓谷，1995)。模态特性主要是指固有频率、振型和模态阻尼特性，传递关系主要是指传递函数所反映出的幅值和相位。传递关系的确定依赖于动力学特性的准确预估，而力激励下的结构响应依赖于传递函数的准确预估。通过准确预估机体动力学特性，就可确定结构参数对机体振动响应和振动水平的影响，进而就可通过结构动力学参数优化降低机体振动水平。

直升机机体结构复杂，主要包括梁、桁条、隔框、地板、蒙皮等部分，上面承载发动机、减速器、仪器设备和负载等集中或者分布质量，结构形式多变，连接关系复杂，准确分析难度较大。随着科学技术的发展和计算手段的完善，目前通常采用结构有限元方法预测机体动力学特性。图 4.14 给出了两种不同模拟精度的 BO-105 直升机机体有限元模型 (Stoppel and Degener, 1982)。采用更多的单元，可得到更为精细的有限元模型，计算精度也会更高，但会带来建模时间和计算时间增加等方面的问题。采用有限元方法进行机体结构动力学特性分析，低阶模态精度相对较高，高阶模态精度变差。有限元分析模型与实测结果之间难免会有误差，误差主要来源于各结构件质量、阻尼和刚度数据，以及连接件之间的约束等因素。通过试验结果对有限元模型进行修正，可进一步提升有限元模型的精度，从而适用于相应的动力学设计和优化。表 4.3 给出多型直升机机体固有频率有限元分析结果与试验值对比误差 (Loewy, 1984)。从表中可以看出，有限元计算模型精度整体较高，表 4.3 是 1984 年发表的论文刊登的数据，随着结构有限元建模技术和计算机技术的不断发展，可以确定，当前有限元方法所得到的机体动力学特性精度会更高。

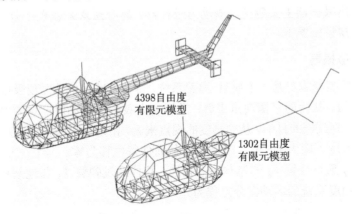

图 4.14　BO-105 直升机机体有限元模型图 (Stoppel and Degener, 1982)

有限元分析在解决机体振动问题上有重要作用 (张晓谷，1995)。美国 Bell 直升机公司研发的 Bell 214ST 型直升机是 Bell 214 型的改进型，该型直升机加长了直升机的机身和尾梁，带来二阶垂向弯曲频率由原型机的 2.86Ω 降低到 2.17Ω，靠近跷跷板式旋翼传递给机体的 2Ω 激振频率，因此 2Ω 的振动会很大。通过有限元分析提出了改进方案，最有效的方法是增强座舱顶棚和座舱支柱的刚度，从而提高 2 阶固有频率，地面试验结果与有限元分析一致。实际制造时，舱门柱因其他方面原因变窄，带来该 2 阶垂向弯曲频率降到约 $2.4\ \Omega$，后采用相应的隔振措施将振动水平降到可接受范围。

降低旋翼转递给机体的载荷 (降低机体振动水平) 通常有两种潜在方法 (Bielawa, 2006)。一种方法是改变机体频率配置，使得机体结构固有频率远离旋翼传递到机体的激振载荷频率。另一种方法是最大化结构振型与所施加载荷空间分布的正交性。

表 4.3　机体固有频率有限元分析与试验值对比误差(Loewy, 1984)　　　(单位: %)

直升机	CH-53A	CH-47	OH-6D	BO-105
节点数	540	1883	2064	1302
自由度数	200	786	344	733
模态				
垂向-纵向				
1	3.0	1.6	13.4	4.75
2	6.0	0.8	4.6	10.2
3	1.5	7.1	5.0	13.4
4	1.0	4.4	17.1	6.2
5	25.0	—	—	2.6
侧向-扭转				
1	3.0	3.4	9.1	5.4
2	13.0	1.8	17.6	10.5
3	2.0	0.8	6.6	5.5
4	1.0	5.5	0.7	2.0
5	—	2.2	—	4.4

第四节　动 力 吸 振

直升机常用吸振器主要包括常规动力吸振器、离心摆式桨毂吸振器、离心摆式桨叶吸振器和双线摆吸振器等。

一、常规动力吸振器

常规动力吸振器本身是一个质量-弹簧系统,将其安装在机体需要吸振的位置上就可达到吸振的目的。从力的平衡观点来看,常规动力吸振器振动时产生的惯性力与激振力相抵消,从而达到减振的目的。从动刚度的观点来看,常规动力吸振的实质是形成反共振点,使该点动刚度无限大 (如不考虑阻尼),从而使得位移为零。

吸振器 m_2 通过弹簧 k_2 与基体 m_1 相连,基体通过弹簧 k_1 与地基相连,如图 4.15 所示,该两自由度系统的运动微分方程为

$$\begin{bmatrix} m_1 & 0 \\ 0 & m_2 \end{bmatrix} \begin{bmatrix} \ddot{x}_1 \\ \ddot{x}_2 \end{bmatrix} + \begin{bmatrix} k_1 + k_2 & -k_2 \\ -k_2 & k_2 \end{bmatrix} \begin{bmatrix} x_1 \\ x_2 \end{bmatrix} = \begin{bmatrix} F_0 \sin(\omega t) \\ 0 \end{bmatrix} \tag{4.23}$$

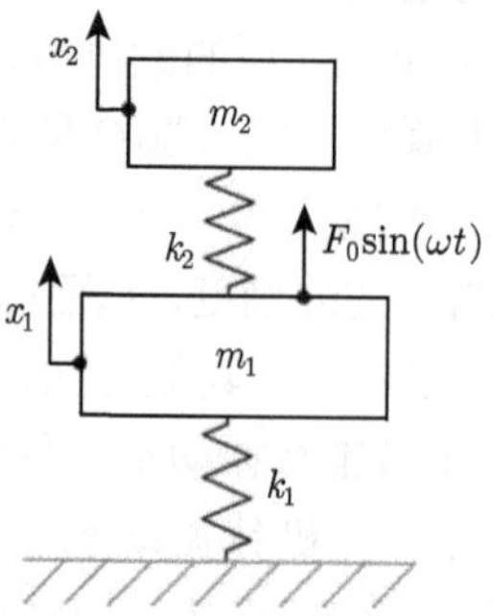

图 4.15　常规动力吸振器

假定方程的稳态解为

$$x_i = X_i \sin(\omega t), \quad i = 1, 2 \tag{4.24}$$

可以得到系统稳态运动振幅为

$$\begin{cases} X_1 = \dfrac{(k_2 - m_2\omega^2)F_0}{(k_1 + k_2 - m_1\omega^2)(k_2 - m_2\omega^2) - k_2^2} \\[3mm] X_2 = \dfrac{k_2 F_0}{(k_1 + k_2 - m_1\omega^2)(k_2 - m_2\omega^2) - k_2^2} \end{cases} \tag{4.25}$$

由式 (4.25) 可以看出，如要使基体的振幅尽量小，那么按 $X_1=0$ 处理，可得

$$\omega = \sqrt{\frac{k_2}{m_2}} \tag{4.26}$$

因此，要使基体振动幅值最小，需将常规动力吸振器的固有频率调至与基体的激振频率相同即可，此时吸振器的振幅为 $X_2 = -F_0/k_2$。为提高振动控制的带宽，可给吸振器提供适当阻尼，但会降低减振效果。

例题 4.1　一台重 2000N 的涡轴发动机，安装在机体中，当发动机以 6000r/min 转速工作时，发动机振动对机体造成了明显的影响。拟在发动机与机体连接处安装吸振器，降低机体振动水平。已知激振力的幅值为 200N，辅助质量的最大位移不超过 3mm。试确定吸振器参数。

解　发动机振动的频率 (即激振频率) 为

$$f = \frac{6000}{60} = 100(\text{Hz})$$

对应的频率 ω 为 628.32rad/s。要使机体振动幅值为零，吸振器产生的惯性力应该与激振力的大小相等、方向相反。因此有激振力

$$F = m\omega^2 X$$

所以吸振器质量为

$$m = \frac{F}{\omega^2 X} = \frac{200}{628.32^2 \times 0.003} = 0.169(\text{kg})$$

弹簧刚度则为

$$k = m\omega^2 = 0.169 \times 628.32^2 = 6.67 \times 10^4(\text{N/m})$$

因此，吸振器质量为 0.169kg，刚度为 6.67×10^4N/m。

二、离心摆式桨叶吸振器

离心摆式桨叶吸振器很早就在直升机上得到实际应用 (Amer and Neff, 1974; Taylor and Teare, 1975)，其调谐频率可随旋翼转速变化而变化。离心摆式桨叶吸振器可用于降低旋翼挥舞面内载荷。如图 4.16 所示，离心摆式桨叶吸振器质量为 m，摆长为 l，摆的展向安装位置距离桨毂中心距离为 r，桨毂及其支撑系统质量和刚度分别为 m_s 和 k_s，旋翼转速为 Ω。

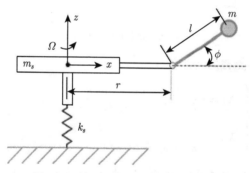

图 4.16   离心摆式桨叶吸振器示意图

考虑摆的挥舞角 ϕ 和桨毂垂向运动 z 两自由度系统，采用拉格朗日方法建立系统的动力学方程。离心摆式桨叶吸振器在图 4.16 所示坐标系中的坐标为

$$\begin{cases} x_a = (r + l\cos\phi)\cos\phi \\ y_a = (r + l\cos\phi)\sin\phi \\ z_a = z + l\sin\phi \end{cases} \tag{4.27}$$

那么，系统动能包括吸振器的动能和桨毂的动能，即

$$\begin{aligned} T &= \frac{1}{2}m(\dot{x}_a^2 + \dot{y}_a^2 + \dot{z}_a^2) + \frac{1}{2}m_s\dot{z}^2 \\ &= \frac{1}{2}m\left(\left(l\dot{\phi}\sin\phi\right)^2 + (r + l\cos\phi)^2\,\Omega^2 + \left(\dot{z} + l\dot{\phi}\cos\phi\right)^2 \right) + \frac{1}{2}m_s\dot{z}^2 \end{aligned} \tag{4.28}$$

系统势能仅包括支撑弹簧的弹性势能，即

$$V = \frac{1}{2}k_s z^2 \tag{4.29}$$

根据拉格朗日方程:

$$\frac{\mathrm{d}}{\mathrm{d}t}\left(\frac{\partial L}{\partial \dot{q}_i}\right) - \frac{\partial L}{\partial q_i} = Q_i, \quad i = 1, 2, \cdots, n \tag{4.30}$$

式中

$$L = T - V \tag{4.31}$$

q_i 为广义坐标; Q_i 为广义坐标 q_i 对应的广义力; n 为广义自由度数。考虑相应的导数:

$$\frac{\partial T}{\partial \dot{\phi}} = m\left(l^2\dot{\phi} + \dot{z}l\cos\phi\right) \tag{4.32}$$

$$\frac{\partial T}{\partial \dot{z}} = m\left(\dot{z} + l\dot{\phi}\cos\phi\right) + m_s\dot{z} \tag{4.33}$$

$$\frac{\partial T}{\partial \phi} = m\left(l^2\dot{\phi}^2\sin\phi\cos\phi - l\sin\phi\,(r + l\cos\phi)\,\Omega^2 - l\dot{\phi}\left(\dot{z} + l\dot{\phi}\cos\phi\right)\sin\phi\right) \tag{4.34}$$

采用小角度假设，$\sin\phi \approx \phi$，$\cos\phi \approx 1$，并略去二次项，可得系统动力学方程为

$$\begin{bmatrix} ml^2 & ml \\ ml & (m + m_s) \end{bmatrix} \begin{bmatrix} \ddot{\phi} \\ \ddot{z} \end{bmatrix} + \begin{bmatrix} m\Omega^2(r+l)l & 0 \\ 0 & k_s \end{bmatrix} \begin{bmatrix} \phi \\ z \end{bmatrix} = \begin{bmatrix} 0 \\ F_0\sin(\omega t) \end{bmatrix} \tag{4.35}$$

式中，$F_0\sin(\omega t)$ 为垂向激振载荷。假定方程的稳态解为

$$\begin{cases} \phi = \phi_0\sin(\omega t) \\ z = z_0\sin(\omega t) \end{cases} \tag{4.36}$$

可以得到系统稳态运动振幅为

$$\begin{cases} \phi_0 = -\dfrac{ml\omega^2 F_0}{(m\Omega^2(r+l)l - ml^2\omega^2)(k_s - (m+m_s)\omega^2) - m^2l^2\omega^4} \\ z_0 = -\dfrac{ml((r+l)\Omega^2 - l\omega^2)F_0}{(m\Omega^2(r+l)l - ml^2\omega^2)(k_s - (m+m_s)\omega^2) - m^2l^2\omega^4} \end{cases} \tag{4.37}$$

如使基体振动为 $z_0=0$，则有

$$\omega = \sqrt{1 + \frac{r}{l}}\,\Omega \tag{4.38}$$

此时，离心摆的运动幅值为

$$\phi_0 = -\frac{F_0}{m(r+l)\Omega^2} \tag{4.39}$$

很明显，离心摆式桨叶吸振器的调谐频率与旋翼转速成正比，也就是说旋翼转速变化对离心摆式吸振器的吸振效果没有影响。通过调节摆长和摆的展向位置调节摆的调谐频率，如需降低 3Ω 的垂向载荷，那么需设计 $r=8l$，就可达到吸振效果。如果离心摆的摆长较长，那么其振动幅值会较小，但摆的位置距离桨毂中心会较远，会带来较为严重的附加气动阻力；如果离心摆的摆长较短，摆的位置距离桨毂中心较近，其振动幅值会较大，对摆的吸振效果带来负面影响。因此，需根据上述因素，综合考虑离心摆式桨叶吸振器的设计。

三、离心摆式桨毂吸振器

为降低旋翼摆振面内载荷，可将离心摆式吸振器与桨毂相连，如图 4.17 所示，离心摆式桨毂吸振器质量为 m，摆长为 l，摆的展向安装位置距离桨毂中心距离为 r，桨毂 (图中圆盘) 转动惯量为 J，旋翼转速为 Ω，M 为外激励扭矩。离心摆的摆动角度为 ϕ，桨毂转动角度为 θ。

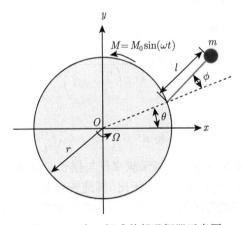

图 4.17　离心摆式桨毂吸振器示意图

由图 4.17 可知，离心摆坐标及其相应速度为

$$\begin{cases} x = r\cos\theta + l\cos(\theta+\phi) \\ y = r\sin\theta + l\sin(\theta+\phi) \end{cases} \tag{4.40}$$

$$\begin{cases} \dot{x} = -r\dot{\theta}\sin\theta - l(\dot{\theta}+\dot{\phi})\sin(\theta+\phi) \\ \dot{y} = r\dot{\theta}\cos\theta + l(\dot{\theta}+\dot{\phi})\cos(\theta+\phi) \end{cases} \tag{4.41}$$

系统动能包括离心摆和桨毂的动能，即

$$T = \frac{1}{2}m\left(r^2\dot{\theta}^2 + l^2\left(\dot{\theta}+\dot{\phi}\right)^2 + 2rl\dot{\theta}\left(\dot{\theta}+\dot{\phi}\right)\cos\phi\right) + \frac{1}{2}J\dot{\theta}^2 \tag{4.42}$$

根据第二类拉格朗日方程：

$$\frac{\mathrm{d}}{\mathrm{d}t}\left(\frac{\partial T}{\partial \dot{q}_i}\right) - \frac{\partial T}{\partial q_i} = Q_i, \quad i = 1, 2, \cdots, n \tag{4.43}$$

式中，q_i 为广义坐标；Q_i 为广义坐标 q_i 对应的广义力；n 为广义自由度数。系统动力学方程为

$$\begin{cases} mr^2\ddot{\theta} + ml^2(\ddot{\theta}+\ddot{\phi}) + mrl(2\ddot{\theta}+\ddot{\phi})\cos\phi - 2rlm\dot{\theta}\dot{\phi}(\dot{\theta}+\dot{\phi})\sin\phi + J\ddot{\theta} = M_0\sin(\omega t) \\ ml^2(\ddot{\theta}+\ddot{\phi}) + mrl\ddot{\theta}\cos\phi + mrl\dot{\theta}^2\sin\phi = 0 \end{cases} \tag{4.44}$$

采用小角度假设，$\sin\phi \approx \phi$、$\cos\phi \approx 1$，并略去二次项，系统方程可简化为

$$\begin{cases} (J + m(r+l)^2)\ddot{\theta} + m(rl+l^2)\ddot{\phi} = M_0\sin(\omega t) \\ m(rl+l^2)\ddot{\theta} + ml^2\ddot{\phi} + mrl\dot{\theta}^2\phi = 0 \end{cases} \tag{4.45}$$

假定 $\dot{\theta} = \Omega$ 和 $\omega = n\Omega$，有

$$\begin{bmatrix} J + m(r+l)^2 & m(rl+l^2) \\ m(rl+l^2) & ml^2 \end{bmatrix}\begin{bmatrix} \ddot{\theta} \\ \ddot{\phi} \end{bmatrix} + \begin{bmatrix} 0 & 0 \\ 0 & mrl\Omega^2 \end{bmatrix}\begin{bmatrix} \theta \\ \phi \end{bmatrix} = \begin{bmatrix} M_0\sin(n\Omega t) \\ 0 \end{bmatrix} \tag{4.46}$$

假定方程的稳态解为

$$\begin{cases} \theta = \theta_0\sin(n\Omega t) \\ \phi = \phi_0\sin(n\Omega t) \end{cases} \tag{4.47}$$

将稳态解代入动力学方程可得到

$$\theta_0 = \frac{M_0}{n^2\Omega^2 J\left(\dfrac{m(r+l)^2}{J\left(\dfrac{n^2 l}{r}-1\right)}-1\right)} \tag{4.48}$$

若 $\theta_0 = 0$，则存在

$$\frac{n^2 l}{r} = 1 \Rightarrow n^2 = \frac{r}{l} \Rightarrow \omega = \sqrt{\frac{r}{l}}\Omega \tag{4.49}$$

很明显，离心摆式桨毂吸振器的调谐频率仅与摆长 l 和离心摆连接点与旋转中心距离 r 两参数有关，调谐频率与旋翼转速成正比，转速变化对离心式摆式桨毂吸振器的吸振效果没有影响。离心摆式桨毂吸振器的设计同样需考虑摆长和其距离桨毂中心距离，过大或过小均会带来负面影响。

四、双线摆吸振器

由于实际桨毂构造原因，离心摆的安装位置离桨毂中心的距离不能太大，离心摆如要起作用，要求摆的臂长很小，带来设计困难，后来发明的双线摆吸振器解决了该问题，如西科斯基公司的 S-76、S-92 和 UH-60 等系列直升机都安装了双线摆吸振器。双线摆吸振器构造如图 4.18 所示，双线摆的调谐频率为 (Bramwell et al., 2001)

$$\omega = \sqrt{\frac{a+c}{D-d}}\Omega \tag{4.50}$$

式中，a 为固定摆心与旋转中心的径向距离；c 为运动摆心至其质心的径向距离；D 为摆孔直径；d 为销直径；Ω 为旋翼转速。很明显，通过调节摆孔直径 D 和销直径 d，就可得到较大的调谐频率，而无须采用过大的摆长。

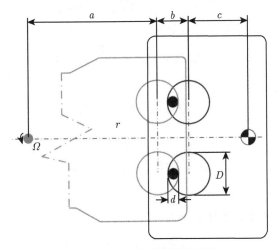

图 4.18　双线摆吸振器示意图

第五节　振动隔离

振动隔离实质上是在振动质量、装置或者有效载荷之间安装弹性元件或者隔振器，以保证特定的振动载荷作用下，降低系统的动力学响应。振动隔离分为两类：第一类是隔力，即在振动载荷传递路径上配置适当的弹性元件，减少激振力的传递；第二类是隔幅，即配置适当的弹性元件减少振源传递到它上面振动系统的运动幅度。

一、常规隔振器

常规的隔振可在振动的传递路径上加装弹簧、橡胶、软木等弹性元件降低振动的传递。将弹性元件安装在设备和刚性基础之间，以减小传递到基础的力，如图 4.19 所示。弹性元件处理成弹簧 k 和阻尼 c 的组合，设备看成质量为 m 的单自由度系统，受 $F(t) = F_0\sin(\omega t)$ 的外激励，其中 ω 为激振频率，系统的运动方程为

$$m\ddot{x} + c\dot{x} + kx = F_0\sin(\omega t) \tag{4.51}$$

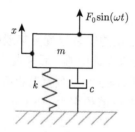

图 4.19 安装于基础上的设备与弹性元件

定义系统固有频率和阻尼比:

$$\omega_n = \sqrt{\frac{k}{m}} \tag{4.52}$$

$$\zeta = \frac{c}{c_c} = \frac{c}{2m\sqrt{k/m}} = \frac{c}{2m\omega_n} \tag{4.53}$$

式中, c_c 为临界阻尼, 动力学方程可变为

$$\ddot{x} + 2\zeta\omega_n\dot{x} + \omega_n^2 x = \frac{F_0}{m}\sin(\omega t) \tag{4.54}$$

假定方程的稳态解为

$$x(t) = X\sin(\omega t - \phi) \tag{4.55}$$

那么

$$X = \frac{F_0}{\sqrt{(k - m\omega^2)^2 + c^2\omega^2}} \tag{4.56}$$

$$\phi = \arctan\frac{c\omega}{k - m\omega^2} \tag{4.57}$$

经弹簧和阻尼器传递到基体的力为

$$F_T = kx + c\dot{x} = kX\sin(\omega t - \phi) + c\omega X\cos(\omega t - \phi) \tag{4.58}$$

该力的幅值为

$$F_T = \frac{F_0(k^2 + c^2\omega^2)^{1/2}}{((k - m\omega^2)^2 + c^2\omega^2)^{1/2}} \tag{4.59}$$

隔振系数定义为力的传递率, 即传递的幅值与激振力幅值之比, 即

$$T_r = \frac{F_T}{F_0} = \sqrt{\frac{k^2 + c^2\omega^2}{(k - m\omega^2)^2 + c^2\omega^2}} = \sqrt{\frac{1 + (2\zeta r)^2}{(1 - r^2)^2 + (2\zeta r)^2}} \tag{4.60}$$

式中, 定义频率比为激振频率与系统固有频率之比, 即

$$r = \frac{\omega}{\omega_n} \tag{4.61}$$

T_r 随 r 的变化曲线如图 4.20 所示。很明显, 只有当激励频率大于固有频率的 $\sqrt{2}$ 倍时, 传递到基础的振动力幅值会减小, 传递到基础的力幅值可通过减小系统的固有频率来实现。当 $r \geqslant \sqrt{2}$ 时, 减小阻尼会减小传递到基础的力幅值; 当 $r < \sqrt{2}$ 时, 减小阻尼会增大振动力幅值。为了避免共振时产生过大的振幅, 一定程度的阻尼是必需的, 因此需权衡利弊, 选择合适的阻尼。

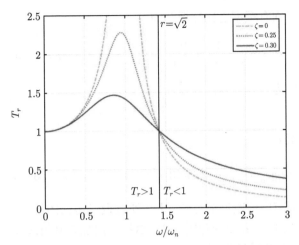

图 4.20　传递率随频率比变化曲线

例题 4.2　直升机驾驶舱座椅与飞行员总重为 1000N，其在自重作用下产生的静变形是 0.155mm。旋翼的振动以谐波形式传递给座椅，测得座椅处地板的垂向振动频率为 18Hz，振幅为 0.2mm。

①将座椅和飞行员看成一个单自由度系统，试求解该系统的固有频率；

②求解座椅处的垂向加速度；

③如需将座椅处垂向振动水平降低至 0.05g 以下，如何设计座椅？

解

(1) 座椅的支撑刚度为

$$k = \frac{G}{\delta_{st}} = \frac{1000}{0.155 \times 10^{-3}} = 6.45 \times 10^6 (\text{N/m})$$

固有频率为

$$\omega_n = \sqrt{\frac{k}{m}} = \sqrt{\frac{6.45 \times 10^6}{1000/9.8}} = 251.4 (\text{rad/s}) = 40 (\text{Hz})$$

(2) 激振频率与固有频率比为

$$r = \frac{\omega}{\omega_n} = \frac{18}{40} = 0.45$$

由于是谐波激励，且无阻尼，那么飞行员所能感受到的振幅为

$$X = \left| \frac{Y}{1 - r^2} \right| = \left| \frac{0.2 \times 10^{-3}}{1 - 0.45^2} \right| = 0.251 \times 10^{-3} (\text{m})$$

飞行员感受到的座椅垂向加速度为

$$a = \omega^2 X = (18.0 \times 2 \times 3.14)^2 \times 0.251 \times 10^{-3} = 3.21 (\text{m/s}^2) = 0.328 (g)$$

(3) 为了将座椅处垂向加速度降低，有效的办法是调节座椅的支撑刚度，如需将垂向加速度调节到 0.05g 以下，那么座椅处振动位移为

$$X = \frac{a}{\omega^2} = \frac{0.05 \times 9.8}{(18.0 \times 2 \times 3.14)^2} = 3.83 \times 10^{-5} (\text{m})$$

此时激振频率与系统固有频率之比需调节为

$$\left|1 - r^2\right| = \frac{Y}{X} = \frac{0.2 \times 10^{-3}}{3.83 \times 10^{-5}} = 5.22 \Rightarrow r = 2.49$$

改进后座椅固有频率为

$$\omega_n = \frac{18}{2.49} = 7.23(\text{Hz})$$

改进后座椅支撑刚度为

$$k = m\omega_n^2 = \frac{1000}{9.8} \times (7.23 \times 2 \times 3.14)^2 = 2.1 \times 10^5(\text{N/m})$$

此处采用的是调节座椅刚度的方法,也可通过调节座椅的质量来调节系统固有频率,但由于是要降低系统频率,系统质量需增大,这样会附加直升机起飞重量,降低其携带的有效载荷,因此通过调节质量不可取。

二、动力反共振隔振器

动力反共振隔振器是在常规隔振器上附加惯性元件,构成图 4.21 所示的隔振系统。图中,m_f 代表机体质量,m_p 代表振源质量,激振力 F_p 作用在振源上,两者之间通过隔振器相连,中间弹性元件的支撑刚度为 k,调谐质量 m_t 通过类似杠杆装置安装于振源与机体之间,隔振器通过调谐质量产生的惯性力,与振源产生的激振力相中和,以减小传递到机体上的激振力。

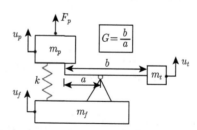

图 4.21　动力反共振隔振器示意图

根据图中杠杆关系存在位移协调条件有

$$\frac{u_t - u_f}{u_p - u_f} = -\frac{b - a}{a} \Rightarrow u_t = Gu_f - (G - 1)u_p \tag{4.62}$$

式中

$$G = \frac{b}{a} \tag{4.63}$$

系统的动能和弹性势能为

$$T = \frac{1}{2}m_p\dot{u}_p^2 + \frac{1}{2}m_f\dot{u}_f^2 + \frac{1}{2}m_t\dot{u}_t^2 = \frac{1}{2}\left(m_p + (G-1)^2 m_t\right)\dot{u}_p^2$$
$$+ \frac{1}{2}(m_f + G^2 m_t)\dot{u}_f^2 - m_t G(G-1)\dot{u}_f\dot{u}_p \tag{4.64}$$

$$V = \frac{1}{2}k(u_p - u_f)^2 \tag{4.65}$$

根据拉格朗日方程：

$$\frac{\mathrm{d}}{\mathrm{d}t}\left(\frac{\partial L}{\partial \dot{q}_i}\right) - \frac{\partial L}{\partial q_i} = Q_i, \quad i = 1, 2, \cdots, n \tag{4.66}$$

式中

$$L = T - V \tag{4.67}$$

可得系统的动力学方程为

$$\begin{cases} (m_p + (G-1)^2 m_t)\ddot{u}_p - m_t G(G-1)\ddot{u}_f + k(u_p - u_f) = F_p \\ (m_f + G^2 m_t)\ddot{u}_f - m_t G(G-1)\ddot{u}_p + k(u_f - u_p) = 0 \end{cases} \tag{4.68}$$

表示成矩阵形式，即

$$\begin{bmatrix} m_p + (G-1)^2 m_t & -m_t G(G-1) \\ -m_t G(G-1) & m_f + G^2 m_t \end{bmatrix} \begin{bmatrix} \ddot{u}_p \\ \ddot{u}_f \end{bmatrix} + \begin{bmatrix} k & -k \\ -k & k \end{bmatrix} \begin{bmatrix} u_p \\ u_f \end{bmatrix} = \begin{bmatrix} F_p \\ 0 \end{bmatrix} \tag{4.69}$$

如传递到机体的振动载荷为零，也就说 $u_f = \ddot{u}_f = 0$，那么存在（由机体动力学方程得出）

$$m_t G(G-1)\ddot{u}_p + k u_p = 0 \tag{4.70}$$

因此，动力反共振隔振器的调谐频率为

$$\omega_t = \sqrt{\frac{k}{m_t G(G-1)}} \tag{4.71}$$

由式 (4.71) 可知，动力反共振隔振器的调谐频率与支撑刚度 k、调谐质量 m_t 以及几何放大倍数 G 相关，与机体质量 m_f 以及振源质量 m_p 无关。调节 G 的大小能更有效地改变调谐频率，这样有利于减小 m_t，从而减小系统重量。

假定在 F_p 的作用下，m_p 的位移为 u_p，各构件受力如图 4.22 所示，传递给机体的载荷为 $G(G-1)m_t\ddot{u}_p + k u_p$，如传递给机体的载荷为零，那么所得的结论与式 (4.71) 一致。

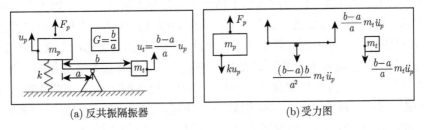

(a) 反共振隔振器　　　　　　(b) 受力图

图 4.22　动力反共振隔振器受力图

如振源和机体间添加阻尼 c，其与弹簧并联，以考虑阻尼对减振效果的影响，系统的动力学方程为

$$\begin{bmatrix} m_p + (G-1)^2 m_t & -m_t G(G-1) \\ -m_t G(G-1) & m_f + G^2 m_t \end{bmatrix} \begin{bmatrix} \ddot{u}_p \\ \ddot{u}_f \end{bmatrix} + \begin{bmatrix} c & -c \\ -c & c \end{bmatrix} \begin{bmatrix} \dot{u}_p \\ \dot{u}_f \end{bmatrix} + \begin{bmatrix} k & -k \\ -k & k \end{bmatrix} \begin{bmatrix} u_p \\ u_f \end{bmatrix} = \begin{bmatrix} F_p \\ 0 \end{bmatrix} \tag{4.72}$$

由机体振动方程可得,振源振动位移与机体振动位移间传递函数为

$$\frac{u_f}{u_p} = \frac{m_t G(G-1)s^2 + cs + k}{(m_f + G^2 m_t)s^2 + cs + k} \tag{4.73}$$

假定旋翼转速为 Ω,机体无阻尼固有频率 $\omega_p = \sqrt{k/m_p}$ 为旋翼转速的 3.5 倍,调谐参数 G 为 20,调谐频率 ω_t 为旋翼转速的 4.0 倍,阻尼比定义为 $c_e = c/(2m_p\omega_p)$。不同阻尼比时传递函数 u_f/u_p 如图 4.23 所示。从图中可以看出,当激振频率为旋翼转速的 4.0 倍时,机体振动水平最低,此频率正是隔振器的调谐频率,很明显,隔振器发挥了显著作用;阻尼增大会降低减振效果,但可明显抑制共振时的机体振动;加装隔振器后,机体固有频率有所减小。从图中也可以看出,动力反共振隔振器的带宽性能相对较好。

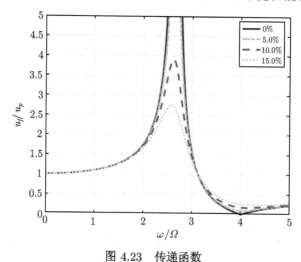

图 4.23   传递函数

三、冲击隔离

在很短的时间内 (通常作用时间小于物体固有振动周期的一半),以很大的速度作用在物体上的载荷称为冲击载荷。直升机着陆、受到强气流作用、大机动而产生的力,都属于冲击载荷的例子。冲击隔离就是为了减少冲击所产生的有害影响而采用的相应措施。冲击隔离与常规的振动隔离有相同之处也有不同之处,两者基本原理相同,都是通过添加弹性和/或阻尼元件降低传递到基体的载荷,而常规的振动隔离通常针对的是稳态过程,系统阻尼通常比较小,而冲击隔离通常针对的是瞬态过程,系统阻尼要求比较大。

假定冲击载荷 $F(t)$ 的作用时间为 Δt,该作用力对应的冲量为

$$\tilde{F} = \int_0^{\Delta t} F(t)\mathrm{d}t \tag{4.74}$$

利用冲量定理,该冲量作用于质量为 m 的物体上后,物体速度为

$$v = \frac{\tilde{F}}{m} \tag{4.75}$$

物体受到短暂的冲击后获得速度,因此,冲击载荷作用下的系统响应可采用给定初始速度对应的物体自由振动的解来描述。假定物体初始位移为 $x_0 = x(t=0)=0$,初始速度为

$\dot{x}_0 = \dot{x}(t = 0) = v$，那么单自由度黏性系统的自由振动的解为

$$x(t) = \frac{v\mathrm{e}^{-\zeta\omega_n t}}{\omega_d}\sin(\omega_d t) \tag{4.76}$$

式中

$$\omega_d = \sqrt{1-\zeta^2}\,\omega_n \tag{4.77}$$

$$\zeta = \frac{c}{2\sqrt{mk}} \tag{4.78}$$

$$\omega_n = \sqrt{\frac{k}{m}} \tag{4.79}$$

其中，m、c、k 分别为单自由度振动的质量、阻尼和刚度；ζ 为阻尼比；ω_n 和 ω_d 分别为无阻尼固有频率和有阻尼固有频率。

通过弹簧和阻尼传递到基础的力 $F_t(t)$ 为

$$F_t(t) = kx(t) + c\dot{x}(t) \tag{4.80}$$

将式 (4.76) 代入式 (4.80)，有

$$F_t(t) = \frac{v}{\omega_d}\sqrt{(k-c\zeta\omega_n)^2 + (c\omega_d)^2}\,\mathrm{e}^{-\zeta\omega_n t}\sin(\omega_d t + \phi) \tag{4.81}$$

式中

$$\phi = \arctan\frac{c\omega_d}{k-c\zeta\omega_n} \tag{4.82}$$

由以上两式可计算出传递到基础力的最大值。

例题 4.3 直升机着陆速度为 1.5m/s，机上重 5.0kg 的电子仪表由隔离装置保护，其所容许的最大变形和最大冲击过载分别为 25mm 和 15g，求该装置无阻尼冲击隔离装置的弹性常数。

解 该无阻尼装置以系统固有频率自由振动时的速度和加速度分别为

$$\dot{x}_{\max} = A\omega_n$$

和

$$\ddot{x}_{\max} = A\omega_n^2$$

式中，A 为振动的幅值。由于着陆瞬间，电子仪表的初始速度为 1.5m/s，而其所能承受的最大振动幅值是 0.025m，根据最大速度表达式，有

$$A_{\max} > \frac{\dot{x}_{\max}}{\omega_n} \Rightarrow \omega_n > \frac{\dot{x}_{\max}}{A_{\max}}$$

$$\omega_n > \frac{1.5}{0.025} = 60(\mathrm{rad/s})$$

根据最大加速度的表达式，有

$$\ddot{x}_{\max} > A_{\max}\omega_n^2 \Rightarrow \omega_n < \sqrt{\frac{\ddot{x}_{\max}}{A_{\max}}}$$

$$\omega_n < \sqrt{\frac{15 \times 9.8}{0.025}} = 76.7 (\mathrm{rad/s})$$

因此有，$60\mathrm{rad/s} < \omega_n < 76.7\mathrm{rad/s}$，取中间值 ω_n 为 $68.35\mathrm{rad/s}$，对应的支撑刚度为

$$k = m\omega_n^2 = 5.0 \times 68.35^2 = 2.34 \times 10^4 (\mathrm{N/m})$$

因此该装置无阻尼冲击隔离装置的弹性常数为 $2.34 \times 10^4 \mathrm{N/m}$。

第六节 直升机振动主动控制

  常规被动控制方法在直升机振动中得到了广泛应用，但也反映出不少问题，如重量代价大、振动抑制效果差、安装尺寸不匹配等，这些问题制约了直升机振动水平的进一步降低。随着传感器、作动器、计算机等相关技术的快速发展，振动主动控制技术开始在直升机上得到应用，进一步降低了直升机的振动水平。例如，UH-60 直升机采用结构振动主动控制技术后，其 M 型整机振动水平由 $0.1g$ 下降到 $0.05g$。振动主动控制是指在振动控制过程中，对传感器所采集到的振动信号进行计算分析，应用相应的控制策略，控制作动器对控制目标施加一定的影响，达到抑制或消除振动的效果。

  直升机振动主动控制方法较多，按照振动载荷从旋翼到机体的传递路径，通常包括旋翼振动主动控制、主减振动主动隔振、机体结构振动主动控制等方法。研究人员最早开展了旋翼高阶谐波控制 (higher harmonic control，HHC) 研究，后来被独立桨叶控制 (individual blade control，IBC) 所取代，目前结构响应振动主动控制 (active control of structural response，ACSR) 技术已在直升机上成功应用，并趋于成熟。

一、高阶谐波控制

  直升机的振动主要来源于作用在旋翼桨叶上的交变气动载荷，一种潜在有吸引力的方法是，给旋翼桨距控制输入高阶谐波，其所产生的力使得旋翼传递给机身的交变载荷尽量小，从而达到减小机体振动的目的，这种载荷抑制方式被称为高阶谐波控制。

  由自动倾斜器的工作原理可知，在不旋转坐标系输入总距 θ_0、纵向周期变距 θ_{1s} 和横向周期变距 θ_{1c}，那么在旋转坐标系中，桨叶桨距角为

$$\theta = \theta_0 + \theta_{1c}\cos\psi + \theta_{1s}\sin\psi \tag{4.83}$$

式中，ψ 为桨叶方位角。如果在不旋转坐标系中输入总距和横、纵向周期变距为桨叶片数整数倍交变量，即

$$\begin{cases} \theta_0 = \theta_{0,c}\cos(N_b\psi) + \theta_{0,s}\sin(N_b\psi) \\ \theta_{1c} = \theta_{c,c}\cos(N_b\psi) + \theta_{c,s}\sin(N_b\psi) \\ \theta_{1s} = \theta_{s,c}\cos(N_b\psi) + \theta_{s,s}\sin(N_b\psi) \end{cases} \tag{4.84}$$

那么在旋转坐标系中，桨叶桨距为 (杨一栋和袁卫东，1996)

$$\begin{aligned} \theta = {}& \theta_{0,c}\cos(N_b\psi) + \theta_{0,s}\sin(N_b\psi) + (\theta_{c,c}\cos(N_b\psi) + \theta_{c,s}\sin(N_b\psi))\cos\psi \\ & + (\theta_{s,c}\cos(N_b\psi) + \theta_{s,s}\sin(N_b\psi))\sin\psi \end{aligned} \tag{4.85}$$

即

$$\theta = \theta_{(N_b-1)c}\cos((N_b-1)\psi) + \theta_{(N_b-1)s}\sin((N_b-1)\psi) + \theta_{N_b c}\cos(N_b\psi)$$
$$+ \theta_{N_b s}\sin(N_b\psi) + \theta_{(N_b+1)c}\cos((N_b+1)\psi) + \theta_{(N_b+1)s}\sin((N_b+1)\psi) \qquad (4.86)$$

式中

$$
\begin{bmatrix}
\theta_{(N_b-1)c} \\
\theta_{(N_b-1)s} \\
\theta_{N_b c} \\
\theta_{N_b s} \\
\theta_{(N_b+1)c} \\
\theta_{(N_b+1)s}
\end{bmatrix}
=
\begin{bmatrix}
0 & 0 & \frac{1}{2} & 0 & 0 & \frac{1}{2} \\
0 & 0 & 0 & \frac{1}{2} & -\frac{1}{2} & 0 \\
1 & 0 & 0 & 0 & 0 & 0 \\
0 & 1 & 0 & 0 & 0 & 0 \\
0 & 0 & \frac{1}{2} & 0 & 0 & -\frac{1}{2} \\
0 & 0 & 0 & \frac{1}{2} & \frac{1}{2} & 0
\end{bmatrix}
\begin{bmatrix}
\theta_{0,c} \\
\theta_{0,s} \\
\theta_{c,c} \\
\theta_{c,s} \\
\theta_{s,c} \\
\theta_{s,s}
\end{bmatrix}
\qquad (4.87)
$$

对于 N_b 片桨叶的旋翼系统,传递至桨毂的交变力及力矩的 N_b 阶谐波分量是激励的主要分量。如在直升机的自动倾斜器不动环上施加每周 N_b 阶的高阶变距,在旋转坐标系中桨叶会获得每周 N_b-1、N_b 和 N_b+1 阶的高阶变距运动,适当地控制桨距高阶谐波输入的幅值及相位,就可以降低桨叶上所产生的 N_b-1、N_b 和 N_b+1 阶的交变载荷谐波分量。

高阶谐波控制 (图 4.24(a)) 的主要缺陷在于其所操控的载荷频率依赖于桨叶片数,即其只能产生桨叶片数整数倍数和整数倍加减一的频率。对于 4 片桨叶旋翼,输入频率可为 3、4、5 阶,缺少 2 阶输入,难以在旋翼性能提升和噪声控制等方面得到应用,桨叶片数越多,缺少的输入阶次频率也越多。研究人员提出了单片桨叶控制,以克服输入频率的制约。单片桨叶控制的输入位于旋转坐标系内,可以给单片桨叶提供不同阶次和不同幅值的桨距输入,单片桨叶控制可通过控制单独桨叶的桨距、整片桨叶的主动扭转以及控制桨叶的后缘小翼等方式实现桨距的高阶量变化 (韩东等,2018)。独立桨距控制示意图如图 4.24(b) 所示。

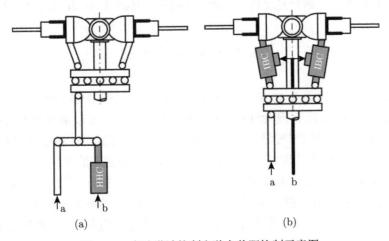

(a)　　　　　　　　　　　　(b)

图 4.24　高阶谐波控制和独立桨距控制示意图

　　图 4.25 简单地给出了高阶谐波控制的具体过程。首先，旋翼产生交变力及力矩传递至桨毂，引起机身振动，接下来由安装在机身关键位置处的传感器检测机身振动，并由机载计算机实时处理实测数据，计算机根据分析结果，使用最优控制方法产生控制信号，并将其传输至作动器，这些作动器给自动倾斜器的不动环施加每周 N_b 阶的高阶变距，桨叶就会获得频率为 $(N_b-1)\Omega$、$N_b\Omega$ 和 $(N_b+1)\Omega$ 的高阶变距运动，从而产生相应的气动载荷，进而改变传递给机体的 $N_b\Omega$ 的振动，振动测量、数据处理、作动器控制在整个周期过程中不断迭代。采用适当的控制律，上述过程可以收敛，以最小化机身振动。具有足够高频响特性的液压作动器和成功的控制算法是高阶谐波控制成功实现的关键因素。

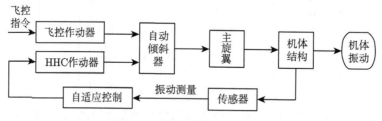

图 4.25　高阶谐波控制流程图

　　高阶谐波控制主要基于频域控制原理，在设计控制算法时，通常可采用自适应控制方法，使控制器能够适应机体动力学的变化和随飞行状态变化的旋翼特性。控制算法依赖于 $N_b\Omega$ 频率的实测振动与旋翼高阶谐波力呈线性关系的假设：

$$Y = TX + B \qquad (4.88)$$

式中，Y 是包含了机身多个位置处实测频率为 $N_b\Omega$ 的傅里叶正弦和余弦量的振动向量；高阶谐波控制的桨距输入 X 也是一个向量，由频率为 $(N_b-1)\Omega$、$N_b\Omega$ 和 $(N_b+1)\Omega$ 傅里叶正弦项和余弦量组成；T 是旋翼到机体的传递矩阵；向量 B 代表振动的背景噪声。上述这些参数随着飞行状况改变而改变，直升机在飞行过程中使用统计估计器 (卡尔曼滤波) 来实时跟踪它们。

　　整个控制系统最终部分是最优控制器，它利用预测的 T 和 B 来最小化性能指标 J，即

$$J = \sum_{i=1}^{m} W_i Y_i^2 + \sum_{j=1}^{n} A_j X_j^2 \qquad (4.89)$$

式中，W_i 是 m 个实测振动 Y_i 的相对加权值；A_j 是 n 个高阶谐波控制的桨距输入 X_j 的相对加权值。性能指标 J 既允许根据直升机的作用对各处振动测量位置进行加权，又能在接近旋翼气动边界限制时限制高阶谐波控制的输入权值。T 和 B 中的参数预估是不断更新的，以使控制系统能够适应旋翼气动和机身运动状态的变化。

　　高阶谐波控制也会有负面作用。对于方位角为 270° 的后行桨叶，其桨距角可能会有所增加，若直升机飞行时接近飞行包线边界，则可能导致桨叶失速提前发生。给桨叶和操纵系统设计即适航性带来不利影响。为了阻止上述现象的发生，一种可能的方法是增加桨叶面积。

二、结构响应振动主动控制

高阶谐波控制主要针对旋翼进行载荷或者振动控制，针对主减隔振和机体振动的主动控制也在研发之中，其中结构响应振动主动控制已经成功应用于直升机型号，并取得了优异的振动控制效果。

结构响应振动主动控制通过激励机身上若干作动器，以对结构施加交变力，该作动器产生的交变力与旋翼传给机体的振动载荷相叠加，进而降低机体振动水平。作动器力的大小和相位是由控制算法确定的，该算法使机身上目标位置处的振动水平达到最小值。迄今为止的经验表明，将作动器布置在振源附近更有效，通常位于主减速器与机体连接点附近。结构响应振动主动控制的实现按性质可分为频域方法和时域方法，直升机振动控制问题是对已知频率周期激振进行振动控制，大多数采用频域方法进行处理。自适应控制器的主要功能是信号处理、参数估计和最优控制。图 4.26 给出了直升机结构响应振动主动控制基本原理 (Staple, 1989)。

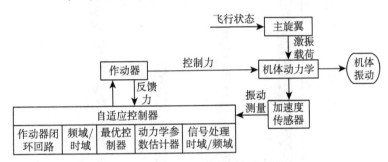

图 4.26　直升机结构响应振动主动控制原理图 (Staple, 1989)

各参数之间基本方程的形式与高阶谐波控制保持一致，即

$$Y = TX + B \tag{4.90}$$

式中，Y 为加速度传感器测得的机身振动；X 为作动器产生的主动力矢量；T 为主动力与机身振动之间的传递矩阵；B 为背景中不受控制的振动噪声。一般情况下，如果矩阵 T 是非奇异的，在 n 个控制力作用下，机身上会有 n 个位置的响应可降为零。然而，相比于试图使少数几个位置的振动为零，尝试将更多位置的振动减小到一个较低的、可接受的水平更为可取。

图 4.27 给出了 Westland W30 直升机在没有减振系统、安装旋翼桨毂吸振器和安装结构响应振动主动控制系统后振动水平的对比。很明显，不加任何减振装置时，系统振动水平非常高，明显会使得驾驶员和乘客感到不舒适，加装桨毂吸振器后，振动水平约降低一半，加装结构响应振动主动控制系统，振动水平为加装桨毂吸振器的一半，达到略低于 $0.1g$ 水平。主动控制技术所能达到的振动水平，一般明显高于被动控制，这表明直升机实现喷气式飞机 $0.02g$ 的振动水平这一长远目标是有望实现的。

结构响应振动主动控制技术成功应用于 Westland W30 直升机，表现优异，与被动控制相比，优点突出 (Staple, 1989)。结构响应振动主动控制系统能够适应直升机飞行过程中振动环境的剧烈变化，如飞行速度、机动、旋翼转速、重心等，其能克服被动控制最重

要的限制之一 —— 旋翼转速的变化；结构响应振动主动控制系统比大多数被动控制系统安装复杂，但失效模式较为温和，该系统有自监测能力，当存在传感器或者作动器失效时，其可根据实际情况重新进行优化配置；结构响应振动主动控制系统通常比被动控制系统重量轻，例如，Westland W30 直升机的结构响应振动主动控制系统重 36kg，而安装在旋翼头部的吸振器则重 55kg，这些吸振器会附加气动阻力，但结构响应振动主动控制系统不会；结构响应振动主动控制系统可工作于多个频率，通过优化权重函数以最小化机体振动，被动控制系统尚不具备该功能；结构响应振动主动控制系统可根据振动控制需求优化机体特定位置处振动，例如，续航时，该系统可用于降低飞行员驾驶舱和机舱处振动，以降低飞行员疲劳和提升系统可靠性；战斗时，该系统可用于降低驾驶员和武器平台处振动。

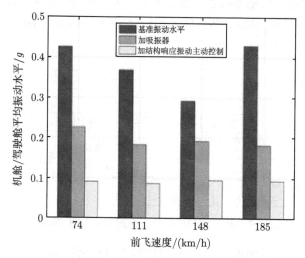

图 4.27　结构响应振动主动控制与桨毂吸振器振动控制效果对比 (Staple, 1989)

结构响应振动主动控制技术已经成功用于 Westland W30、UH-60M、X2 等直升机，随着对新研制直升机振动水平的要求越来越高，更多的先进直升机将装备结构响应振动主动控制系统。

习　　题

【习题 1】　叙述桨叶上力传递到桨毂的力传递规律 (即旋转坐标系中力传递到不旋转坐标系中力的传递规律)，分垂直于桨毂平面力和桨毂面内力进行作答。

【习题 2】　根据桨叶载荷传递到桨毂的规律填写单片桨叶上载荷传递到桨毂平面内的力的传递规律，如下表所示。已经给出单片桨叶上 3Ω 载荷传递到桨毂平面内的规律。

【习题 3】　某型直升机在飞行过程中发现，机体垂向 (拉力方向) 振动中 20Hz 成分和侧向 (飞行员右侧) 振动中 20Hz 成分均太大，四片桨叶旋翼转速为 300r/min，四片桨叶尾桨转速为 1800r/min，试分析该过大载荷成分的来源？吸振器的调谐频率等于激振频率时能发挥最佳效果，为抑制该侧向 20Hz 过大振动，在旋翼桨叶内部安装吸振器，则吸振器的调谐频率是多少？如安装到机体上，则吸振器频率是多少？

习题 2 表

单片桨叶上	桨毂平面内的载荷频率		
交变载荷频率	两片桨叶	三片桨叶	四片桨叶
1Ω			
2Ω			
3Ω	2Ω 和 4Ω	无	4Ω
4Ω			
5Ω			
6Ω			

【习题 4】　旋翼桨叶片数 $N_b=4$，设第 k 片桨叶作用于桨毂上的第 n 阶切向力的谐波为 $F_k = R_n\cos(n\psi_k)$ $(n=1, 2, 3, \cdots, 6)$，ψ_k 为该片桨叶方位角，如下图所示。试求桨毂传到机体 x 和 y 向力的谐波阶次。

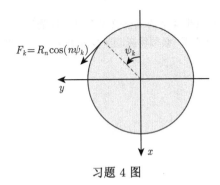

习题 4 图

【习题 5】　推导桨毂作用在机体的俯仰、滚转和扭转力矩的传递规律。

【习题 6】　对于 4 片桨叶旋翼直升机，发现来源于旋翼的 4 阶俯仰和滚转力矩过大，由于旋翼 4 阶俯仰和滚转力矩来源于旋翼 3 阶和 5 阶挥舞弯矩，现拟采用桨叶变弦长方式控制旋翼传递到机体的 4 阶俯仰和滚转力矩，桨叶变弦长方式可通过产生 3 阶挥舞弯矩和 5 阶挥舞弯矩抑制该 4 阶俯仰和滚转力矩，试论述采用 3 阶进行抑制效果好还是 5 阶效果好？

【习题 7】　无阻尼吸振器的质量为 10kg，刚度为 k，安装在质量为 100kg、刚度为 1.0MN/m 的弹簧–质量系统上，当该 100kg 质量受到幅值为 500N 的谐波激振力时，其稳态振幅恰好为 0。试给出吸振器质量的稳态振幅。

【习题 8】　两自由度系统如下图所示，质量 m_1 基体通过刚度为 k_1 的弹簧和阻尼为 c_1 的阻尼器与地基相连，吸振器 m_2 通过刚度为 k_2 弹簧和阻尼为 c_2 的阻尼器与基体相连，基体上作用随时间 t 变化简谐力 $F = F_0\sin(\omega t)$，ω 为激振力频率。①建立该 2 自由度系统动力学方程；②给出两质量运动幅值与激振力之间的传递函数。

【习题 9】　离心摆式桨叶吸振器，旋翼激振力以旋转面外垂向 3Ω 为主，Ω 为旋翼转速。①该如何调整摆长 r 与摆距离桨毂中心距离 l 的关系，以达到最佳吸振要求？②当离心摆距离桨毂中心距离 l 为 0.8m 时，摆长 r 应调整到多少为宜。

【习题 10】　直升机飞行员飞行中感觉到机体侧向振动较为明显，测得该振动频率为 20Hz。技术人员拟通过安装离心式桨毂吸振器进行振动控制，已知旋翼转速为 300r/min，旋翼桨叶片数为 4 片。①试分析可能的激振力频率。②吸振器安装点到桨毂中心距离为 0.8m，离心式桨毂吸振器的摆长设计为多少为宜？

【习题 11】　电机的质量为 25kg，工作转速为 1500r/min，求隔离 80% 的常规隔振器的最大刚度，假定隔振器的阻尼比为 5%。

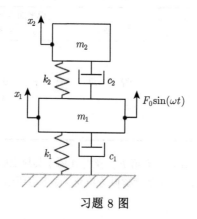

习题 8 图

【习题 12】   安装于直升机机体上的电子仪器需要进行隔振处理，机体的主要振动频率介于 25~35Hz。为了防止对仪器造成破坏，必须将振动至少隔离 80%。如果仪器重 8kg，求隔振器的支撑刚度及静变形。

第五章 旋翼/机体耦合动力学稳定性

直升机 "地面共振"(ground resonance) 和 "空中共振"(air resonance) 问题都是旋翼与机体耦合所产生的动不稳定性运动，均属于自激振动。"地面共振" 通常发生在直升机地面运行阶段，而 "空中共振" 通常发生在空中。倾转旋翼机设计中必须考虑的回转颤振 (whirl flutter) 问题，与直升机 "地面共振" 和 "空中共振" 问题类似，是由旋翼与其支撑系统耦合产生的自激不稳定性。

第一节 直升机 "地面共振" 问题

在直升机发展初期，一般认为 "地面共振" 是旋翼不平衡激振力作用下的强迫振动的共振现象，直至 19 世纪 40 年代中期才认识到这一现象属于自激振动，由于习惯的原因仍采用了原来的名字，只是有时候加上引号。多型直升机曾经发生过 "地面共振" 问题，包括我国自行研制的 "延安–2 号" 直升机。

直升机 "地面共振" 实际上是一种旋翼和机体相耦合产生的动不稳定性运动 —— 自激振动。该自激振动来源于旋翼后退型摆振运动与旋翼桨毂中心水平运动的机体模态的耦合，机体系统由支持在起落架上的机身所构成。地面工作的直升机有可能出现 "地面共振" 问题，如直升机地面开车、滑行或滑跑的时候。"地面共振" 的发散速度快，往往在几秒钟内就会造成机体及旋翼结构的破坏。

直升机 "地面共振" 的本质是：直升机在地面运转时，受到外界的初始扰动，旋翼摆振周期型运动产生不平衡的回转离心力，如激振力的频率与机体在起落架上的某个固有频率相近或相等，该机体振动又能使桨毂中心在旋转平面内发生振动，如旋翼摆振阻尼和起落架系统阻尼在振动一周内消耗的能量小于激振力对系统所做的功，旋翼摆振运动和机体在起落架上的振动会相互加剧，如处理不当，就可能发生旋翼和机体损毁的灾难性事故，这就是直升机 "地面共振"。

直升机 "地面共振" 不只发生在某一转速，而是在一个转速范围内都有可能发生，这个转速范围称为直升机 "地面共振"(的转速) 不稳定区。如果系统阻尼足够大或者频率相差足够远，系统因外部因素激起的振动会彼此削弱、不会相互增强，就不会发生 "地面共振"。

第二节 旋翼多桨叶坐标系及整体振型

直升机 "地面共振" 是旋翼摆振方向周期型运动 (整体振型) 与机体相耦合后发生的不稳定性运动，旋翼摆振运动的描述通常在桨叶坐标系或者在旋转坐标系中，而旋翼整体运动 (振型) 的描述一般在不旋转坐标系中 (桨毂坐标系或者桨轴坐标系)，因此需要在不旋转坐标系中描述整副旋翼的运动,两坐标系间参变量变换涉及多桨叶坐标系 (multi-blade coordinates, MBC) 变换。

一、旋翼多桨叶坐标变换

旋翼挥舞、摆振和扭转方向动力学方程通常建立在旋转坐标系中,各自由度描述各单独桨叶的运动。当研究旋翼突风载荷、旋翼操纵响应或者桨轴运动时,需考虑旋翼整体的响应特性。描述不旋转坐标系中旋翼的整体运动自由度称为多桨叶坐标。通常旋翼有多少片桨叶就有多少整体振型。

以桨叶摆振运动为例,将旋转坐标系中第 k 片桨叶摆振角 $\zeta^{(k)}$ 按傅里叶级数展开:

$$\zeta^{(k)} = \zeta_0 + \sum_{n=1} (\zeta_{nc} \cos(n\psi_k) + \zeta_{ns} \sin(n\psi_k)) + \zeta_{N_b/2}(-1)^k \tag{5.1}$$

式中,k 为桨叶编号;n 为谐波阶次;ζ_0 代表旋翼摆振集合型运动;ζ_{nc} 和 ζ_{ns} 代表旋翼摆振周期型运动;$\zeta_{N_b/2}$ 代表旋翼摆振无反作用型,仅当旋翼桨叶片数 N_b 为偶数时存在,桨叶片数为奇数时旋翼不存在该模态。例如,对于三片桨叶旋翼就存在摆振集合型和两个摆振周期型整体振型;对于四片桨叶旋翼则存在集合型、两个周期型和无反作用型整体振型;对于五片桨叶旋翼则存在集合型、四个周期型。旋翼其他方向多桨叶坐标转换关系与式 (5.1) 类同。旋翼摆振整体振型对应的摆振角为

$$\begin{cases} \zeta_0 = \dfrac{1}{N_b} \sum_{k=1}^{N_b} \zeta^{(k)} \\[2mm] \zeta_{nc} = \dfrac{2}{N_b} \sum_{k=1}^{N_b} \zeta^{(k)} \cos(n\psi_k) \\[2mm] \zeta_{ns} = \dfrac{2}{N_b} \sum_{k=1}^{N_b} \zeta^{(k)} \sin(n\psi_k) \\[2mm] \zeta_{N_b/2} = \dfrac{1}{N_b} \sum_{k=1}^{N_b} \zeta^{(k)}(-1)^k \end{cases} \tag{5.2}$$

式中,ψ_k 为第 k 片桨叶方位角,即

$$\psi_k = \psi + \frac{2\pi}{N_b} k \tag{5.3}$$

对摆振角求一阶导,可得摆振角速度 $\dot{\zeta}^{(k)}$,表达式如下:

$$\dot{\zeta}^{(k)} = \dot{\zeta}_0 + \sum_{n=1} ((\dot{\zeta}_{nc} + n\Omega\zeta_{ns}) \cos(n\psi_k) + (\dot{\zeta}_{ns} - n\Omega\zeta_{nc}) \sin(n\psi_k)) + \dot{\zeta}_{N_b/2}(-1)^k \tag{5.4}$$

式中,系数 $\dot{\zeta}_0$、$\dot{\zeta}_{nc}$、$\dot{\zeta}_{ns}$ 和 $\dot{\zeta}_{N_b/2}$ 的表达式为

$$
\begin{cases}
\dfrac{1}{N_b}\sum_{k=1}^{N_b}\dot{\zeta}^{(k)}=\dot{\zeta}_0\\[2mm]
\dfrac{2}{N_b}\sum_{k=1}^{N_b}\dot{\zeta}^{(k)}\cos(n\psi_k)=\dot{\zeta}_{nc}+n\Omega\zeta_{ns}\\[2mm]
\dfrac{2}{N_b}\sum_{k=1}^{N_b}\dot{\zeta}^{(k)}\sin(n\psi_k)=\dot{\zeta}_{ns}-n\Omega\zeta_{nc}\\[2mm]
\dfrac{1}{N_b}\sum_{k=1}^{N_b}\dot{\zeta}^{(k)}(-1)^k=\dot{\zeta}_{N_b/2}
\end{cases}
\tag{5.5}
$$

对摆振角求二阶导，得摆振角加速度 $\ddot{\zeta}^{(k)}$，表达式为

$$
\begin{aligned}
\ddot{\zeta}^{(k)}={}&\ddot{\zeta}_0+\sum_{n=1}\big((\ddot{\zeta}_{nc}+2n\Omega\dot{\zeta}_{ns}+n\dot{\Omega}\zeta_{ns}-n^2\Omega^2\zeta_{nc})\cos(n\psi_k)\\
&+(\ddot{\zeta}_{ns}-2n\Omega\dot{\zeta}_{nc}-n\dot{\Omega}\zeta_{nc}-n^2\Omega^2\zeta_{ns})\sin(n\psi_k)\big)+\ddot{\zeta}_{N_b/2}(-1)^k
\end{aligned}
\tag{5.6}
$$

式中，系数 $\ddot{\zeta}_0$、$\ddot{\zeta}_{nc}$、$\ddot{\zeta}_{ns}$ 和 $\ddot{\zeta}_{N_b/2}$ 的表达式为

$$
\begin{cases}
\dfrac{1}{N_b}\sum_{k=1}^{N_b}\ddot{\zeta}^{(k)}=\ddot{\zeta}_0\\[2mm]
\dfrac{2}{N_b}\sum_{k=1}^{N_b}\ddot{\zeta}^{(k)}\cos(n\psi_k)=\ddot{\zeta}_{nc}+2n\Omega\dot{\zeta}_{ns}+n\dot{\Omega}\zeta_{ns}-n^2\Omega^2\zeta_{nc}\\[2mm]
\dfrac{2}{N_b}\sum_{k=1}^{N_b}\ddot{\zeta}^{(k)}\sin(n\psi_k)=\ddot{\zeta}_{ns}-2n\Omega\dot{\zeta}_{nc}-n\dot{\Omega}\zeta_{nc}-n^2\Omega^2\zeta_{ns}\\[2mm]
\dfrac{1}{N_b}\sum_{k=1}^{N_b}\ddot{\zeta}^{(k)}(-1)^k=\ddot{\zeta}_{N_b/2}
\end{cases}
\tag{5.7}
$$

二、旋翼整体振型

整体振型实际上是多片桨叶同频率、同幅值运动时，由于相位不同而形成的不同的运动形态。旋翼整体振型主要有集合型、周期型（分前进型和后退型）和无反作用型。

集合型运动是指各片桨叶同频率、同幅值且相位相同的运动。也就是说，各片桨叶的振动完全相同，或者它们振动的相位差为 0 或 2π 的整数倍。以旋翼摆振运动为例，旋翼逆时针方向转动，其集合型运动图像如图 5.1 所示，该型摆振运动没有引起桨叶合成重心的运动。

后退型运动是指各片桨叶相位顺旋转方向依次递增 $2\pi/N_b$。以旋翼摆振运动为例，摆振后退型运动图像如图 5.2 所示，该型摆振运动引起了各片桨叶合成重心的偏移，该重心的偏移在旋转坐标系中逆旋翼转向而转动。

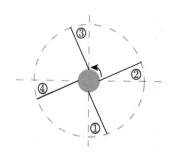

图 5.1　摆振集合型

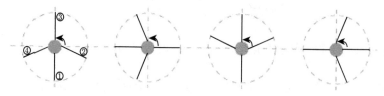

图 5.2　摆振后退型

前进型运动是指各片桨叶相位顺旋转方向依次递减 $2\pi/N_b$。以旋翼摆振运动为例，摆振前进型运动图像如图 5.3 所示，该型摆振运动引起了各片桨叶合成重心的偏移，该重心的偏移在旋转坐标系中顺旋翼转向而转动。

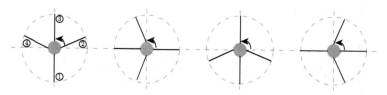

图 5.3　摆振前进型

无反作用型是指各片桨叶之间的相位依次递增或递减 π。以旋翼摆振运动为例，摆振无反作用型运动图像如图 5.4 所示，该型摆振运动没有引起桨叶合成重心的运动。

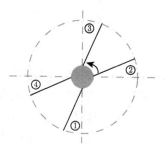

图 5.4　摆振无反作用型

不同的旋翼整体振型与机体的耦合关系不尽相同。集合型的摆振运动会与桨毂中心的扭转运动相耦合，周期型的摆振运动会与桨毂中心的纵横向水平位移的机体运动相耦合，无反作用型的摆振运动与机体无耦合。周期型的摆振运动与机体的纵横向运动相耦合可能会产生"地面共振"问题，集合型的摆振运动与直升机机械扭振系统相耦合可能会产生扭振系统不稳定性问题。

第三节 直升机 "地面共振" 分析模型

对于将旋翼桨叶和机体处理成刚体的动力学系统，可采用牛顿第二定律或者拉格朗日法建立该系统动力学方程。

一、基于拉格朗日法的 "地面共振" 分析模型

为分析直升机 "地面共振" 的发生机理，采用两自由度模型探讨机体和旋翼摆振运动之间的耦合关系。机体处理为在 y 向运动的刚体，地面支撑系统对机体约束刚度和阻尼按线性刚度 k_f 和线性阻尼 c_f 处理。旋翼桨叶绕旋翼轴以 Ω 旋转，桨叶同时绕摆振铰做摆振运动，减摆器阻尼按线性阻尼 c_b 处理，分析模型如图 5.5 所示。

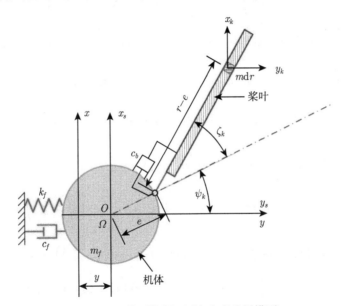

图 5.5 "地面共振" 两自由度分析模型

桨叶上任意点在机体坐标系中 (坐标系 Oxy) 的坐标为

$$\begin{cases} x_k = e\sin\psi_k + (r-e)\sin(\zeta_k + \psi_k) \\ y_k = y + e\cos\psi_k + (r-e)\cos(\zeta_k + \psi_k) \end{cases} \tag{5.8}$$

该任意点的速度为其坐标对时间 t 的导数，即

$$\begin{cases} \dot{x}_k = e\Omega\cos\psi_k + (r-e)(\Omega + \dot{\zeta}_k)\cos(\psi_k + \zeta_k) \\ \dot{y}_k = \dot{y} - e\Omega\sin\psi_k - (r-e)(\Omega + \dot{\zeta}_k)\sin(\psi_k + \zeta_k) \end{cases} \tag{5.9}$$

该系统动能包括机体沿 y 向运动的动能和桨叶运动的动能，即

$$T = \frac{1}{2}m_f\dot{y}^2 + \int_e^R \frac{1}{2}\left(\dot{x}_k^2 + \dot{y}_k^2\right)m\mathrm{d}r \tag{5.10}$$

将桨叶速度表达式代入动能表达式中，有

$$T = \frac{1}{2} m_f \dot{y}^2 + \int_e^R \frac{1}{2} m \left((e\Omega \cos\psi_k + (r-e)(\Omega + \dot{\zeta}_k) \cos(\psi_k + \zeta_k))^2 \right.$$

$$\left. + (\dot{y} - e\Omega \sin\psi_k - (r-e)(\Omega + \dot{\zeta}_k) \sin(\psi_k + \zeta_k))^2 \right) \mathrm{d}r \tag{5.11}$$

按照拉格朗日方程建立系统的动力学方程，需计算下列各式：

$$\frac{\partial T}{\partial \dot{y}} = m_f \dot{y} + \int_e^R m \left(\dot{y} - e\Omega \sin\psi_k - (r-e)(\Omega + \dot{\zeta}_k) \sin(\psi_k + \zeta_k) \right) \mathrm{d}r \tag{5.12}$$

$$\frac{\mathrm{d}}{\mathrm{d}t}\left(\frac{\partial T}{\partial \dot{y}} \right) = m_f \ddot{y} + \int_e^R m(\ddot{y} - e\dot{\Omega}\sin\psi_k - e\Omega^2 \cos\psi_k - (r-e)$$

$$\cdot \left(\dot{\Omega} + \ddot{\zeta}_k \right) \sin(\psi_k + \zeta_k) - (r-e)\left(\Omega + \dot{\zeta}_k \right)^2 \cos(\psi_k + \zeta_k)) \mathrm{d}r \tag{5.13}$$

$$\frac{\partial T}{\partial \dot{\zeta}_k} = \int_e^R mr \left(e\Omega \cos\psi_k + (r-e)\left(\Omega + \dot{\zeta}_k \right) \cos(\psi_k + \zeta_k) \right) \cos(\psi_k + \zeta_k) \mathrm{d}r$$

$$- \int_e^R mr \left(\dot{y} - e\Omega \sin\psi_k - (r-e)\left(\Omega + \dot{\zeta}_k \right) \sin(\psi_k + \zeta_k) \right) \sin(\psi_k + \zeta_k) \mathrm{d}r$$

$$= \int_e^R mr \left(-\dot{y}\sin(\psi_k + \zeta_k) + e\Omega \cos\zeta_k + (r-e)\left(\Omega + \dot{\zeta}_k \right) \right) \mathrm{d}r \tag{5.14}$$

$$\frac{\mathrm{d}}{\mathrm{d}t}\left(\frac{\partial T}{\partial \dot{\zeta}_k} \right) = \int_e^R mr \left(-\ddot{y}\sin(\psi_k + \zeta_k) - \dot{y}\left(\Omega + \dot{\zeta}_k \right) \cos(\psi_k + \zeta_k) \right.$$

$$\left. + e\dot{\Omega}\cos\zeta_k - e\Omega\dot{\zeta}_k \sin\zeta_k + (r-e)\left(\dot{\Omega} + \ddot{\zeta}_k \right) \right) \mathrm{d}r \tag{5.15}$$

$$\frac{\partial T}{\partial \zeta_k} = \int_e^R -m \left(\left(e\Omega \cos\psi_k + (r-e)\left(\Omega + \dot{\zeta}_k \right) \cos(\psi_k + \zeta_k) \right) (r-e)\left(\Omega + \dot{\zeta}_k \right) \right.$$

$$\cdot \sin(\psi_k + \zeta_k) + \left(\dot{y} - e\Omega \sin\psi_k - (r-e)\left(\Omega + \dot{\zeta}_k \right) \sin(\psi_k + \zeta_k) \right)$$

$$\left. \cdot (r-e)\left(\Omega + \dot{\zeta}_k \right) \cos(\psi_k + \zeta_k) \right) \mathrm{d}r$$

$$= \int_e^R -m \left(e\Omega \cos\psi_k (r-e)\left(\Omega + \dot{\zeta}_k \right) \sin(\psi_k + \zeta_k) \right.$$

$$\left. + (\dot{y} - e\Omega \sin\psi_k)(r-e)\left(\Omega + \dot{\zeta}_k \right) \cos(\psi_k + \zeta_k) \right) \mathrm{d}r$$

$$= \int_e^R -m \left(e\Omega(r-e)\left(\Omega + \dot{\zeta}_k \right) \sin\zeta_k + \dot{y}(r-e)\left(\Omega + \dot{\zeta}_k \right) \cos(\psi_k + \zeta_k) \right) \mathrm{d}r \tag{5.16}$$

机体和桨叶组成的系统势能为

$$V = \frac{1}{2} k_f y^2 \tag{5.17}$$

根据拉格朗日方程：

$$\frac{\mathrm{d}}{\mathrm{d}t}\left(\frac{\partial L}{\partial \dot{q}_i} \right) - \frac{\partial L}{\partial q_i} = Q_i \tag{5.18}$$

式中，q_i 为系统广义坐标；Q_i 为广义坐标 q_i 对应的广义外力，其中

$$L = T - V \tag{5.19}$$

拉格朗日方程左侧表达式为

$$
\begin{aligned}
&\frac{\mathrm{d}}{\mathrm{d}t}\left(\frac{\partial L}{\partial \dot{y}}\right) - \frac{\partial L}{\partial y} \\
&= m_f \ddot{y} + \int_e^R m\Big(\ddot{y} - e\dot{\Omega}\sin\psi_k - e\Omega^2\cos\psi_k - (r-e)\big(\dot{\Omega}+\ddot{\zeta}_k\big)\sin(\psi_k+\zeta_k) \\
&\quad - (r-e)\big(\Omega+\dot{\zeta}_k\big)^2\cos(\psi_k+\zeta_k)\Big)\mathrm{d}r + k_f y \\
&= -c_f \dot{y}
\end{aligned}
\tag{5.20}
$$

$$
\begin{aligned}
\frac{\mathrm{d}}{\mathrm{d}t}\left(\frac{\partial L}{\partial \dot{\zeta}_k}\right) - \frac{\partial L}{\partial \zeta_k} &= \int_e^R m(r-e)\Big(-\ddot{y}\sin(\psi_k+\zeta_k) + e\dot{\Omega}\cos\zeta_k \\
&\quad + (r-e)\big(\dot{\Omega}+\ddot{\zeta}_k\big) + e\Omega^2\sin\zeta_k\Big)\mathrm{d}r \\
&= -c_\zeta \dot{\zeta}_k
\end{aligned}
\tag{5.21}
$$

那么，机体运动方程为

$$
\begin{aligned}
&m_f \ddot{y} + \int_e^R m\Big(\ddot{y} - e\dot{\Omega}\sin\psi_k - e\Omega^2\cos\psi_k - (r-e)\big(\dot{\Omega}+\ddot{\zeta}_k\big)\sin(\psi_k+\zeta_k) \\
&\quad - (r-e)\big(\Omega+\dot{\zeta}_k\big)^2\cos(\psi_k+\zeta_k) - (r-e)\big(\Omega+\dot{\zeta}_k\big)^2\cos(\psi_k+\zeta_k)\Big)\mathrm{d}r \\
&\quad + k_f y + c_f \dot{y} = 0
\end{aligned}
\tag{5.22}
$$

桨叶运动方程为

$$
\begin{aligned}
&\ddot{\zeta}\int_e^R m(r-e)^2\mathrm{d}r + c_\zeta \dot{\zeta}_k + \sin\zeta_k \int_e^R me(r-e)\Omega^2\mathrm{d}r \\
&\quad + \cos\zeta_k \int_e^R me(r-e)\dot{\Omega}\mathrm{d}r + \int_e^R m(r-e)^2\dot{\Omega}\mathrm{d}r \\
&= \ddot{y}\sin(\psi_k+\zeta_k)\int_e^R m(r-e)\mathrm{d}r
\end{aligned}
\tag{5.23}
$$

考虑桨叶质量 $\int_e^R m\,\mathrm{d}r = m_b$、桨叶质量静矩 $\int_e^R m(r-e)\mathrm{d}r = S_b$ 和桨叶质量惯矩 $\int_e^R m(r-e)^2\mathrm{d}r = I_b$，采用小角度假设，有 $\sin\zeta_k \approx \zeta_k$、$\cos\zeta_k \approx 1$，假定旋翼转动加速度为 0，即 $\dot{\Omega} = 0$，略去高阶项，桨叶运动方程可化简为

$$I_b \ddot{\zeta}_k + c_b \dot{\zeta}_k + e S_b \Omega^2 \zeta_k = S_b \ddot{y}\sin\psi_k \tag{5.24}$$

如假定机体运动形式为

$$y = y_0 \sin(\omega t) \tag{5.25}$$

则桨叶运动方程为

$$
\begin{aligned}
& I_b\ddot{\zeta}_k + c_b\dot{\zeta}_k + eS_b\Omega^2\zeta_k \\
& = -S_b y_0\omega^2 \sin\left(\Omega t + \frac{2\pi}{N_b}k\right)\sin(\omega t) \\
& = \frac{S_b y_0\omega^2}{2}\left(\cos\left((\Omega+\omega)\,t+\frac{2\pi}{N_b}k\right) - \cos\left((\Omega-\omega)\,t+\frac{2\pi}{N_b}k\right)\right)
\end{aligned} \tag{5.26}
$$

很明显，机体对桨叶的激振有两个频率，即 $(\Omega+\omega)$ 和 $(\Omega-\omega)$，如果该频率与桨叶摆振频率 ω_ζ 相重合，那么就会发生共振问题，即

$$
\Omega + \omega = \omega_\zeta \tag{5.27}
$$

或者

$$
\Omega - \omega = \omega_\zeta \tag{5.28}
$$

对于式 (5.27)，如为摆振刚硬型旋翼，即 $\nu_\zeta=\omega_\zeta/\Omega>1$，虽然桨叶能处于共振状态，但它不可能发生 "地面共振"，后面将会分析；对于式 (5.28)，$\nu_\zeta<1$，旋翼为铰接式或者摆振柔软型，有可能发生 "地面共振"。机体对桨叶的激振力幅值为 $S_b y_0\omega^2/2$。

同样采用小角度假设，机体运动方程为

$$
\begin{aligned}
& m_f\ddot{y} + c_f\dot{y} + k_f y + m_b\ddot{y} \\
& = \int_e^R m\Big(e\dot{\Omega}\sin\psi_k + e\Omega^2\cos\psi_k + (r-e)\left(\Omega+\ddot{\zeta}_k\right)\sin(\psi_k+\zeta_k) \\
& \quad + (r-e)\left(\Omega+\dot{\zeta}_k\right)^2\cos(\psi_k+\zeta_k)\Big)\mathrm{d}r
\end{aligned} \tag{5.29}
$$

化简后有

$$
\begin{aligned}
m_f\ddot{y} + c_f\dot{y} + k_f y + m_b\ddot{y} &= S_b\left(\sin\psi_k\ddot{\zeta}_k + 2\Omega\dot{\zeta}_k\cos\psi_k - \Omega^2\zeta_k\sin\psi_k\right) \\
&= S_b\frac{\mathrm{d}^2\left(\zeta_k\sin\psi_k\right)}{\mathrm{d}t^2}
\end{aligned} \tag{5.30}
$$

很明显，旋翼摆振惯性运动的周期型对机体产生了激振。

式 (5.26) 和式 (5.30) 给出了桨叶摆振运动与机体运动耦合动力学方程，该方程的建立方法可推广至其他桨叶与机体桨毂平面内运动 (两自由度) 耦合系统。

二、基于力法的 "地面共振" 分析模型

根据牛顿第二定律，桨叶和机体的受力如图 5.6 所示，由摆振铰力矩为零，可得桨叶的摆振运动方程，即

$$
\sum M_b = c_b\dot{\zeta}_k + \int_e^R m\ddot{x}_k(r-e)\cos\left(\psi_k+\zeta_k\right)\mathrm{d}r - \int_e^R m\ddot{y}_k(r-e)\sin\left(\psi_k+\zeta_k\right)\mathrm{d}r = 0 \tag{5.31}
$$

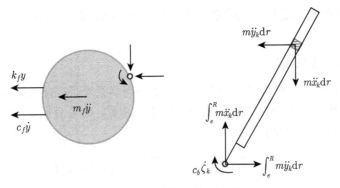

图 5.6 桨叶与机体受力图

式中，桨叶上任意点的加速度为

$$\begin{cases} \ddot{x}_k = e\dot{\Omega}\cos\psi_k - e\Omega^2\sin\psi_k + (r-e)\left(\dot{\Omega} + \ddot{\zeta}_k\right)\cos\left(\psi_k + \zeta_k\right) \\ \qquad -(r-e)\left(\Omega + \dot{\zeta}_k\right)^2\sin\left(\psi_k + \zeta_k\right) \\ \ddot{y}_k = \ddot{y} - e\dot{\Omega}\sin\psi_k - e\Omega^2\cos\psi_k - (r-e)\left(\dot{\Omega} + \ddot{\zeta}_k\right)\sin\left(\psi_k + \zeta_k\right) \\ \qquad -(r-e)\left(\Omega + \dot{\zeta}_k\right)^2\cos\left(\psi_k + \zeta_k\right) \end{cases} \tag{5.32}$$

由力矩平衡方程可得桨叶运动方程为

$$c_b\dot{\zeta}_k + \int_e^R m(r-e)\Big(-\ddot{y}\sin\left(\psi_k + \zeta_k\right) + e\dot{\Omega}\cos\zeta_k \\ + e\Omega^2\sin\zeta_k + (r-e)\left(\dot{\Omega} + \ddot{\zeta}_k\right)\Big)\mathrm{d}r = 0 \tag{5.33}$$

采用小角度假设，桨叶方程化为

$$I_b\ddot{\zeta}_k + c_b\dot{\zeta}_k + eS_b\Omega^2\zeta_k = S_b\ddot{y}\sin\psi_k \tag{5.34}$$

该方程与基于拉格朗日法得到的桨叶运动方程一致。

由机体 y 向力平衡，机体运动方程为

$$m_f\ddot{y} + c_f\dot{y} + k_fy + \int_e^R m\ddot{y}_k\mathrm{d}r = 0 \tag{5.35}$$

即

$$m_f\ddot{y} + c_f\dot{y} + k_fy + m_b\ddot{y} \\ = \int_e^R m\Big(e\dot{\Omega}\sin\psi_k + e\Omega^2\cos\psi_k + (r-e)\left(\dot{\Omega} + \ddot{\zeta}_k\right)\sin\left(\psi_k + \zeta_k\right) \\ + (r-e)\left(\Omega + \dot{\zeta}_k\right)^2\cos\left(\psi_k + \zeta_k\right)\Big)\mathrm{d}r \tag{5.36}$$

采用小角度假设并忽略高阶项影响，式 (5.36) 可化简为

$$m_f\ddot{y} + c_f\dot{y} + k_fy + m_b\ddot{y} = S_b\left(\sin\psi_k\ddot{\zeta}_k + 2\Omega\dot{\zeta}_k\cos\psi_k - \Omega^2\zeta_k\sin\psi_k\right) = S_b\frac{\mathrm{d}^2\left(\zeta_k\sin\psi_k\right)}{\mathrm{d}t^2} \tag{5.37}$$

很明显，通过牛顿第二定律建立的系统动力学方程 (5.34) 和 (5.37) 与由拉格朗日法所得方程一致。

三、"地面共振" 发生条件

直升机发生 "地面共振" 时，旋翼桨叶的激振频率就等于或接近机体固有频率，由于 "地面共振" 一般发生于铰接式旋翼或者摆振柔软旋翼，桨叶激振仅考虑 $(\Omega-\omega)$ 激振频率。桨叶运动方程在该激励下为

$$I_b\ddot{\zeta}_k + c_b\dot{\zeta}_k + eS_b\Omega^2\zeta_k = -\frac{S_b\omega^2 y_0}{2}\cos\left((\Omega-\omega)\,t + \frac{2\pi}{N_b}k\right) \tag{5.38}$$

发生共振时，桨叶摆振激振频率 $(\Omega-\omega)$ 等于桨叶摆振固有频率，即

$$\omega_\zeta = \Omega - \omega \tag{5.39}$$

铰接式旋翼桨叶摆振固有频率为

$$\omega_\zeta = \Omega\sqrt{\frac{eS_b}{I_b}} \tag{5.40}$$

定义摆振阻尼比

$$\zeta_b = \frac{c_b}{c_c} = \frac{c_b}{2I_b\omega_\zeta} \tag{5.41}$$

假定式 (5.38) 的解为

$$\zeta_k = \zeta_1\sin\left((\Omega-\omega)\,t + \frac{2\pi}{N_b}k\right) + \zeta_2\cos\left((\Omega-\omega)\,t + \frac{2\pi}{N_b}k\right) \tag{5.42}$$

将其代入式 (5.38)，可得

$$\begin{cases} \zeta_1 = -\dfrac{S_b\omega^2 y_0}{2c_b\,(\Omega-\omega)} \\ \zeta_2 = 0 \end{cases} \tag{5.43}$$

桨叶摆振运动为

$$\zeta_k = -\frac{S_b\omega^2 y_0}{2c_b(\Omega-\omega)}\sin\left((\Omega-\omega)\,t + \frac{2\pi}{N_b}k\right) \tag{5.44}$$

由单片桨叶与机体耦合动力学方程可推演出整副旋翼 (N_b 桨叶) 与机体耦合动力学方程为

$$\begin{aligned}
& m_f\ddot{y} + c_f\dot{y} + k_f y + \sum_{k=1}^{N_b}(m_b\ddot{y}) \\
&= \sum_{k=1}^{N_b}\left(S_b\frac{\mathrm{d}^2\,(\zeta_k\sin\psi_k)}{\mathrm{d}t^2}\right) \\
&= -\frac{S_b^2\omega^2 y_0}{2c_b(\Omega-\omega)}\frac{\mathrm{d}^2}{\mathrm{d}t^2}\left(\sum_{k=1}^{N_b}\sin\left((\Omega-\omega)\,t + \frac{2\pi}{N_b}k\right)\sin\psi_k\right) \\
&= -\frac{S_b^2\omega^2 y_0}{4c_b(\Omega-\omega)}\frac{\mathrm{d}^2}{\mathrm{d}t^2}\left(\sum_{k=1}^{N_b}\left(\cos\left(\omega t\right) - \cos\left(2\psi_k - \omega t\right)\right)\right)
\end{aligned} \tag{5.45}$$

对于 $N_b > 2$，存在

$$\sum_{k=1}^{N_b} \cos\left(2\psi_k - \omega t\right) = 0 \tag{5.46}$$

机体运动方程可化为

$$(m_f + N_b m_b)\ddot{y} + c_f \dot{y} + k_f y = \frac{N_b S_b^2 \omega^4}{4 c_b (\Omega - \omega)} \cos(\omega t) \tag{5.47}$$

定义机体固有频率和阻尼比为

$$\omega_f = \sqrt{\frac{k_f}{m_f + N_b m_b}} \tag{5.48}$$

$$\zeta_f = \frac{c_f}{2(m_f + N_b m_b)\omega_f} \tag{5.49}$$

旋翼和机体组成的耦合系统，在没有外力的作用下，能维持 "等幅" 振动状态，就是 "地面共振" 的临界状态。因为该方程的解为 $y = y_0 \sin(\omega t)$，振动系统维持等幅振动时有

$$\begin{cases} k_f - (m_f + N_b m_b)\omega^2 = 0 \\ c_f \omega = \dfrac{N_b S_b^2 \omega^4}{4 c_b (\Omega - \omega)} \end{cases} \tag{5.50}$$

因此，临界稳定发生条件为

$$\begin{cases} \omega = \omega_f = \Omega - \omega_\zeta \\ \dfrac{c_f c_b}{\omega_f^2} = \dfrac{N_b S_b^2 \omega_f}{4(\Omega - \omega_f)} = \dfrac{N_b S_b^2 (\Omega - \omega_\zeta)}{4\omega_\zeta} = \dfrac{N_b S_b^2}{4}\left(\dfrac{1 - v_\zeta}{v_\zeta}\right) \end{cases} \tag{5.51}$$

由 "地面共振" 发生的临界条件可知，直升机发生 "地面共振"，不仅需满足频率要求 $\omega_\zeta = \Omega - \omega_f$，同时还需满足阻尼要求，即

$$\frac{c_f c_b}{\omega_f^2} < \frac{N_b S_b^2}{4}\left(\frac{1 - v_\zeta}{v_\zeta}\right) \tag{5.52}$$

对于摆振刚硬的旋翼 $(\nu_\zeta > 1)$，需满足 $c_f c_b < 0$ 才会发生 "地面共振"，很显然其不会发生 "地面共振"。

需要注意的是，直升机 "地面共振" 不是发生在一个转速上，而是发生在一定的转速范围内，即以 $\Omega = \omega_\zeta + \omega_f$ 为中心的一个转速范围内，这个中心称为 "地面共振" 的不稳定中心，这个转速范围被称为直升机 "地面共振" 不稳定区。

图 5.7 给出桨叶摆振固有频率 ω_ζ 随旋翼转速 Ω 变化曲线，机体固有频率 ω_f 与曲线 $\omega = |\omega_\zeta - \Omega|$ 交于 A、B 两点，A 点 $\omega_f = \omega_\zeta - \Omega$，$B$ 点 $\omega_f = \Omega - \omega_\zeta$。对于 A 点，$\Omega < \omega_\zeta$，根据 "地面共振" 临界发生条件可知，该转速不会发生 "地面共振"；对于 B 点，$\Omega > \omega_\zeta$，系统有可能产生等幅振动，即有可能发生 "地面共振"。

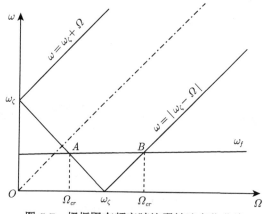

图 5.7　摆振固有频率随旋翼转速变化曲线

对于两片桨叶旋翼 (N_b=2)，通常采用跷跷板式或者万向铰式桨毂构型旋翼，该构型旋翼通常将旋翼桨叶摆振方向设计成摆振刚硬型，因此，从上述分析也可看出，对于摆振刚硬型旋翼直升机通常不存在"地面共振"问题。

与"地面共振"类似，直升机尾桨与尾梁支撑系统之间也可能存在耦合稳定性问题 (雷卫东等，2015)。大部分直升机通常采用摆振面内刚硬设计的尾桨，因而与尾梁之间不存在耦合稳定性问题。但桨叶根部会产生较大的摆振面内弯曲载荷，易引起尾桨桨叶的疲劳损坏，为了提高其疲劳寿命，AB139 和 EC665 等先进直升机尾桨毂采用带弹性轴承的铰接式构型，以及黏弹减摆器提高摆振面阻尼，以避免产生尾桨/尾梁耦合动不稳定性。

四、直升机"地面共振"不稳定区计算

根据所建立的机体运动方程：

$$m_f \ddot{y} + c_f \dot{y} + k_f y + N_b m_b \ddot{y} = S_b \sum_{k=1}^{N_b} \left(\frac{\mathrm{d}^2 \left(\zeta_k \sin \psi_k \right)}{\mathrm{d}t^2} \right) \tag{5.53}$$

单片桨叶运动方程为

$$I_b \ddot{\zeta}_k + c_b \dot{\zeta}_k + e S_b \Omega^2 \zeta_k = S_b \ddot{y} \sin \psi_k, \quad k = 1, 2, \cdots, N_b \tag{5.54}$$

将各片桨叶方程分别乘以 $\sin \psi_k$ 和 $\cos \psi_k$ 后相加有

$$\begin{cases} I_b \sum_{k=1}^{N_b} \left(\ddot{\zeta}_k \sin \psi_k \right) + c_b \sum_{k=1}^{N_b} \left(\dot{\zeta}_k \sin \psi_k \right) \\ \quad + e S_b \Omega^2 \sum_{k=1}^{N_b} \left(\zeta_k \sin \psi_k \right) = S_b \ddot{y} \sum_{k=1}^{N_b} \left(\sin \psi_k \sin \psi_k \right) \\ I_b \sum_{k=1}^{N_b} \left(\ddot{\zeta}_k \cos \psi_k \right) + c_b \sum_{k=1}^{N_b} \left(\dot{\zeta}_k \cos \psi_k \right) \\ \quad + e S_b \Omega^2 \sum_{k=1}^{N_b} \left(\zeta_k \cos \psi_k \right) = S_b \ddot{y} \sum_{k=1}^{N_b} \left(\sin \psi_k \cos \psi_k \right) \end{cases} \tag{5.55}$$

根据多桨叶坐标系变换有

$$
\begin{cases}
\displaystyle\sum_{k=1}^{N_b}\left(\dot{\zeta}_k \sin\psi_k\right) = \frac{N_b}{2}\left(\dot{\zeta}_{1s} - \Omega\zeta_{1c}\right) \\[2mm]
\displaystyle\sum_{k=1}^{N_b}\left(\dot{\zeta}_k \cos\psi_k\right) = \frac{N_b}{2}\left(\dot{\zeta}_{1c} + \Omega\zeta_{1s}\right) \\[2mm]
\displaystyle\sum_{k=1}^{N_b}\left(\ddot{\zeta}_k \sin\psi_k\right) = \frac{N_b}{2}\left(\ddot{\zeta}_{1s} - 2\Omega\dot{\zeta}_{1c} - \dot{\Omega}\zeta_{1c} - \Omega^2\zeta_{1s}\right) \\[2mm]
\displaystyle\sum_{k=1}^{N_b}\left(\ddot{\zeta}_k \cos\psi_k\right) = \frac{N_b}{2}\left(\ddot{\zeta}_{1c} + 2\Omega\dot{\zeta}_{1s} + \dot{\Omega}\zeta_{1s} - \Omega^2\zeta_{1c}\right)
\end{cases}
\tag{5.56}
$$

将机体与旋翼耦合运动方程进行多桨叶坐标系变换有

$$
\begin{cases}
\left(m_f + N_b m_b\right)\ddot{y} + c_f\dot{y} + k_f y = \dfrac{N_b S_b}{2}\ddot{\zeta}_{1s} \\[3mm]
\dfrac{N_b I_b}{2}\left(\ddot{\zeta}_{1s} - 2\Omega\dot{\zeta}_{1c} - \dot{\Omega}\zeta_{1c} - \Omega^2\zeta_{1s}\right) + \dfrac{N_b c_b}{2}\left(\dot{\zeta}_{1s} - \Omega\zeta_{1c}\right) + \dfrac{N_b e S_b \Omega^2}{2}\zeta_{1s} = \dfrac{N_b S_b}{2}\ddot{y} \\[3mm]
\dfrac{N_b I_b}{2}\left(\ddot{\zeta}_{1c} + 2\Omega\dot{\zeta}_{1s} + \dot{\Omega}\zeta_{1s} - \Omega^2\zeta_{1c}\right) + \dfrac{N_b c_b}{2}\left(\dot{\zeta}_{1c} + \Omega\zeta_{1s}\right) + \dfrac{N_b e S_b \Omega^2}{2}\zeta_{1c} = 0
\end{cases}
\tag{5.57}
$$

该方程考虑的是机体一个方向平动自由度运动与旋翼摆振运动相耦合的动力学方程，从该方程可以看出参与耦合的自由度是该机体平动自由度与旋翼摆振周期型运动。如果再考虑机体另外一个方向的平动自由度，最终的动力学方程与式 (5.57) 类似，多了机体另外一个方向平动自由度。直升机"地面共振"参与耦合的是桨毂平面内运动，实际也包含机体俯仰或者滚转所引发的平面内运动，在工程分析中，也可采用机体俯仰和滚转与旋翼摆振方向运动耦合模型来解释直升机"地面共振"形成机理。

将所建立坐标系 x 轴定义为机体纵轴，x 轴为滚转轴，y 轴即为俯仰轴，假定机体滚转和俯仰转动角度为 α_x 和 α_y，机体质心到旋翼桨毂中心点距离为 h，机体滚转方向转动惯量为 I_x、角阻尼为 C_x、角弹簧约束刚度为 K_x，机体俯仰方向转动惯量为 I_y、角阻尼为 C_y、角弹簧约束刚度为 K_y。考虑刚度为 k_b 的摆振铰弹簧，类似可得到机体俯仰和滚转运动与旋翼摆振运动耦合动力学方程，即

$$
\begin{cases}
\left(I_x + N_b m_b h^2\right)\ddot{\alpha}_x + C_x\dot{\alpha}_x + K_x\alpha_x = \dfrac{N_b S_b h}{2}\ddot{\zeta}_{1c} \\[3mm]
\left(I_y + N_b m_b h^2\right)\ddot{\alpha}_y + C_y\dot{\alpha}_y + K_y\alpha_y = \dfrac{N_b S_b h}{2}\ddot{\zeta}_{1s} \\[3mm]
\dfrac{N_b I_b}{2}\left(\ddot{\zeta}_{1c} + 2\Omega\dot{\zeta}_{1s} - \Omega^2\zeta_{1c}\right) + \dfrac{N_b c_b}{2}\left(\dot{\zeta}_{1c} + \Omega\zeta_{1s}\right) \\[3mm]
\quad + \dfrac{N_b e S_b \Omega^2}{2}\zeta_{1c} + \dfrac{N_b k_b}{2}\zeta_{1c} = \dfrac{N_b S_b h}{2}\ddot{\alpha}_x \\[3mm]
\dfrac{N_b I_b}{2}\left(\ddot{\zeta}_{1s} - 2\Omega\dot{\zeta}_{1c} - \Omega^2\zeta_{1s}\right) + \dfrac{N_b c_b}{2}\left(\dot{\zeta}_{1s} - \Omega\zeta_{1c}\right) \\[3mm]
\quad + \dfrac{N_b e S_b \Omega^2}{2}\zeta_{1s} + \dfrac{N_b k_b}{2}\zeta_{1s} = \dfrac{N_b S_b h}{2}\ddot{\alpha}_y
\end{cases}
\tag{5.58}
$$

将单旋翼/机体耦合运动方程组写成以下矩阵形式:

$$M\ddot{X} + C\dot{X} + KX = F \tag{5.59}$$

式中

$$M = \begin{bmatrix} I_x + N_b m_b h^2 & & -\dfrac{N_b S_b h}{2} & \\ & I_y + N_b m_b h^2 & & -\dfrac{N_b S_b h}{2} \\ \dfrac{N_b S_b h}{2} & & \dfrac{N_b I_b}{2} & \\ & \dfrac{N_b S_b h}{2} & & \dfrac{N_b I_b}{2} \end{bmatrix} \tag{5.60}$$

$$C = \begin{bmatrix} C_x & & & \\ & C_y & & \\ & & \dfrac{N_b}{2}c_b & \dfrac{2\Omega N_b}{2}I_b \\ & & -\dfrac{2\Omega N_b}{2}I_b & \dfrac{N_b}{2}c_b \end{bmatrix} \tag{5.61}$$

$$K = \begin{bmatrix} K_x & & & \\ & K_y & & \\ & & \dfrac{N_b e S_b}{2}\Omega^2 + \dfrac{N_b}{2}k_b - \dfrac{N_b I_b}{2}\Omega^2 & \dfrac{N_b \Omega}{2}c_b \\ & & -\dfrac{N_b \Omega}{2}c_b & \dfrac{N_b e S_b}{2}\Omega^2 + \dfrac{N_b}{2}k_b - \dfrac{N_b I_b}{2}\Omega^2 \end{bmatrix} \tag{5.62}$$

$X = [\alpha_x\ \alpha_y\ \zeta_{1c}\ \zeta_{1s}]^{\mathrm{T}}$ 表示模型自由度, 通常对该线性系统采用特征值方法分析系统稳定性。

直升机 "地面共振" 不稳定区的计算可根据系统耦合方程, 计算不同旋翼转速时系统的特征值, 将特征值虚部 (频率) 和实部 (阻尼) 绘制成随旋翼转速变化曲线, 这样就可通过特征值实部的正负来判定系统稳定性, 特征值实部为正数时对应的转速即为不稳定转速, 所形成的转速范围即为直升机 "地面共振" 不稳定区。

为了对模型的正确性进行验证, 采用模型旋翼与机体耦合动力学稳定性实验数据进行验证 (Bousman, 1981; Mcnulty and Bousman, 1983), 模型旋翼及机体的主要参数如表 5.1 所示, 模型实验装置如图 5.8 所示。对该模型旋翼/机体耦合系统进行特征值分析 (乔继周, 2017), 模型预测结果与相关实验数据对比如图 5.9 和图 5.10 所示。

图 5.9 中实线表示模态频率的理论模型预测结果, 圆点表示模态频率的实验测量值; ζ_P 表示摆振前进型模态, ζ_R 表示摆振后退型模态, α_x 表示机体滚转模态, α_y 表示机体俯仰模态。频率数据对比表明, 理论预测的模态频率与实验数据吻合程度较好。ζ_P 模态、ζ_R 模态与 α_x 模态均发生了耦合, 从模态阻尼上来看, 产生不稳定性的是 ζ_R 模态, 模态阻尼为正值对应的旋翼转速 (阴影部分) 即为不稳定区, 如图 5.10 所示, 所建立

的直升机"地面共振"模型虽然简单,但是可较好地预测不稳定区。由于本章所建立的数学模型并未考虑空气动力及动态入流等因素的影响,所得模态阻尼在不稳定区的峰值与测量结果存在一定差距。

表 5.1　模型系统参数

参数	单位	数值
桨叶片数	—	4
旋翼半径	m	0.8108
摆振铰外伸量	m	0.0851
桨叶对铰的惯性矩	kg·m^2	0.0173
机体质心与桨毂的垂向距离	m	0.2405
桨叶质量	kg	0.209
摆振固有频率	Hz	6.70
摆振结构阻尼比	—	0.52%
机体俯仰惯性矩	kg·m^2	0.6064
机体俯仰刚度	N·m/rad	81.86
机体俯仰阻尼比	—	3.2%
机体滚转惯性矩	kg·m^2	0.1422
机体滚转刚度	N·m/rad	111.2
机体滚转阻尼比	—	0.929%

图 5.8　模型实验装置图 (Mcnulty and Bousman, 1983)

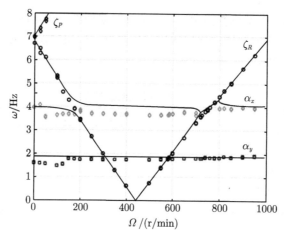

图 5.9　系统模态频率

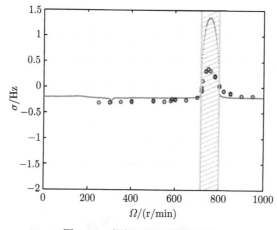

图 5.10　摆振后退型模态阻尼

第四节　防止"地面共振"的措施

直升机避免"地面共振"主要有两种方法。一种方法是加大桨叶摆振方向阻尼和起落架阻尼，使得振动一周内阻尼消耗的能量比惯性激振力对系统所做的功大，并有一定的能量储备，即满足

$$\eta_1 = \frac{n}{n_{\min}} > 1 \tag{5.63}$$

式中，n 为实际可提供的阻尼，称为可用阻尼；$n_{\min}$ 为消除"地面共振"所需的最小阻尼。另外一种方法是提高桨叶摆振固有频率和机体固有频率，从而使得不稳定区落到旋翼最大工作转速以外，并且有一定的转速储备，即满足

$$\eta_2 = \frac{\Omega_c}{\Omega_{\max}} > 1 \tag{5.64}$$

式中，Ω_c 为"地面共振"不稳定区的下边界；$\Omega_{\max}$ 为旋翼最大工作转速。

维持"地面共振"稳定的临界阻尼为

$$c_f c_b = \frac{N_b S_b^2 \omega_f^3}{4\omega_\zeta} \tag{5.65}$$

从式 (5.65) 可以明显看出，系统所需的最小阻尼与机体频率 ω_f 的三次方成正比，而与桨叶摆振频率一次方成反比。机体频率提高一倍，需用阻尼增为 8 倍，桨叶摆振频率增大一倍，需用阻尼减小一半。为降低需用阻尼，降低机体频率会更加有效。

综上所述，消除"地面共振"不稳定区要看机体各振型和固有频率情况来定。对高频振型振动可采用提高频率方法，将不稳定区"赶"到旋翼工作转速以外，对低频振型振动可采用增加系统阻尼的方法，消除"地面共振"不稳定区。

前面分析指出，影响直升机"地面共振"的主要参数是旋翼桨叶摆振频率和阻尼，以及机体在起落架上的振动频率和阻尼。直升机在各种使用情况下应该不发生"地面共振"。

直升机刚开始起飞时，旋翼拉力等于零，起落架处于最大压缩状态，到旋翼拉力大于直升机起飞重量、起落架离开地面的不稳定运动过程，旋翼拉力、机轮和减震支柱的压缩量等都在变化，机体在起落架上的频率和阻尼会发生变化，从而会影响直升机"地面共振"特性。直升机降落过程与起飞过程相反。

直升机滑跑过程，机轮侧向刚度有明显降低，减小了机体横滚和侧移频率。可采用将临界转速"赶"出最大工作转速的办法，避免"地面共振"。在这种情况下，有可能随着侧移和横滚频率的降低，导致临界转速的降低，带来"地面共振"问题。

桨叶摆振阻尼、起落架机轮和减震支柱的刚度和阻尼一般都是非线性的，分析时可用当量黏性阻尼来代替，但是，当量黏性阻尼系数与振幅的大小和压缩量有关，不同工作状态需给定对应的当量阻尼，则可能会因工作状态不同，导致给定的阻尼大于实际阻尼，从而发生"地面共振"危险。

第五节　直升机"空中共振"问题

一、产生机理

直升机"空中共振"与"地面共振"类似，但发生在空中，它是由低频的旋翼挥舞和摆振运动模态与刚性机体运动模态相耦合而产生的一种动不稳定性。"空中共振"与"地面共振"的主要不同在于机体刚度和阻尼的来源不同。"地面共振"时，机体系统阻尼和刚度来源于起落架支撑系统；对于"空中共振"，机体的阻尼和刚度来源于旋翼拉力、旋翼桨叶挥舞弯曲和气动阻尼。分析直升机"空中共振"时，需考虑气动力的影响。摆振柔软的无铰式和无轴承式旋翼直升机较容易发生"空中共振"问题。

直升机"空中共振"产生的原因可用简单模型来说明 (孙之钊等，1990)。假定旋翼桨叶挥舞、摆振和变距运动间无耦合，旋翼挥舞运动同样存在集合型、前进型、后退型和无反作用型。挥舞集合型与机体垂向运动相耦合，与桨毂中心桨毂平面内运动不产生耦合；挥舞无反作用型不与机体产生耦合；类似于"地面共振"分析中摆振运动，只有挥舞周期型 (前进型和后退型) 与机体俯仰和滚转运动会产生耦合，进而有可能诱发桨毂中心桨毂平面内运动，如图 5.11 所示。那么，旋翼周期型挥舞运动与机体俯仰和滚转运动相耦合有四个运动模态：以旋翼挥舞前进型为主的模态、以旋翼挥舞后退型为主的模态、以机体俯仰为主的模态和以机体滚转为主的模态。由于旋翼摆振周期型运动 (前进型和后退型) 会引起旋翼质心偏离桨毂中心的运动，进而引发离心力的作用，从而作为激振力对旋翼挥舞与机体俯仰和滚转耦合运动进行激振，在特定的频率和相位条件下，旋翼摆振周期型运动与旋翼挥舞周期型和机体俯仰、滚转组成的耦合运动相互激励，振幅可能越来越大，从而引发 "空中共振"。

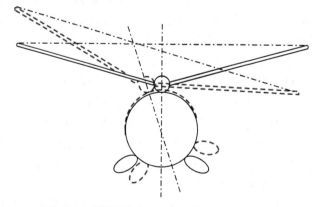

图 5.11　旋翼挥舞周期型与机体横滚耦合模态

二、分析模型

对于描述直升机 "空中共振" 动力学问题，建模中至少需要考虑 11 个自由度 (Bielawa, 2006)，包括桨毂纵向、横向和垂向三个方向的平动自由度，桨毂俯仰和滚转方向两转动自由度，旋翼摆振前进和后退周期型两自由度，旋翼挥舞前进和后退周期型两自由度，以及桨叶扭转方向 sin 和 cos 分量。对应地，该 11 自由度模型可参考文献 (Bielawa, 2006)。

不同于直升机 "地面共振"，"空中共振" 问题必须考虑旋翼挥舞周期型运动，挥舞运动与摆振运动主要的不同在于阻尼对动特性的影响不同。对于摆振运动，在固定坐标系中，摆振前进型和摆振后退型模态对应固有频率均可表示为 $\Omega+\omega_\zeta$ 和 $|\Omega-\omega_\zeta|$。挥舞运动受到气动的影响，气动阻尼对桨叶动特性，尤其是低频动特性会有明显影响。考虑单片桨叶挥舞运动，在旋转坐标系中，桨叶挥舞自由振动方程可表示为

$$\overset{**}{\beta}+\frac{\gamma}{8}\overset{*}{\beta}+\nu_\beta^2\beta=0 \tag{5.66}$$

式中，γ 为桨叶洛克数；ν_β 为挥舞固有频率比；"$*$" 号定义为

$$\overset{*}{()}=\frac{\mathrm{d}()}{\mathrm{d}\psi} \tag{5.67}$$

其中，ψ 为桨叶方位角。该挥舞方程对应特征根为

$$\bar{\lambda}_{1,2}=-\frac{\gamma}{16}\pm\mathrm{i}\sqrt{\nu_\beta^2-\left(\frac{\gamma}{16}\right)^2} \tag{5.68}$$

将旋转桨叶挥舞频率比表示为不旋转和旋转两部分，即

$$\nu_\beta^2=\frac{1}{\Omega^2}\left(\omega_{\beta_{NR}}^2+K_\beta\Omega^2\right) \tag{5.69}$$

式中，$\omega_{\beta_{NR}}$ 为不旋转桨叶挥舞频率；K_β 为旋转频率系数，通常在 1.05 左右。联立式 (5.68) 和式 (5.69)，存在

$$\lambda_{1,2} = \bar{\lambda}_{1,2}\Omega = -\frac{\gamma\Omega}{16} \pm \sqrt{\omega_{\beta_{NR}}^2 + \left(K_\beta - \left(\frac{\gamma}{16}\right)^2\right)\Omega^2} \tag{5.70}$$

式 (5.70) 表明桨叶洛克数 γ 对阻尼固有频率影响明显，阻尼固有频率与旋翼转速关系如图 5.12 所示。很明显，存在特定洛克数 $\gamma = 16\sqrt{K_\beta}$ 使得旋转桨叶阻尼固有频率不随旋翼转速变化，如桨叶洛克数大于该值，当旋翼转速足够大时，阻尼固有频率趋近于 0，图中 ω_{β_D} 为阻尼固有频率，即

$$\omega_{\beta_D} = \sqrt{\omega_{\beta_{NR}}^2 + \left(K_\beta - \left(\frac{\gamma}{16}\right)^2\right)\Omega^2} \tag{5.71}$$

与摆振周期型运动类似，在不旋转坐标系中，挥舞周期型运动对应特征根为

$$\bar{\lambda}_{1,2}^{(NR)} = \bar{\lambda}_{1,2} \pm i \tag{5.72}$$

由于额定转速时，桨叶挥舞频率通常接近转速 Ω，那么其对应的挥舞后退型阻尼固有频率将会比较小，甚至接近于 0，这与摆振后退型频率随转速变化有所不同。

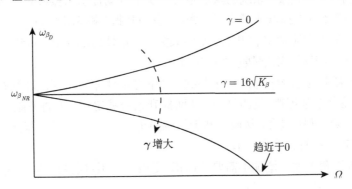

图 5.12 阻尼固有频率与旋翼转速关系

根据直升机 "空中共振" 模型中各自由度模态频率的典型特征，绘制各模态频率随旋翼转速变化示意图，如图 5.13 所示。由图 5.13 可知 (Bielawa, 2006)，"空中共振" 问题比 "地面共振" 更复杂，涉及自由度更多；机体的模态频率随转速变化会比较明显，机体模态频率和阻尼来源于旋翼挥舞运动；旋翼摆振后退型频率与机体俯仰或者滚转频率接近或者重合是 "空中共振" 发生的基本特征，但是不如 "地面共振" 显著，其他自由度也参与了该不稳定模态；参与 "空中共振" 不稳定模态的其他自由度的固有频率相对较低。

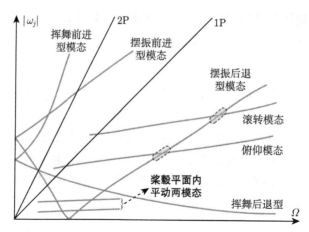

图 5.13　直升机 "空中共振" 各模态频率随转速变化示意图

三、影响参数

直升机 "空中共振" 是目前最为复杂的直升机稳定性问题, 参数影响规律较为复杂, 多篇文献对增强直升机 "空中共振" 稳定性给出了相关建议 (Bielawa, 2006; Eurkam and Miao, 1972), 主要包括如下。

(1) 直升机 "空中共振" 通常发生于无铰式和无轴承式等摆振柔软旋翼, 从产生机理来看, 合理的配置桨叶和机体频率以及谨慎的选择桨毂参数, 可显著增强系统稳定性。

(2) 直升机 "空中共振" 系统的阻尼主要来源于气动提供给桨叶挥舞方向阻尼, 如可增加挥舞/变距耦合 (上挥低头耦合) 可增强 "空中共振" 模态稳定性。

(3) 桨叶摆振方向阻尼对直升机 "空中共振" 稳定性影响明显, 可通过增加桨叶结构阻尼和加大减摆器阻尼, 以增强系统稳定性。

(4) 配置变距铰位置对抑制 "空中共振" 动不稳定性非常重要。如将变距铰配置于挥舞铰内侧, 可显著增强挥舞/变距耦合, 从而提升系统稳定性; 如将变距铰配置于挥舞铰外侧, 会消除挥舞/变距耦合, 从而不利于系统稳定。从 "空中共振" 稳定性方面来看, 建议将变距铰配置于挥舞铰内侧为宜。

(5) 桨叶预锥角过大会增加不需要的挥舞/变距和变距/摆振耦合, 推荐采用较小的预锥角设计。

(6) 加强操纵线系的刚度可降低桨叶变距方向的响应, 从而提升系统的稳定性。

(7) 主动变距控制方法也可用于抑制直升机 "空中共振", 在设计主动变距控制系统时, 需保证直升机的操控系统的特性不降低。

第六节　倾转旋翼机回转颤振

对于螺旋桨飞机, 回转颤振问题是其机体与螺旋桨耦合系统在高速飞行时可能产生的一种自激动不稳定性, 螺旋桨飞机很早就出现过因回转颤振问题而造成机毁人亡的事故。回转颤振问题也是倾转旋翼机发展中必须考虑的动力学稳定性问题, 不同于螺旋桨飞机，倾转旋翼机机翼的弹性以及旋翼桨叶的弹性对回转颤振的特性有显著影响，使得倾转旋翼机的回转颤振问题更为复杂。

为阐明倾转旋翼机回转颤振不稳定性发生机理，采用螺旋桨回转颤振两自由度系统模型进行机理分析 (Bielawa, 2006; Johnson, 2013)。回转颤振分析主要包括螺旋桨 (旋翼) 及其支撑系统，建立图 5.14 所示坐标系，螺旋桨由发动机短舱支撑，与机翼相连，由机翼提供俯仰和偏航方向弹性约束。前飞速度为 V，螺旋桨/短舱系统的俯仰和偏航角记为 α_y 和 α_z，螺旋桨/短舱系统绕俯仰和偏航轴耦合动力学方程可表示为

$$\begin{bmatrix} I_y & \\ & I_z \end{bmatrix}\begin{bmatrix} \ddot{\alpha}_y \\ \ddot{\alpha}_z \end{bmatrix} + \begin{bmatrix} C_y & -I_x\Omega \\ I_x\Omega & C_z \end{bmatrix}\begin{bmatrix} \dot{\alpha}_y \\ \dot{\alpha}_z \end{bmatrix} + \begin{bmatrix} K_y & \\ & K_z \end{bmatrix}\begin{bmatrix} \alpha_y \\ \alpha_z \end{bmatrix} = \begin{bmatrix} M_y \\ M_z \end{bmatrix} \tag{5.73}$$

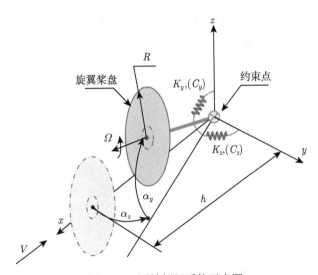

图 5.14 回转颤振系统示意图

式中，I_y 和 I_z 为耦合系统绕俯仰和偏航轴转动惯量；C_y 和 C_z 为耦合系统俯仰和偏航方向阻尼；K_y 和 K_z 为对应约束刚度；M_y 和 M_z 为气动引起的俯仰和偏航方向力矩；I_x 为螺旋桨绕转动轴的转动惯量。俯仰和滚转自由度通过螺旋桨进动力矩和气动力矩相耦合。

如不考虑气动力影响，那么系统方程可化为

$$\begin{bmatrix} I_y & \\ & I_z \end{bmatrix}\begin{bmatrix} \ddot{\alpha}_y \\ \ddot{\alpha}_z \end{bmatrix} + \begin{bmatrix} C_y & -I_x\Omega \\ I_x\Omega & C_z \end{bmatrix}\begin{bmatrix} \dot{\alpha}_y \\ \dot{\alpha}_z \end{bmatrix} + \begin{bmatrix} K_y & \\ & K_z \end{bmatrix}\begin{bmatrix} \alpha_y \\ \alpha_z \end{bmatrix} = \begin{bmatrix} 0 \\ 0 \end{bmatrix} \tag{5.74}$$

对应特征方程为

$$\begin{vmatrix} I_y s^2 + C_y s + K_y & -I_x\Omega s \\ I_x\Omega s & I_z s^2 + C_z s + K_z \end{vmatrix} = 0 \tag{5.75}$$

将特征方程化为

$$a_0 s^4 + a_1 s^3 + a_2 s^2 + a_3 s + a_4 + I_x^2\Omega^2 s^2 = 0 \tag{5.76}$$

系数 a_i 根据式 (5.75) 确定，且各系数均大于零。根据 Routh-Hurwitz 准则，如系统稳定则需满足

$$a_1 \left(a_2 + I_x^2 \Omega^2\right) a_3 > a_0 a_3^2 + a_4 a_1^2 \tag{5.77}$$

如不考虑两自由度间耦合，其对应系统方程是稳定的，根据 Routh-Hurwitz 准则，存在

$$a_1 a_2 a_3 > a_0 a_3^2 + a_4 a_1^2 \tag{5.78}$$

很明显，式 (5.78) 可推导出式 (5.77) 成立，由此可知，螺旋桨的进动对系统稳定性没有影响，系统不稳定性来源于气动力的影响。

采用叶素理论计算作用于螺旋桨俯仰和偏航方向气动力矩，受扰动后桨叶方位如图 5.15 所示。在前飞速度、自身俯仰和偏航以及旋转的共同作用下，径向位置 r 处叶素剖面切向速度 U_T 和垂向速度 U_P 可表示为

$$\begin{cases} U_T = \Omega r + \dot{s} + V \sin \alpha_1 \\ U_P = \dot{w} + V \cos \alpha_1 \end{cases} \tag{5.79}$$

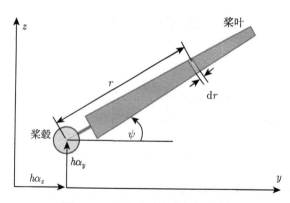

图 5.15 受扰动后桨叶方位示意图

式中

$$\begin{cases} \alpha_1 = \alpha_z \sin \psi - \alpha_y \cos \psi \\ \dot{s} = h \left(\dot{\alpha}_y \cos \psi - \dot{\alpha}_z \sin \psi\right) \\ \dot{w} = -r \left(\dot{\alpha}_z \cos \psi + \dot{\alpha}_y \sin \psi\right) \end{cases} \tag{5.80}$$

其中，h 为螺旋桨桨毂点到约束点距离；ψ 为桨叶方位角。

由系统受扰对剖面速度的影响，可计算出相应的气动力矩的扰动，进而得到气动力引起的两自由度间的耦合项及相对应的耦合动力学方程。考虑气动影响后，系统动力学方程可表示为 (Johnson, 2013)

$$\begin{bmatrix} I_y & \\ & I_z \end{bmatrix} \begin{bmatrix} \ddot{\alpha}_y \\ \ddot{\alpha}_z \end{bmatrix} + \begin{bmatrix} C_y & -D \\ D & C_z \end{bmatrix} \begin{bmatrix} \dot{\alpha}_y \\ \dot{\alpha}_z \end{bmatrix} + \begin{bmatrix} K_y & L \\ -L & K_z \end{bmatrix} \begin{bmatrix} \alpha_y \\ \alpha_z \end{bmatrix} = \begin{bmatrix} 0 \\ 0 \end{bmatrix} \tag{5.81}$$

气动对各自由度的阻尼和刚度影响，直接考虑到相应的阻尼和刚度系数。对应的特征方程为

$$\begin{vmatrix} I_y s^2 + C_y s + K_y & -Ds + L \\ Ds - L & I_z s^2 + C_z s + K_z \end{vmatrix} = 0 \qquad (5.82)$$

对于发散稳定性，令 $s=0$，相应的稳定性判据为

$$K_y K_z + L^2 > 0 \qquad (5.83)$$

只有当结构刚度足够小，且小于气动引起的负刚度时，才有可能出现发散不稳定性。

对于颤振不稳定性，令 $s=\mathrm{i}\omega$，由特征方程的实部为零，可得

$$\left(K_y - I_y \omega^2\right)\left(K_z - I_z \omega^2\right) - \left(D^2 + C_y C_z\right)\omega^2 + L^2 = 0 \qquad (5.84)$$

由特征方程虚部为零，可求得到 ω 解的表达式，即

$$\omega^2 = \frac{K_y C_z + K_z C_y - 2DL}{I_y C_z + I_z C_y} \qquad (5.85)$$

将 ω^2 解的表达式代入实部方程，就可得到颤振稳定性边界条件。

图 5.16 给出某螺旋桨颤振和发散稳定性边界图 (Johnson, 2013)，图中 $\lambda = V/(\varOmega R)$ 为入流比，图中横坐标代表偏航自由度对应的固有频率比，纵坐标代表俯仰自由度对应的固有频率比。只有俯仰或者偏航频率较低时，才有可能出现发散不稳定性，增强该方向约束刚度可抑制发散不稳定性；随前飞速度增加，回转颤振不稳定区域也逐渐增大，同样，俯仰或者偏航对应的频率较低时，才可能出现颤振不稳定性，增强该方向约束刚度可增强回转颤振稳定性。

螺旋桨回转颤振运动的能量平衡可写成 (Young and Lytwyn, 1967)

$$\frac{\mathrm{d}}{\mathrm{d}\psi}\left(\frac{1}{2}I_y \dot{\alpha}_y^2 + \frac{1}{2}I_z \dot{\alpha}_z^2 + \frac{1}{2}K_y \alpha_y^2 + \frac{1}{2}K_z \alpha_z^2\right) = -\left(C_y \dot{\alpha}_y^2 + C_z \dot{\alpha}_z^2 + L\left(\alpha_z \dot{\alpha}_y - \alpha_y \dot{\alpha}_z\right)\right) \quad (5.86)$$

需要注意的是，进动 D 相关项并没有进入能量平衡方程。该方程左侧给出的是系统能量（动能和势能）随时间变化率，如果该值为负数，说明系统能量随时间耗散，系统是稳定的。只有

$$L\left(\alpha_z \dot{\alpha}_y - \alpha_y \dot{\alpha}_z\right) < 0 \qquad (5.87)$$

且该式值足够大时，系统才可能出现不稳定。由于 L 通常为正值，那么不稳定出现条件就为

$$\alpha_z \dot{\alpha}_y - \alpha_y \dot{\alpha}_z < 0 \qquad (5.88)$$

如假定 $a_z = a\cos\theta$ 和 $a_y = a\sin\theta$，那么式 (5.88) 就可表示为

$$a^2 \dot{\theta} < 0 \qquad (5.89)$$

式 (5.89) 表明，不稳定性出现时，螺旋桨桨轴回转运动方向与旋翼旋转方向相反，该模态定义为反向回转模态 (backward whirl mode)。

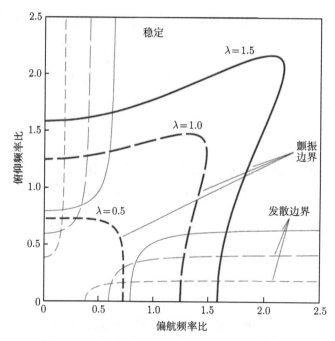

图 5.16 颤振和发散稳定性边界 (Johnson, 2013)

　　影响螺旋桨回转颤振稳定性的参数较多，主要包括螺旋桨转速、螺旋桨绕转动轴转动惯量、螺旋桨距离短舱支撑点距离以及短舱支撑系统的刚度、阻尼和转动惯量特性，这些参数在前面所介绍的分析模型中有所表述。

　　对于倾转旋翼机回转颤振问题，还需考虑机翼弹性以及旋翼桨叶弹性的影响。通常机翼的最低阶频率接近回转颤振频率，机翼的弹性弯曲会给系统提供额外的阻尼，考虑机翼的气弹特性有助于提升倾转旋翼机回转颤振稳定性。前面两自由度模型将桨叶处理成刚体，并未考虑其弹性，发生回转颤振的模态是反向回转模态。对于弹性桨叶，正向回转模态也有可能发生颤振不稳定性 (Bielawa, 2006)，当然仅适用于桨叶挥舞一阶频率较小 (≈ 1.06)，且低桨盘载荷情况。

习　　题

　　【习题 1】　直升机 "地面共振" 是机体与旋翼间耦合的一种自激振动，是直升机研制和使用过程中不能出现的一种机械动不稳定现象。

　　(1) 直升机的 "地面共振" 是旋翼的何种整体运动模态与机体运动模态的耦合？若旋翼转速为 Ω，该模态频率为 ω_ζ，则该旋翼整体模态对机体的激振频率是多少？

　　(2) 为何摆振刚硬型旋翼 (摆振基阶频率比大于 1) 不会出现 "地面共振" 问题？

　　(3) 机体与桨叶耦合系统如下图所示。桨叶方位角为 ψ_k，桨叶摆振铰偏置量为 e，摆振铰处减摆器阻尼为 c_ζ，桨叶线密度为 m，旋翼半径为 R，旋翼转速为 Ω。圆盘代表机体，假定机体的运动形式为 $Z = Z_0\sin(pt)$。

　　(a) 给出桨叶上 r 处任意微段的位移 X_k 和 Z_k，以及加速度表达式 $\ddot{X}_k$ 和 $\ddot{Z}_k$。

　　(b) 绘制桨叶受力图。

(c) 推导桨叶运动微分方程。

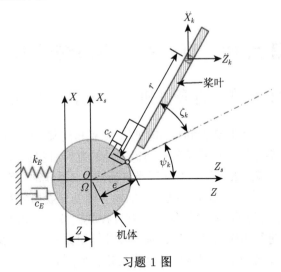

习题 1 图

【习题 2】　直升机 "地面共振" 是机体与旋翼间耦合的一种自激振动，是直升机研制和使用过程中不能出现的一种机械动不稳定现象。

(1) 简述直升机 "地面共振" 的本质。

(2) 试写出铰接式刚性桨叶旋翼摆振运动的整体振型的表达式，并以 4 片桨叶为例画出各阶整体振型图。

(3) 直升机的 "地面共振" 是旋翼的何种整体运动模态与机体运动模态的耦合，若旋翼转速为 Ω，该模态频率为 ω_ζ，则该旋翼整体模态对机体的激振频率是多少？

【习题 3】　试分析影响直升机 "地面共振" 的结构参数。

【习题 4】　简述消除直升机 "地面共振" 的方法。

【习题 5】　简述直升机 "空中共振" 的产生机理及影响参数。

【习题 6】　试分析直升机 "地面共振" 和 "空中共振" 的异同点。

第六章　直升机扭振系统动力学

第一节　直升机扭振系统动力学问题

直升机的发动机通过主减速器和传动轴驱动旋翼和尾桨,这些联系在一起的部件组成了直升机的机械扭振系统。典型涡轴发动机驱动的直升机扭振系统的构造如图 6.1 所示,多台发动机通过主减速器并车,主减速器将高转速 (每分钟几千甚至上万转) 的转动降低后,将动力输送给旋翼和尾桨,主减速器的输入轴处一般加装单向离合器,为了弥补制造、安装、机体变形等影响,传动轴往往带有各种联轴节,发动机可感知动力涡轮转速变化,通过燃调系统进行出轴转速控制。对于直升机扭振系统通常需注意系统强迫振动的共振问题以及燃调系统与机械扭振系统耦合稳定性问题。

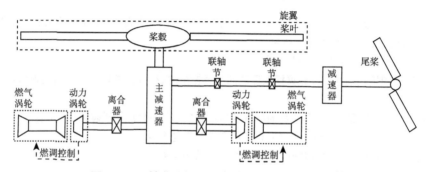

图 6.1　涡轴发动机驱动直升机扭振系统示意图

直升机运转过程中,会有交变的扭矩作用在机械扭振系统上,这个由旋翼和尾桨传递给扭振系统的交变载荷的基频为桨叶片数乘以其转速,如采用活塞式发动机,在发动机曲轴上作用有基频为其转速 50% 的交变扭矩。当旋翼/减速器/传动轴/发动机/尾桨等组成的扭振系统的固有频率与激振力频率接近或者重合时,系统中就会存在过大的交变载荷,导致扭振系统过大的疲劳载荷以及机体过大的振动响应,我国研制的 "延安–2 号"、美国的波音 347 和 YUH-60A 等直升机就曾出现过该类问题。因此,在直升机研制中需分析扭振系统的固有特性,以保证不发生共振以及过大振动问题。

当直升机以涡轴发动机为动力时,机械扭振系统与发动机的燃油调节系统构成图 6.2 所示的闭环系统,两系统相互耦合,可能会引发不稳定的自激振动。该自激振动的特点是振动频率就是旋翼/动力/传动系统的一阶固有频率,而与任何强迫振动的激振力频率无关。形成该系统耦合不稳定性的原因是,发动机燃油调节系统是一种保持动力涡轮设定转速不变的自动恒速调节系统,在直升机需用功率发生变化时,旋翼转速就会发生变化,动力涡轮转速传感器感受这种转速变化进行燃油调节,以使转速得以恢复。当发动机燃油调节系统的调节响应频率与旋翼/动力/传动扭振系统的一阶频率相重或者接近时,即发动机燃油调节系统输入信号中叠加了机械扭振系统的一阶固有频率的振动干扰信号,就会出现低频扭振自激振动。CH-53E、CH-47C、MD-500D、SA365N 等直升机就曾出现过扭振系统与燃油调节系统耦合动力学问题。通过调节减摆器或者燃油调节系统的增益等参数，可避免该不稳定性的发生。

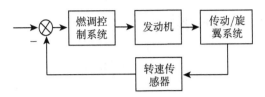

图 6.2　发动机燃油调节系统示意图

第二节　机械扭振系统固有特性

直升机机械扭振系统主要包括旋翼、尾桨、动力和传动等系统，系统动力学建模分别针对各子系统单独建模，然后由拉格朗日方程得到系统动力学方程，进而分析系统固有特性。固有特性分析暂不考虑系统阻尼。

一、旋翼

桨叶的弹性对扭振系统固有特性有影响，尤其是各种新型的无铰式和无轴承式旋翼直升机的机械扭振系统动力学问题可能更为突出。对于应用于扭振动力学分析的弹性桨叶，此处建模不考虑桨叶安装角变化对桨叶旋转平面内刚度的影响和桨叶弯扭耦合的影响，通常影响也很小，仅考虑桨叶摆振方向弹性变形，不考虑挥舞运动以及挥舞/摆振耦合，由于气动力提供给桨叶摆振方向的气动阻尼很小，不考虑桨叶气动阻尼，各片桨叶在传动系统中所起的作用和影响是一致的，建模时考虑桨叶有限个低阶模态。

通常采用拉格朗日方程建立系统动力学方程的方法，那么就需给出桨叶的动能和势能表达形式。旋翼桨叶与桨毂相连，旋翼轴弹性运动与桨叶摆振运动相耦合，桨叶摆振方向运动需叠加旋翼轴弹性扭转，如图 6.3 所示。桨叶上任一微段在桨叶摆振和旋翼轴弹性扭转的共同作用下，其合速度为

$$v = \dot{\varphi}_h r + \dot{y} \tag{6.1}$$

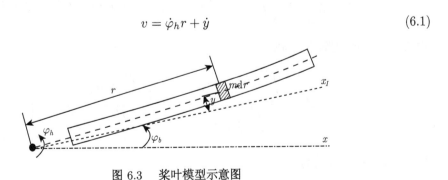

图 6.3　桨叶模型示意图

式中，φ_h 为旋翼桨毂转动角度；y 为桨叶微段 $\mathrm{d}r$ 摆振方向弹性位移；r 为桨叶微段 $\mathrm{d}r$

的展向坐标。单片桨叶的动能为

$$T_B = \int_0^R \frac{1}{2}v^2\mathrm{d}m = \int_0^R \frac{1}{2}\left(\dot{\varphi}_h r + \dot{y}\right)^2 m\mathrm{d}r \tag{6.2}$$

式中，m 为桨叶线密度。将桨叶摆振运动表示为

$$y = \sum_{i=1}^n \zeta_i(r)\delta_i(t) \tag{6.3}$$

式中，ζ_i 为第 i 阶桨叶摆振运动固有振型；δ_i 为第 i 阶振型对应的广义坐标。将式 (6.3) 代入单片桨叶动能表达式，有

$$T_B = \frac{1}{2}\int_0^R \dot{\varphi}_h^2 r^2 m\mathrm{d}r + \int_0^R \dot{\varphi}_h r \sum_{i=1}^n \zeta_i(r)\dot{\delta}_i(t) m\mathrm{d}r + \frac{1}{2}\int_0^R \left(\sum_{i=1}^n \zeta_i(r)\dot{\delta}_i(t)\right)^2 m\mathrm{d}r \tag{6.4}$$

考虑到固有振型的正交性，式 (6.4) 可化简为

$$T_B = \frac{1}{2}\left(I_b\dot{\varphi}_h^2 + 2\dot{\varphi}_h \sum_{i=1}^n N_i\dot{\delta}_i(t) + \sum_{i=1}^n M_i\dot{\delta}_i^2(t)\right) \tag{6.5}$$

式中，$I_b = \int_0^R mr^2\mathrm{d}r$；$M_i = \int_0^R m\zeta_i^2(r)\mathrm{d}r$；$N_i = \int_0^R m\zeta_i(r)\mathrm{d}r$。

桨叶的势能包括弹性势能和离心力势能，有

$$V_B = \frac{1}{2}\int_0^R EI_z\left(y''\right)^2\mathrm{d}r + \frac{1}{2}\int_0^R N\left(y'\right)^2\mathrm{d}r - \frac{1}{2}\Omega^2\int_0^R y^2 m\mathrm{d}r \tag{6.6}$$

式中，N 为离心力，即

$$N = \int_r^R \Omega^2 rm\mathrm{d}r \tag{6.7}$$

将式 (6.3) 代入桨叶势能表达式，有

$$V_B = \frac{1}{2}\sum_{i=1}^n \delta_i^2\left(\int_0^R EI_z\left(\zeta_i''\right)\mathrm{d}r + \int_0^R N\left(\zeta_i'\right)^2\mathrm{d}r - \Omega^2\int_0^R \zeta_i^2 m\mathrm{d}r\right) \tag{6.8}$$

由桨叶第 i 阶摆振固有频率：

$$\omega_{\zeta_i}^2 = \frac{\int_0^R EI_z\left(\zeta_i''\right)^2\mathrm{d}r}{\int_0^R m\zeta_i^2\mathrm{d}r} + \Omega^2\left(\frac{\int_0^R N\left(\zeta_i'\right)^2\mathrm{d}r}{\int_0^R m\zeta_i^2\mathrm{d}r} - 1\right) \tag{6.9}$$

那么，桨叶的势能就为

$$V_B = \frac{1}{2}\sum_{i=1}^n M_i\delta_i^2(t)\omega_{\zeta_i}^2 \tag{6.10}$$

二、动力/传动系统

　　动力/传动系统包括发动机动力涡轮开始的整个传动链路，主要包括动力涡轮、减速器和传动轴，以及相关附件等。动力/传动系统复杂，包含大量形状复杂元件。为进行该系统动力学建模，通常将旋翼轴、主传动轴以及尾传动轴等细长轴处理成仅考虑弹性变形而不考虑转动惯量的理想轴，对于动力涡轮以及减速器等部件，通常仅考虑其转动惯量而不考虑其弹性变形的"刚体"质量盘。

　　减速器的存在使得直升机扭振系统各部分的转速都不相同，为了分析方便，通常将系统向某一转速进行当量化处理，该转速可为旋翼转速，也可以为发动机出轴转速，转速不一致的部分的转动惯量和扭转刚度需进行当量化处理。当量化的原则是使得系统动能和势能当量化前后保持不变。

　　图 6.4 给出一对啮合的齿轮减速系统，主动轴转速为 n_a，从动轴转速为 n_b，减速比 $i = n_a/n_b$。减速比，即减速装置的传动比，是传动比的一种，是指减速机构中瞬时输入速度与输出速度的比值。齿轮的转动惯量如图 6.4(a) 所示。将其当量化为不减速的当量系统，如图 6.4(b) 所示，以输出转速为基准。根据当量前后两系统动能不变的原则，各系统转动惯量间关系如下：

$$\frac{1}{2}I_1 n_b^2 = \frac{1}{2}I_a n_a^2 \Rightarrow I_1 = i^2 I_a \tag{6.11}$$

$$\frac{1}{2}I_0 n_b^2 = \frac{1}{2}I_c n_a^2 + \frac{1}{2}I_d n_b^2 \Rightarrow I_0 = i^2 I_c + I_d \tag{6.12}$$

$$\frac{1}{2}I_2 n_b^2 = \frac{1}{2}I_b n_b^2 \Rightarrow I_2 = I_b \tag{6.13}$$

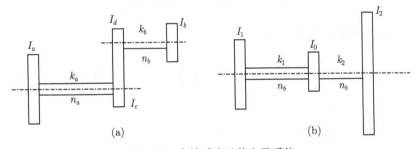

(a) 　　　　　　　　　　　　　　(b)

图 6.4　齿轮减速及其当量系统

　　根据两系统轴存储的弹性势能不变原理，将 I_a、I_b、I_1 和 I_2 固定不动，使 I_d 和 I_0 转过相同的角度 ϕ，即有 $\phi_d = \phi_0$，两系统扭转刚度间关系如下：

$$\frac{1}{2}k_1\phi_0^2 = \frac{1}{2}k_a\phi_c^2 = \frac{1}{2}k_a(i\phi_d)^2 \Rightarrow k_1 = i^2 k_a \tag{6.14}$$

$$\frac{1}{2}k_2\phi_0^2 = \frac{1}{2}k_b\phi_d^2 \Rightarrow k_2 = k_b \tag{6.15}$$

　　由上述表达式可知，对减速比为 i 的系统进行当量化时，如以输出轴转速为基准，当量系统的转动惯量等于实际数值乘以减速比的平方，当量系统的扭转刚度也等于实际数值乘以减速比平方。

三、系统动力学模型

图 6.5 给出一双涡轴发动机驱动单旋翼带尾桨直升机扭振系统当量模型。桨毂转动惯量为 I_h，主减速器当量转动惯量为 I_{MG}，尾减速器当量转动惯量为 I_{TG}，尾桨当量转动惯量为 I_{TR}，发动机动力涡轮当量转动惯量为 I_{PT}，旋翼桨毂与主减速器间轴当量扭转刚度为 k_{MR}；主减速器与发动机动力涡轮间轴当量扭转刚度为 k_e，主减速器与尾减速器间轴当量扭转刚度为 k_g，尾减速器与尾桨间轴当量扭转刚度为 k_{TR}；φ_h 为桨毂点处轴当量扭转角度，φ_{PT1} 为左侧动力涡轮处轴当量扭转角度，φ_{PT2} 为右侧动力涡轮处轴当量扭转角度，φ_{MG} 为主减速器处轴当量扭转角度，φ_{TG} 为尾减速器处轴当量扭转角度，φ_{TR} 为尾桨处轴当量扭转角度。发动机动力涡轮与燃气涡轮间不存在机械连接，扭振系统固有特性分析时，不考虑相互间影响。

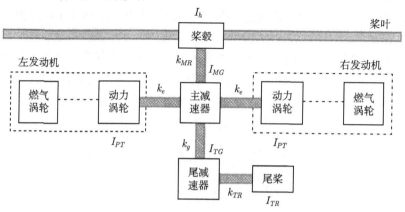

图 6.5   直升机扭振系统当量模型

图 6.5 所示系统的动能为

$$T = \frac{N_b}{2}\left(I_b\dot\varphi_h^2 + 2\dot\varphi_h\sum_{i=1}^n N_i\dot\delta_i(t) + \sum_{i=1}^n M_i\dot\delta_i^2(t)\right) + \frac{1}{2}I_h\dot\varphi_h^2 + \frac{1}{2}I_{PT}\dot\varphi_{PT1}^2 + \frac{1}{2}I_{PT}\dot\varphi_{PT2}^2$$

$$+ \frac{1}{2}I_{MG}\dot\varphi_{MG}^2 + \frac{1}{2}I_{TG}\dot\varphi_{TG}^2 + \frac{1}{2}I_{TR}\dot\varphi_{TR}^2 \tag{6.16}$$

该系统的势能为

$$V = \frac{N_b}{2}\sum_{i=1}^n \delta_i^2(t)\omega_{\zeta_i}^2 M_i + \frac{1}{2}k_{MR}\left(\varphi_h - \varphi_{MG}\right)^2$$

$$+ \frac{1}{2}k_e\left(\varphi_{PT1} - \varphi_{MG}\right)^2 + \frac{1}{2}k_e\left(\varphi_{PT2} - \varphi_{MG}\right)^2$$

$$+ \frac{1}{2}k_g\left(\varphi_{TG} - \varphi_{MG}\right)^2 + \frac{1}{2}k_{TR}\left(\varphi_{TG} - \varphi_{TR}\right)^2 \tag{6.17}$$

根据拉格朗日方程：

$$\frac{\mathrm{d}}{\mathrm{d}t}\left(\frac{\partial T}{\partial \dot q_i}\right) - \frac{\partial T}{\partial q_i} + \frac{\partial V}{\partial q_i} = 0 \tag{6.18}$$

考虑桨叶前两阶模态，系统动力学方程为

$$
\begin{cases}
N_b M_1 \ddot{\delta}_1 + N_b N_1 \ddot{\varphi}_h + N_b \omega_{\zeta_1}^2 M_1 \delta_1 = 0 \\
N_b M_2 \ddot{\delta}_2 + N_b N_2 \ddot{\varphi}_h + N_b \omega_{\zeta_2}^2 M_2 \delta_2 = 0 \\
N_b N_1 \ddot{\delta}_1 + N_b N_2 \ddot{\delta}_2 + (N_b I_b + I_h)\ddot{\varphi}_h + k_{MR}(\varphi_h - \varphi_{MG}) = 0 \\
I_{MG} \ddot{\varphi}_{MG} + k_{MR}(\varphi_{MG} - \varphi_h) + k_e(\varphi_{MG} - \varphi_{PT1}) \\
\quad + k_e(\varphi_{MG} - \varphi_{PT2}) + k_g(\varphi_{MG} - \varphi_{TG}) = 0 \\
I_{PT} \ddot{\varphi}_{PT1} + k_e(\varphi_{PT1} - \varphi_{MG}) = 0 \\
I_{PT} \ddot{\varphi}_{PT2} + k_e(\varphi_{PT2} - \varphi_{MG}) = 0 \\
I_{TG} \ddot{\varphi}_{TG} + k_g(\varphi_{TG} - \varphi_{MG}) + k_{TR}(\varphi_{TG} - \varphi_{TR}) = 0 \\
I_{TR} \ddot{\varphi}_{TR} + k_{TR}(\varphi_{TR} - \varphi_{TG}) = 0
\end{cases}
\tag{6.19}
$$

将线性微分方程组以矩阵的形式表示为

$$
\boldsymbol{M}\ddot{\boldsymbol{\theta}} + \boldsymbol{K}\boldsymbol{\theta} = \boldsymbol{0} \tag{6.20}
$$

式中，向量$\boldsymbol{\theta} = [\delta_1 \quad \delta_2 \quad \varphi_h \quad \varphi_{MG} \quad \varphi_{PT1} \quad \varphi_{PT2} \quad \varphi_{TG} \quad \varphi_{TR}]^{\mathrm{T}}$；质量矩阵 $\boldsymbol{M}$ 和刚度矩阵 $\boldsymbol{K}$ 分别为

$$
\boldsymbol{M} =
\begin{bmatrix}
N_b M_1 & & N_b N_1 & & & & & \\
& N_b M_2 & N_b N_2 & & & & & \\
N_b N_1 & N_b N_2 & N_b I_b + I_h & & & & & \\
& & & I_{MG} & & & & \\
& & & & I_{PT} & & & \\
& & & & & I_{PT} & & \\
& & & & & & I_{TG} & \\
& & & & & & & I_{TR}
\end{bmatrix}
\tag{6.21}
$$

$$
\boldsymbol{K} =
\begin{bmatrix}
N_b \omega_{\zeta_1}^2 M_1 & & & & & & & \\
& N_b \omega_{\zeta_2}^2 M_2 & & & & & & \\
& & k_{MR} & -k_{MR} & & & & \\
& & -k_{MR} & k_{MR} + 2k_e + k_g & -k_e & -k_e & -k_g & \\
& & & -k_e & k_e & & & \\
& & & -k_e & & k_e & & \\
& & & -k_g & & & k_g + k_{TR} & -k_{TR} \\
& & & & & & -k_{TR} & k_{TR}
\end{bmatrix}
\tag{6.22}
$$

系统特征方程为

$$|\boldsymbol{K} - \omega^2 \boldsymbol{M}| = 0 \tag{6.23}$$

由此可求得系统各阶模态固有频率和振型。需要注意的是，整个机械扭振系统建模时处于自由–自由状态，也就是说系统中存在一个零频模态。

如旋翼/动力/传力系统匹配不佳，在直升机研制过程中，会经常碰到扭振系统共振问题 (张晓谷，1995)。我国自行研制的 "延安–2 号" 直升机，在地面试车和近地悬停时，发动机至主减速器的主传动轴上连接的万向接头十字轴颈处发生了疲劳断裂，经排查发现，致使疲劳断裂的交变扭矩频率约为 73Hz，该频率正好是此时发动机工作转速约为 2200r/min(36.7Hz) 的两倍，出现了共振现象，导致疲劳破坏。为解决该问题，在主传动轴中串联了橡皮弹性联轴节，降低了扭转刚度，从而使得该危险模态频率由 73Hz 降到 61Hz，避免了出现共振问题。

为防止直升机扭振系统出现共振问题，首先在设计上需确保扭振系统各阶固有频率与各激振频率不发生共振，且保持足够的距离，以避免过大的扭转响应，对于旋翼的 $N_b\Omega$ 激振载荷，有的规范要求至少有 0.4Ω 距离。如直升机研制过程中出现扭振系统共振问题，那么主要从调节旋翼及传动系统的扭转刚度和扭转惯量着手。引起扭振系统共振的危险模态主要以铰接式旋翼桨叶摆振一阶和无铰式旋翼摆振二阶为主，通常可通过调节桨叶弦向刚度改变其固有频率，从而避开共振。当然也可从改变桨叶质量分布着手，或者改变旋翼轴的刚度。当然，增大扭振系统阻尼可降低共振扭转响应，但调整系统固有频率以避免共振更加适宜。

第三节   机械扭振系统与发动机燃调系统耦合稳定性

发动机燃调系统与机械扭振系统耦合动不稳定性问题在国内外多型直升机研制过程中都发生过。这种自激不稳定性会产生严重后果，发动机产生不可接受的扭转振动和燃油量的脉动，其正常工作受到严重影响，动力/传动系统需承受过大的交变扭矩，造成结构提前疲劳和破坏，甚至引起直升机的剧烈振动。直升机在各种飞行状态需保证不出现该类不稳定性问题。

一、机械扭振系统

作为稳定性分析，机械扭振系统建模需考虑旋翼摆振阻尼，旋翼摆振阻尼主要来自摆振方向气动阻尼、桨叶摆振结构阻尼和减摆器阻尼，通常摆振方向气动阻尼和结构阻尼较小，减摆器阻尼占主导部分。

考虑旋翼桨叶黏弹减摆器位于桨叶径向 r_0 处，其线性当量阻尼系数为 C_ζ，黏弹减摆器提供的是恢复力矩，其大小与其所在位置处转角的速率成比例，阻尼力矩为

$$M_\zeta = -N_b C_\zeta \dot{y}'|_{r=r_0} \tag{6.24}$$

考虑摆振前两阶振型，阻尼力矩可表示为

$$M_\zeta = -N_b C_\zeta \zeta_1'(r_0)\dot{\delta}_1 - N_b C_\zeta \zeta_2'(r_0)\dot{\delta}_2 \tag{6.25}$$

由拉格朗日方程,减摆器提供的阻尼力矩对应于摆振 1 阶和 2 阶振型的广义阻尼力矩为

$$
\begin{cases}
Q_{\zeta 1} = -N_b C_\zeta \zeta_1'(r_0) \zeta_1'(r_0) \dot{\delta}_1 - N_b C_\zeta \zeta_1'(r_0) \zeta_2'(r_0) \dot{\delta}_2 \\
Q_{\zeta 2} = -N_b C_\zeta \zeta_1'(r_0) \zeta_2'(r_0) \dot{\delta}_1 - N_b C_\zeta \zeta_2'(r_0) \zeta_2'(r_0) \dot{\delta}_2
\end{cases}
\tag{6.26}
$$

二、发动机及其燃调系统

燃气发生器平衡状态下小扰动线性方程为

$$
I_{GT} \dot{n}_{GT} - \frac{\delta Q_{GT}}{\delta W_f} W_f - \frac{\delta Q_{GT}}{\delta n_{GT}} n_{GT} = 0
\tag{6.27}
$$

式中,I_{GT} 为燃气发生器转动惯量;n_{GT} 为燃气发生器转速;Q_{GT} 为作用于燃气涡轮的燃气扭矩;W_f 为发动机供油量。

动力涡轮平衡状态下小扰动线性方程可由动力涡轮动力学方程耦合其上的燃气扭矩而得到,即

$$
I_{PT} \ddot{\varphi}_{PT} + C_{PT} \dot{\varphi}_{PT} - \frac{\delta Q_{PT}}{\delta W_f} W_f - \frac{\delta Q_{PT}}{\delta n_{GT}} n_{GT} + k_e (\varphi_{PT} - \varphi_{MG}) = 0
\tag{6.28}
$$

式中,C_{PT} 为动力涡轮燃气阻尼系数;Q_{PT} 为动力涡轮的燃气扭矩;$\dot{\varphi}_{PT}$ 为动力涡轮转速,即 n_{PT}。

对于发动机燃调系统,其通过感知发动机出轴转速的变化调节发动机供油量,进而保持出轴转速的恒定。稳定性分析中,需建立发动机燃油量变化与发动机传感器所感知的发动机出轴转速变化之间的动力学关系。发动机燃调系统本身一般为二阶系统。比例控制通常仅用于输出误差不为零的情况,由于转速控制需要工作转速接近设计转速,而积分控制可克服非零的输出误差,但可能会带来闭环系统的不稳定性 (Ockier and Celi, 1991),因此,燃调控制律设计一般采用 PI(比例 + 积分) 控制。系统的传递函数可表示为

$$
\frac{W_f(s)}{\dot{\varphi}_{PT}(s)} = \frac{k_F \omega_F^2}{s^2 + 2\zeta_F \omega_F s + \omega_F^2} \left(1 + \frac{1}{T_{1F} s} \right)
\tag{6.29}
$$

式中,φ_{PT} 为动力涡轮转角;ω_F 为系统固有频率;ζ_F 为系统阻尼比;k_F 为系统增益;T_{1F} 为积分时间常数。此传递函数对应微分方程形式为

$$
\ddot{W}_f + 2\zeta_F \omega_F \dot{W}_f + \omega_F^2 W_f = k_F \omega_F^2 \left(\dot{\varphi}_{PT} + \frac{1}{T_{1F}} \int_0^t \dot{\varphi}_{PT} \mathrm{d}t \right)
\tag{6.30}
$$

根据建立的系统模型,可采用两种方法对其进行分析。一种方法是对系统动力学微分方程进行特征值分析,根据各模态的实部确定模态阻尼并判定系统的稳定性。另一种方法是将系统模型由微分形式转化为传递函数形式进行分析。

三、耦合稳定性分析

对于解决扭振系统耦合稳定性问题可采用两种方法 (Fredrickson et al., 1972):一种是修改旋翼桨叶减摆器;另一种是修改燃调控制系统参数,包括燃调系统增益及时间常数。

　　为解释机械扭振系统与发动机燃调系统稳定性发生原理, 将旋翼至动力涡轮机械扭振系统简化成一个自由度, 该自由度动力学摄动方程写为

$$I_M\Delta\ddot{\psi} + C_M\Delta\dot{\psi} - \frac{\Delta Q_{PT}}{\Delta W_f}\Delta W_f = 0 \tag{6.31}$$

式中, I_M 和 C_M 分别为机械扭振系统当量转动惯量和阻尼; ψ 为当量机械扭振系统转角。发动机燃调系统的动力学摄动方程可为

$$\Delta\ddot{W}_f + 2\zeta_F\omega_F\Delta\dot{W}_f + \omega_F^2\Delta W_f = k_F\omega_F^2\left(\Delta\dot{\psi} + \frac{1}{T_{1F}}\Delta\psi\right) \tag{6.32}$$

两系统耦合动力学方程写成矩阵形式为

$$\begin{bmatrix} I_M & 0 \\ 0 & 1 \end{bmatrix}\begin{bmatrix} \Delta\ddot{\psi} \\ \Delta\ddot{W}_f \end{bmatrix} + \begin{bmatrix} C_M & 0 \\ -k_F\omega_F^2 & 2\zeta_F\omega_F \end{bmatrix}\begin{bmatrix} \Delta\dot{\psi} \\ \Delta\dot{W}_f \end{bmatrix}$$
$$+ \begin{bmatrix} 0 & -\dfrac{\Delta Q_{PT}}{\Delta W_f} \\ -\dfrac{k_F\omega_F^2}{T_{1F}} & \omega_F^2 \end{bmatrix}\begin{bmatrix} \Delta\psi \\ \Delta W_f \end{bmatrix} = 0 \tag{6.33}$$

系统特征方程为

$$\begin{vmatrix} I_Ms^2 + C_Ms & -\dfrac{\Delta Q_{PT}}{\Delta W_f} \\ -k_F\omega_F^2 s - \dfrac{k_F\omega_F^2}{T_{1F}} & s^2 + 2\zeta_F\omega_F s + \omega_F^2 \end{vmatrix} = 0 \tag{6.34}$$

即

$$I_Ms^4 + \left(2\zeta_F\omega_F I_M + C_M\right)s^3 + \left(\omega_F^2 I_M + 2\zeta_F\omega_F C_M\right)s^2$$
$$+ \left(\omega_F^2 C_M - \frac{\Delta Q_{PT}}{\Delta W_f}k_F\omega_F^2\right)s - \frac{\Delta Q_{PT}}{\Delta W_f}\frac{k_F\omega_F^2}{T_{1F}} = 0 \tag{6.35}$$

　　通过对特征方程进行特征值分析就可确定系统稳定性。由式 (6.33) 可以看出, 耦合系统通过发动机燃调系统的 PI 控制进行耦合, 也就是说, 决定机械扭振系统和发动机燃调系统相耦合稳定性的关键在于协调发动机燃调系统 PI 控制参数, 如选择不当, 势必会产生机械扭振系统和发动机燃调系统耦合动不稳定性。

　　1976 年西科斯基公司在研发 CH-53E 重型直升机时就出现过机械扭振系统与发动机燃调系统耦合自激振动问题 (Twomey and Ham, 1978)。当 CH-53E 直升机从 150 节 (278km/h) 飞行速度提升到更大速度时, 飞行员感受到大约 2Hz 的低频振动, 通过降低飞行速度可消除该振动。通过分析和试验确定, 该振动对应的是旋翼/传动/发动机/燃调所组成的扭振系统的自激振动, 振动模态为机械扭振系统的非零一阶扭转模态, 如图 6.6 所示, 桨叶摆振运动与传动系统运动相对, 机械扭振系统应力水平会明显高。该振动来源于高增益的发动机燃调系统给 1 阶扭振模态馈入能量, 该模态能量的耗散主要靠桨叶减摆器, 但桨叶减摆器的阻尼在高速时会因叠加进的高阶稳态载荷而减小, 如图 6.7 所

示, 当达到特定飞行速度, 阻尼器不足以耗散发动机燃调系统馈入的能量时, 就会出现前面所述的振动问题。经过验证的模型分析表明, 对稳定性影响最为明显的参数是减摆器阻尼和燃调控制参数, 实践表明液压减摆器阻尼的增大会受减摆器自身及桨叶强度的限制, 降低发动机燃调系统增益是较为有效的增强机械扭振系统稳定性的方法, 分析表明即使在最危险状态系统的增益裕度也不小于 6dB, 如图 6.8 所示。随后的飞行试验也确认该方法完全消除了该阶机械扭振系统自激振动, 整个飞行包线内的模态阻尼均大于5%的临界阻尼。

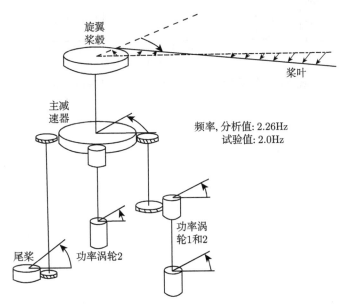

图 6.6　CH-53E 直升机旋翼/传动系统一阶扭转自激模态 (Twomey and Ham, 1978)

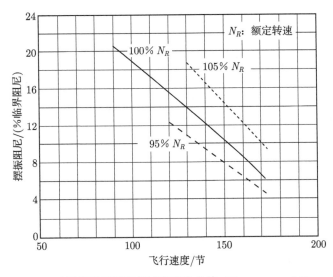

图 6.7　2Hz 时摆振阻尼随飞行速度变化曲线 (Twomey and Ham, 1978)

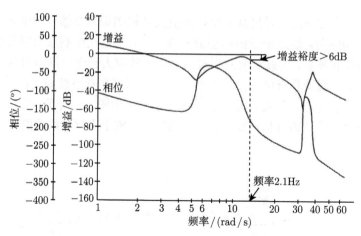

图 6.8   扭振系统伯德图 (Twomey and Ham, 1978)

第七章 非线性梁

由于旋翼动力学问题的复杂性，常规的刚体桨叶模型和线弹性梁模型难以描述旋翼动力学中复杂的非线性问题，如几何非线性、拉扭耦合等问题，需采用更为精细的结构梁模型。随着复合材料旋翼的广泛应用，桨叶大变形及各向异性特性越来越明显，为描述大变形桨叶的动力学特性，需采用更为精细的非线性梁模型。旋翼桨叶三维结构动力学问题通常被分解为一维非线性梁动力学问题和二维线性剖面特性问题。根据梁变形的程度，对于基于小应变的弹性梁模型，一般可分为线性小变形梁模型、非线性小变形梁模型、中等变形梁模型和大变形梁模型等。

第一节 非线性小变形梁模型

此处非线性小变形梁模型主要用于描述旋转梁挥舞、摆振和扭转变形前后的动力学特性，并未考虑剪切变形的影响，梁剖面弹性轴、质心轴和拉力中心轴三轴不一定重合。

一、拉伸应变

定义总体坐标系，假定梁剖面弹性中心连线为一直线，定义为 x 轴，y 轴和 z 轴位于桨叶剖面内，如图 7.1 所示。定义梁剖面坐标系，其原点位于弹性轴上，η 轴与剖面弹性主轴重合 (通常为翼型弦线)，随剖面移动而移动，ζ 轴垂直于 η 轴通过弹性中心，该坐标系与 Oyz 坐标系间夹角为剖面预扭角 θ，对于不同展向剖面，$O\eta\zeta$ 形成的平面方位不同。考虑垂直梁剖面内任意微元 f(纤维)，该微元在总体坐标系中坐标为 (y,z)，在剖面局部坐标系中坐标为 (η,ζ)。剖面坐标系到总体坐标系的转换关系为

$$\begin{cases} y = \eta\cos\theta - \zeta\sin\theta \\ z = \eta\sin\theta + \zeta\cos\theta \end{cases} \tag{7.1}$$

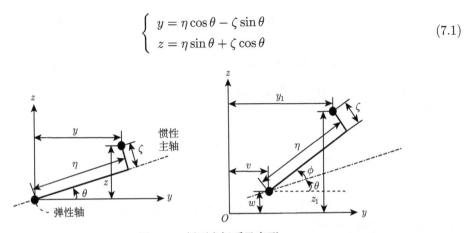

图 7.1 剖面坐标系及变形

对 x 的导数记为 $()' = \partial()/\partial x$，式 (7.1) 对 x 的导数为

$$
\begin{cases}
y' = -\eta\theta'\sin\theta - \zeta\theta'\cos\theta = -\theta'z \\
z' = \eta\theta'\cos\theta - \zeta\theta'\sin\theta = \theta'y
\end{cases}
\tag{7.2}
$$

考虑弹性轴与剖面的交点，其沿 x 轴、y 轴和 z 轴位移分别为 u、v 和 w，变形后剖面仍垂直于弹性轴，并绕弹性轴有角度为 ϕ 扭转，如图 7.2 所示，变形正方向按坐标系正方向定。微元 f 变形后的坐标为

$$
\begin{cases}
x_1 = x + u - v'(y_1 - v) - w'(z_1 - w) \\
y_1 = v + \eta\cos(\theta+\phi) - \zeta\sin(\theta+\phi) \\
z_1 = w + \eta\sin(\theta+\phi) + \zeta\cos(\theta+\phi)
\end{cases}
\tag{7.3}
$$

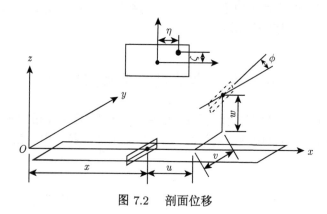

图 7.2　剖面位移

考虑小角度假设 $\sin\phi\approx\phi$、$\cos\phi\approx1$，有

$$
\begin{cases}
\sin(\theta+\phi) \cong \sin\theta + \phi\cos\theta \\
\cos(\theta+\phi) \cong \cos\theta - \phi\sin\theta
\end{cases}
\tag{7.4}
$$

并略去高阶项 (二阶及其以上)，式 (7.3) 可化简为

$$
\begin{cases}
x_1 = x + u - v'(y_1 - v) - w'(z_1 - w) = x + u - v'y - w'z \\
y_1 = v + \eta(\cos\theta - \phi\sin\theta) - \zeta(\sin\theta + \phi\cos\theta) = v + y - z\phi \\
z_1 = w + \eta(\sin\theta + \phi\cos\theta) + \zeta(\cos\theta - \phi\sin\theta) = w + z + y\phi
\end{cases}
\tag{7.5}
$$

式中，$v'(y_1 - v) = v'y - v'z\phi$，略去二阶项 $v'\phi$，可得 x_1 表达式。同理，式 (7.5) 对坐标 x 的导数为

$$
\begin{cases}
x_1' = 1 + u' - v''y + v'\theta'z - w''z - w'\theta'y = 1 + u' - y(v'' + w'\theta') - z(w'' - v'\theta') \\
y_1' = v' - \theta'z - \theta'y\phi - z\phi' = v' - y\theta'\phi - z(\theta' + \phi') \\
z_1' = w' + \theta'y - \theta'z\phi + y\phi' = w' + y(\theta' + \phi') - z\theta'\phi
\end{cases}
\tag{7.6}
$$

微元 f 变形前长度为 $\mathrm{d}s$，经过位移 u、v、w 和 ϕ 后为 $\mathrm{d}s_1$，变形后微元长度 $\mathrm{d}s_1$ 表示为其在三坐标轴上投影，有

$$
\mathrm{d}s_1^2 = \mathrm{d}x_1^2 + \mathrm{d}y_1^2 + \mathrm{d}z_1^2
\tag{7.7}
$$

那么

$$\left(\frac{\mathrm{d}s_1}{\mathrm{d}x}\right)^2 = \left(\frac{\mathrm{d}x_1}{\mathrm{d}x}\right)^2 + \left(\frac{\mathrm{d}y_1}{\mathrm{d}x}\right)^2 + \left(\frac{\mathrm{d}z_1}{\mathrm{d}x}\right)^2 = (x_1')^2 + (y_1')^2 + (z_1')^2 \tag{7.8}$$

将式 (7.6) 代入式 (7.8)，略去二阶及高阶项，有

$$\begin{aligned}
\left(\frac{\mathrm{d}s_1}{\mathrm{d}x}\right)^2 &= 1 + 2\left(u' - y(v'' + w'\theta') - z(w'' - v'\theta')\right) \\
&\quad + z^2(\theta')^2 - 2z\theta'(v' - y\theta'\phi - z\phi') \\
&\quad + y^2(\theta')^2 + 2y\theta'(w' + y\phi' - z\theta'\phi)
\end{aligned} \tag{7.9}$$

化简后，有

$$\left(\frac{\mathrm{d}s_1}{\mathrm{d}x}\right)^2 = 1 + (y^2 + z^2)(\theta')^2 + 2(u' - yv'' - zw'' + (y^2 + z^2)\theta'\phi') \tag{7.10}$$

如令 $u = v = w = \phi = 0$，可得变形前微元长度对坐标 x 的导数，即

$$\left(\frac{\mathrm{d}s}{\mathrm{d}x}\right)^2 = 1 + (y^2 + z^2)(\theta')^2 \tag{7.11}$$

拉伸应变定义为

$$\varepsilon = \frac{\mathrm{d}s_1 - \mathrm{d}s}{\mathrm{d}s} = \frac{\mathrm{d}s_1}{\mathrm{d}s} - 1 \tag{7.12}$$

将式 (7.10) 和式 (7.11) 代入式 (7.12)，有

$$\varepsilon = \sqrt{1 + \frac{2\left(u' - yv'' - zw'' + \left(y^2 + z^2\right)\theta'\phi'\right)}{1 + (y^2 + z^2)\left(\theta'\right)^2}} - 1 \tag{7.13}$$

由二项式定理，式 (7.13) 可化为

$$\varepsilon = \frac{u' - yv'' - zw'' + \left(y^2 + z^2\right)\theta'\phi'}{1 + (y^2 + z^2)\left(\theta'\right)^2} \tag{7.14}$$

通常 $(y^2 + z^2)(\theta')^2 \ll 1$(一般小于 $0.03 \sim 0.04$)，式 (7.14) 即可化简为

$$\varepsilon = u' - yv'' - zw'' + (y^2 + z^2)\theta'\phi' \tag{7.15}$$

将式 (7.1) 代入式 (7.15)，以剖面坐标表示拉伸应变，有

$$\varepsilon = u' - \eta(v''\cos\theta + w''\sin\theta) + \zeta(v''\sin\theta - w''\cos\theta) + (\eta^2 + \zeta^2)\theta'\phi' \tag{7.16}$$

由拉伸应变的表达式可以看出，拉伸应变由四部分组成，第一部分由平面间相互靠近或远离产生拉伸应变，第二部分由剖面弦向弯曲产生拉伸应变，第三部分由剖面挥舞方向弯曲产生拉伸应变，第四部分较为复杂，由两平面相对扭转而产生拉伸应变。各分量产生的拉伸应变分布如图 7.3 所示。

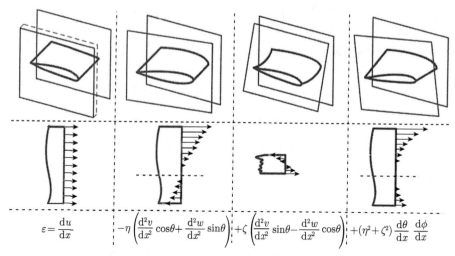

$$\varepsilon = \frac{\mathrm{d}u}{\mathrm{d}x} \quad -\eta\left(\frac{\mathrm{d}^2v}{\mathrm{d}x^2}\cos\theta + \frac{\mathrm{d}^2w}{\mathrm{d}x^2}\sin\theta\right) \quad +\zeta\left(\frac{\mathrm{d}^2v}{\mathrm{d}x^2}\sin\theta - \frac{\mathrm{d}^2w}{\mathrm{d}x^2}\cos\theta\right) \quad +(\eta^2+\zeta^2)\frac{\mathrm{d}\theta}{\mathrm{d}x}\frac{\mathrm{d}\phi}{\mathrm{d}x}$$

图 7.3   应变分布图

梁剖面纵向应力在剖面上的积分等于作用于剖面的拉力 T, 假定剖面关于主轴 (η 轴) 对称, 即 $\iint_A \zeta\mathrm{d}\eta\mathrm{d}\zeta = 0$, 即桨叶翼型为对称翼型, 假定剖面各向同性, 弹性模量为 E, 有

$$
\begin{aligned}
T &= \iint_A E\varepsilon\mathrm{d}\eta\mathrm{d}\zeta \\
&= E\iint_A \left(u' - \eta(v''\cos\theta + w''\sin\theta) + \zeta(v''\sin\theta - w''\cos\theta) + (\eta^2+\zeta^2)\theta'\phi'\right)\mathrm{d}\eta\mathrm{d}\zeta
\end{aligned}
\tag{7.17}
$$

化简后, 有

$$T = E\left(Au' - Ae_A\left(v''\cos\theta + w''\sin\theta\right) + Ak_A^2\theta'\phi'\right) \tag{7.18}$$

式中

$$A = \iint_A \mathrm{d}\eta\mathrm{d}\zeta \tag{7.19}$$

$$Ae_A = \iint_A \eta\mathrm{d}\eta\mathrm{d}\zeta \tag{7.20}$$

$$Ak_A^2 = \iint_A \left(\eta^2+\zeta^2\right)\mathrm{d}\eta\mathrm{d}\zeta \tag{7.21}$$

由式 (7.18) 可得 u' 的表达式, 即

$$u' = \frac{T}{EA} + e_A\left(v''\cos\theta + w''\sin\theta\right) - k_A^2\theta'\phi' \tag{7.22}$$

将 $T/(EA)$ 表示为拉伸应变 ε_T, 将式 (7.22) 代入式 (7.16), 有

$$\varepsilon = \varepsilon_T + (e_A - \eta)(v''\cos\theta + w''\sin\theta) + \zeta(v''\sin\theta - w''\cos\theta) + (\eta^2 + \zeta^2 - k_A^2)\theta'\phi' \tag{7.23}$$

式 (7.23) 即为梁剖面拉伸应变的完整表达式。对应拉伸应力为

$$\sigma = E\left(\varepsilon_T + (e_A - \eta)(v''\cos\theta + w''\sin\theta) + \zeta(v''\sin\theta - w''\cos\theta)\right.$$
$$\left. + (\eta^2 + \zeta^2 - k_A^2)\theta'\phi\right) \tag{7.24}$$

二、剖面弯矩和扭矩

沿着纤维方向的拉伸应力可分解为平行于弹性轴和垂直于弹性轴应力分量，如图 7.4 所示。平行于弹性轴分量会产生梁剖面挥舞弯矩 M_1 和弦向弯矩 M_2，即

$$M_1 = -\iint_A \sigma\zeta\mathrm{d}\eta\mathrm{d}\zeta \tag{7.25}$$

$$M_2 = -\iint_A \sigma\eta\mathrm{d}\eta\mathrm{d}\zeta \tag{7.26}$$

需要注意的是，挥舞和弦向弯矩的正方向定义是使得剖面前缘和上表面受压力，故式 (7.25) 和式 (7.26) 前面增加负号。剖面扭转会导致拉伸应变在剖面内存在垂直于弹性轴的应力分量，该应力分量在剖面内形成扭矩，如图 7.4 所示。剖面扭矩由两部分组成，一部分是拉扭耦合产生的扭矩，另一部分是自身弹性扭转产生的扭矩，即

$$Q = GJ\phi' + \iint_A \sigma(\theta+\phi)'(\eta^2 + \zeta^2)\mathrm{d}\eta\mathrm{d}\zeta \tag{7.27}$$

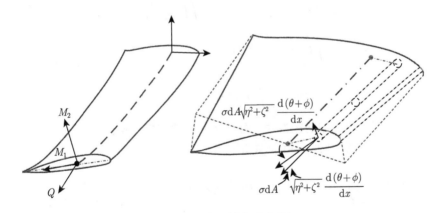

图 7.4 剖面力矩和扭矩

扭矩的正方向与扭转角 ϕ 的正方向一致。本章选用弹性轴作为参考轴系，那么拉伸应变产生的面内剪切力就不会对合力点产生额外的扭矩，如选择的参考轴系非弹性轴，那么扭矩中需额外增加由剪切应力产生的扭矩。弹性轴与中心轴不一定重合，如选择中心轴作为参考轴系，那么扭矩表达式中需包括额外剪应力产生的扭矩。

将式 (7.24) 代入式 (7.25)，得剖面挥舞弯矩为

$$M_1 = -\iint_A E\left(\varepsilon_T + (e_A - \eta)(v''\cos\theta + w''\sin\theta)\right.$$
$$\left. + \zeta(v''\sin\theta - w''\cos\theta) + (\eta^2 + \zeta^2 - k_A^2)\theta'\phi'\right)\zeta\mathrm{d}\eta\mathrm{d}\zeta \tag{7.28}$$

由于剖面对称性，即 $\iint_A \zeta \mathrm{d}\eta\mathrm{d}\zeta = 0$，那么挥舞弯矩表达式中仅存在第三项，其他项为零，因此有

$$M_1 = -\iint_A E(v'' \sin\theta - w'' \cos\theta)\zeta^2\mathrm{d}\eta\mathrm{d}\zeta = EI_1(-v'' \sin\theta + w'' \cos\theta) \tag{7.29}$$

式中

$$I_1 = \iint_A \zeta^2\mathrm{d}\eta\mathrm{d}\zeta \tag{7.30}$$

将式 (7.24) 代入式 (7.26)，得剖面弦向弯矩为

$$\begin{aligned} M_2 = -\iint_A E\left(\varepsilon_T + (e_A - \eta)(v'' \cos\theta + w'' \sin\theta)\right. \\ \left. + \zeta(v'' \sin\theta - w'' \cos\theta) + (\eta^2 + \zeta^2 - k_A^2)\theta'\phi'\right)\eta\mathrm{d}\eta\mathrm{d}\zeta \end{aligned} \tag{7.31}$$

同理式 (7.31) 中第三项为零，表达式可化简为

$$M_2 = -Te_A + EI_2(v'' \cos\theta + w'' \sin\theta) - EB_2\theta'\phi' \tag{7.32}$$

式中

$$\begin{aligned} I_2 &= \iint_A \eta(\eta - e_A)\mathrm{d}\eta\mathrm{d}\zeta \\ &= \iint_A (\eta - e_A)^2\mathrm{d}\eta\mathrm{d}\zeta + \iint_A (\eta - e_A)e_A\mathrm{d}\eta\mathrm{d}\zeta \\ &= \iint_A (\eta - e_A)^2\mathrm{d}\eta\mathrm{d}\zeta \end{aligned} \tag{7.33}$$

$$B_2 = \iint_A \eta(\eta^2 + \zeta^2 - k_A^2)\mathrm{d}\eta\mathrm{d}\zeta \tag{7.34}$$

注意，I_2 并非为剖面绕主轴的惯性矩，而是绕形心轴的惯性矩。

将式 (7.24) 代入式 (7.27)，得剖面扭矩为

$$\begin{aligned} Q = GJ\phi' + \iint_A E(\varepsilon_T + (e_A - \eta)(v'' \cos\theta + w'' \sin\theta) + \zeta(v'' \sin\theta - w'' \cos\theta) \\ + (\eta^2 + \zeta^2 - k_A^2)\theta'\phi')(\theta + \phi)'(\eta^2 + \zeta^2)\mathrm{d}\eta\mathrm{d}\zeta \end{aligned} \tag{7.35}$$

同理式 (7.35) 中 $\zeta(v''\sin\theta - w''\cos\theta)$ 相关项积分为零，略去高阶项后，有

$$Q = GJ\phi' + Tk_A^2(\theta + \phi)' - EB_2\theta'(v'' \cos\theta + w'' \sin\theta) + EB_1(\theta')^2\phi' \tag{7.36}$$

即

$$Q = (GJ + Tk_A^2 + EB_1(\theta')^2)\phi' + Tk_A^2\theta' - EB_2\theta'(v'' \cos\theta + w'' \sin\theta) \tag{7.37}$$

式中

$$B_1 = \iint_A \eta^2\left(\eta^2 + \zeta^2 - k_A^2\right)\mathrm{d}\eta\mathrm{d}\zeta \tag{7.38}$$

前面所得到的挥舞弯矩、弦向弯矩和扭矩均是定义在变形后剖面坐标系内, 为了方便推导梁动力学方程, 这些弯矩和扭矩需转换到总体坐标系。根据坐标系间关系, 总体坐标系分别绕 x 轴转动角度 $(\theta+\phi)$、绕 η 轴转动角度 w' 和绕 ζ 轴转动角度 v', 达到变形后坐标系, 那么剖面内力矩转换关系有

$$
\begin{bmatrix} M_x \\ -M_y \\ M_z \end{bmatrix} = \begin{bmatrix} 1 & -v' & 0 \\ v' & 1 & 0 \\ 0 & 0 & 1 \end{bmatrix} \begin{bmatrix} 1 & 0 & -w' \\ 0 & 1 & 0 \\ w' & 0 & 1 \end{bmatrix}
$$
$$
\cdot \begin{bmatrix} 1 & 0 & 0 \\ 0 & \cos(\theta+\phi) & -\sin(\theta+\phi) \\ 0 & \sin(\theta+\phi) & \cos(\theta+\phi) \end{bmatrix} \begin{bmatrix} Q \\ -M_1 \\ M_2 \end{bmatrix} \tag{7.39}
$$

采用小角度假设后, 式 (7.39) 简化为

$$
\begin{cases} M_x = Q + v'M_1\cos(\theta+\phi) + w'M_1\sin(\theta+\phi) + v'M_2\sin(\theta+\phi) \\ \qquad - w'M_2\cos(\theta+\phi) \\ M_y = M_1\cos(\theta+\phi) + M_2\sin(\theta+\phi) - Qv' \\ M_z = -M_1\sin(\theta+\phi) + M_2\cos(\theta+\phi) + Qw' \end{cases} \tag{7.40}
$$

将式 (7.29)、式 (7.32) 和式 (7.37) 代入式 (7.40), 忽略二阶及高阶项, 有

$$
\begin{aligned} M_x =& (GJ + Tk_A^2 + EB_1(\theta')^2)\phi' + Tk_A^2\theta' - EB_2\theta'(v''\cos\theta + w''\sin\theta) \\ & - Te_Av'\sin\theta + Te_Aw'\cos\theta \end{aligned} \tag{7.41}
$$
$$
\begin{aligned} M_y =& (EI_1\cos^2\theta + EI_2\sin^2\theta)w'' + (EI_2 - EI_1)(\sin\theta\cos\theta)v'' \\ & - (Te_A + EB_2\theta'\phi')\sin\theta - Te_A\phi\cos\theta \end{aligned} \tag{7.42}
$$
$$
\begin{aligned} M_z =& (EI_2 - EI_1)(\sin\theta\cos\theta)w'' + (EI_1\sin^2\theta + EI_2\cos^2\theta)v'' \\ & - (Te_A + EB_2\theta'\phi')\cos\theta + Te_A\phi\sin\theta \end{aligned} \tag{7.43}
$$

三、平衡方程

以梁任意展向微段为研究对象, 作用于微段两侧的剖面力和力矩如图 7.5 所示, 图中 $\bar{p}_x$、$\bar{p}_y$ 和 $\bar{p}_z$ 为作用于微段的外载荷合力, $\bar{q}_x$、$\bar{q}_y$ 和 $\bar{q}_z$ 为作用于微段的外载荷合力矩, 外载荷主要包括惯性力和气动力。由作用于微段上的力和力矩平衡, 可得力平衡方程为

$$
\begin{cases} T' + \bar{p}_x = 0 \\ V_y' + \bar{p}_y = 0 \\ V_z' + \bar{p}_z = 0 \end{cases} \tag{7.44}
$$

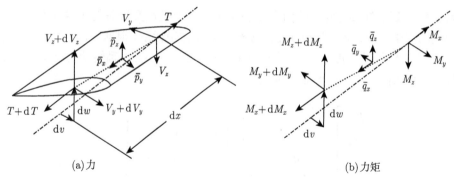

图 7.5　梁微段受力分析

以及力矩平衡方程为

$$\begin{cases} M_x' - V_y w' + V_z v' + \bar{q}_x = 0 \\ M_y' - T w' + V_z + \bar{q}_y = 0 \\ M_z' - T v' + V_y + \bar{q}_z = 0 \end{cases} \tag{7.45}$$

将式 (7.44) 和式 (7.45) 联立，消去剪切力项，力矩平衡方程化为

$$\begin{cases} M_x' - M_y' v' + M_z' w' - \bar{q}_y v' + \bar{q}_z w' + \bar{q}_x = 0 \\ M_y'' - (T w')' + \bar{q}_y' - \bar{p}_z = 0 \\ M_z'' - (T v')' + \bar{q}_z' - \bar{p}_y = 0 \end{cases} \tag{7.46}$$

将式 (7.41)~ 式 (7.43) 代入式 (7.46)，略去二阶项，力矩平衡方程就为

$$- ((GJ + Tk_A^2 + EB_1(\theta')^2)\phi' + Tk_A^2\theta' - EB_2\theta'(v''\cos\theta + w''\sin\theta))'$$

$$+ Te_A v''\sin\theta - Te_A w''\cos\theta + \bar{q}_y v' - \bar{q}_z w' - \bar{q}_x = 0 \tag{7.47}$$

$$((EI_1\cos^2\theta + EI_2\sin^2\theta)w'' + (EI_2 - EI_1)\sin\theta\cos\theta v''$$

$$- (Te_A + EB_2\theta'\phi')\sin\theta - Te_A\phi\cos\theta)'' - (Tw')' + \bar{q}_y' - \bar{p}_z = 0 \tag{7.48}$$

$$((EI_2 - EI_1)\sin\theta\cos\theta w'' + (EI_1\sin^2\theta + EI_2\cos^2\theta)v''$$

$$- (Te_A + EB_2\theta'\phi')\cos\theta + Te_A\phi\sin\theta)'' - (Tv')' + \bar{q}_z' - \bar{p}_y = 0 \tag{7.49}$$

四、惯性载荷

惯性载荷的计算，可通过先建立惯性坐标系中梁上任意点的位置矢量，通过对位置矢量进行时间求导，可得该点速度，对该点速度求导可得该点加速度，进而可得该点惯性力，通过对剖面进行积分可得相应剖面的惯性载荷。

梁所在坐标系如图 7.6 所示，梁绕 z 轴以 Ω 的转速逆时针旋转，$\boldsymbol{i}$、$\boldsymbol{j}$ 和 $\boldsymbol{k}$ 分别为惯性坐标系坐标轴 X、Y 和 Z 的单位矢量，$\bar{\boldsymbol{r}}$ 为梁上任意点位置矢量，其表达式为

$$\bar{\boldsymbol{r}} = (x_1\cos(\Omega t) - y_2\sin(\Omega t))\boldsymbol{i} + (x_1\sin(\Omega t) + y_2\cos(\Omega t))\boldsymbol{j} + z_1\boldsymbol{k} \tag{7.50}$$

将式 (7.50) 对时间 t 求导, 可得该点速度矢量为

$$
\begin{aligned}
\dot{\boldsymbol{r}} =&(\dot{x}_1 \cos(\Omega t) - \Omega x_1 \sin(\Omega t) - \dot{y}_2 \sin(\Omega t) - \Omega y_2 \cos(\Omega t))\boldsymbol{i} \\
&+ (\dot{x}_1 \sin(\Omega t) + \Omega x_1 \cos(\Omega t) + \dot{y}_2 \cos(\Omega t) - \Omega y_2 \sin(\Omega t))\boldsymbol{j} \\
&+ \dot{z}_1 \boldsymbol{k}
\end{aligned}
\tag{7.51}
$$

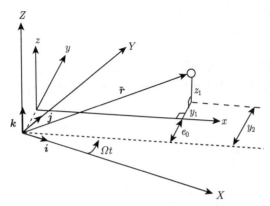

图 7.6 坐标系及位置矢量图

同理对式 (7.51) 求导, 可得该点加速度矢量为

$$
\begin{aligned}
\ddot{\boldsymbol{r}} =&((\ddot{x}_1 - \Omega \dot{y}_2) \cos(\Omega t) - \Omega(\dot{x}_1 - \Omega y_2) \sin(\Omega t) - (\ddot{y}_2 + \Omega \dot{x}_1) \sin(\Omega t) \\
&- \Omega(\dot{y}_2 + \Omega x_1) \cos(\Omega t))\boldsymbol{i} + ((\ddot{x}_1 - \Omega \dot{y}_2) \sin(\Omega t) + \Omega(\dot{x}_1 - \Omega y_2) \cos(\Omega t) \\
&+ (\ddot{y}_2 + \Omega \dot{x}_1) \cos(\Omega t) - \Omega(\dot{y}_2 + \Omega x_1) \sin(\Omega t))\boldsymbol{j} + \ddot{z}_1 \boldsymbol{k}
\end{aligned}
\tag{7.52}
$$

式中

$$
y_2 = y_1 + e_0
\tag{7.53}
$$

其中, e_0 为梁弹性轴与惯性坐标系 y 向距离。令时间 $t=0$, 可得该点在该时刻加速度为

$$
\ddot{\boldsymbol{r}}_1 = (\ddot{x}_1 - \Omega^2 x_1 - 2\Omega \dot{y}_2)\boldsymbol{i} + (\ddot{y}_2 - \Omega^2 y_2 + 2\Omega \dot{x}_1)\boldsymbol{j} + \ddot{z}_1 \boldsymbol{k} = a_x \boldsymbol{i} + a_y \boldsymbol{j} + a_z \boldsymbol{k}
\tag{7.54}
$$

根据式 (7.5) 和式 (7.53), 有

$$
\begin{cases}
\ddot{x}_1 = \ddot{u} - \ddot{v}'y - \ddot{w}'z \\
\ddot{y}_2 = \ddot{v} - z\ddot{\phi} \\
\ddot{z}_1 = \ddot{w} + y\ddot{\phi}
\end{cases}
\tag{7.55}
$$

将式 (7.55) 代入式 (7.54), 可得加速度各分量表达式, 即

$$
\begin{cases}
a_x = \ddot{u} - \ddot{v}'y - \ddot{w}'z - \Omega^2(x + u - v'y - w'z) - 2\Omega(\dot{v} - z\dot{\phi}) \\
a_y = \ddot{v} - z\ddot{\phi} - \Omega^2(v + y - z\phi + e_0) + 2\Omega(\dot{u} - \dot{v}'y - \dot{w}'z) \\
a_z = \ddot{w} + y\ddot{\phi}
\end{cases}
\tag{7.56}
$$

将式 (7.1) 代入式 (7.56), 将 y 和 z 用 η 和 ζ 表示, 有

$$
a_x = \ddot{u} - \Omega^2(x + u) - 2\Omega\dot{v} + \eta(-\ddot{v}'\cos\theta - \ddot{w}'\sin\theta
$$

$$+ \Omega^2(v'\cos\theta + w'\sin\theta) + 2\Omega\dot\phi\sin\theta) + \zeta(\ddot v'\sin\theta - \ddot w'\cos\theta$$

$$+ \Omega^2(-v'\sin\theta + w'\cos\theta) + 2\Omega\dot\phi\cos\theta) \tag{7.57}$$

$$a_y = \ddot v - \Omega^2(v + e_0) + 2\Omega\dot u + \eta(-\ddot\phi\sin\theta - \Omega^2(\cos\theta - \phi\sin\theta)$$

$$+ 2\Omega(-\dot v'\cos\theta - \dot w'\sin\theta)) + \zeta(-\ddot\phi\cos\theta - \Omega^2(-\sin\theta - \phi\cos\theta)$$

$$+ 2\Omega(\dot v'\sin\theta - \dot w'\cos\theta)) \tag{7.58}$$

$$a_z = \ddot w + \eta\ddot\phi\cos\theta - \zeta\ddot\phi\sin\theta \tag{7.59}$$

对加速度进行剖面积分，可得到作用于剖面的惯性力。作用于梁剖面气动力在 y 向和 z 向的分力为 L_y 和 L_z，气动俯仰力矩为 M。作用于梁剖面的外载荷主要包括气动力和惯性力，可表示为

$$\begin{cases}
\bar p_x = -\int_{\eta_{te}}^{\eta_{le}}\int_{-t/2}^{t/2} a_x\rho\mathrm{d}\eta\mathrm{d}\zeta \\
\bar p_y = L_y - \int_{\eta_{te}}^{\eta_{le}}\int_{-t/2}^{t/2} a_y\rho\mathrm{d}\eta\mathrm{d}\zeta \\
\bar p_z = L_z - \int_{\eta_{te}}^{\eta_{le}}\int_{-t/2}^{t/2} a_z\rho\mathrm{d}\eta\mathrm{d}\zeta \\
\bar q_x = M - \int_{\eta_{te}}^{\eta_{le}}\int_{-t/2}^{t/2} (-a_y(z_1-w) + a_z(y_1-v))\rho\mathrm{d}\eta\mathrm{d}\zeta \\
\bar q_y = -\int_{\eta_{te}}^{\eta_{le}}\int_{-t/2}^{t/2} (-a_x(z_1-w))\rho\mathrm{d}\eta\mathrm{d}\zeta \\
\bar q_z = -\int_{\eta_{te}}^{\eta_{le}}\int_{-t/2}^{t/2} (-a_x(y_1-w))\rho\mathrm{d}\eta\mathrm{d}\zeta
\end{cases} \tag{7.60}$$

将各加速度分量表达式代入式 (7.60)，有

$$\bar p_x = -m(\ddot u - \Omega^2(x+u) - 2\Omega\dot v) - me(-\ddot v'\cos\theta - \ddot w'\sin\theta$$

$$+ \Omega^2(v'\cos\theta + w'\sin\theta) + 2\Omega\dot\phi\sin\theta) \tag{7.61}$$

$$\bar p_y = L_y - m(\ddot v - \Omega^2(v+e_0) + 2\Omega\dot u) - me(-\ddot\phi\sin\theta - \Omega^2(\cos\theta - \phi\sin\theta)$$

$$+ 2\Omega(-\dot v'\cos\theta - \dot w'\sin\theta)) \tag{7.62}$$

$$\bar p_z = L_z - m\ddot w - me\ddot\phi\cos\theta \tag{7.63}$$

$$\bar q_x = M - \Omega^2 me((v+e_0)\sin\theta + e_0\phi\cos\theta) + me(\ddot v\sin\theta - \ddot w\cos\theta + 2\Omega\dot u\sin\theta)$$

$$- \Omega^2 m((k_{m2}^2 - k_{m1}^2)\sin\theta\cos\theta + (k_{m2}^2 - k_{m1}^2)\phi\cos(2\theta)) - \ddot\phi m k_m^2$$

$$- 2\Omega m(k_{m2}^2 - k_{m1}^2)\dot v'\cos\theta\sin\theta - 2\Omega m(k_{m2}^2\sin^2\theta + k_{m1}^2\cos^2\theta)\dot w' \tag{7.64}$$

$$\bar q_y = -\Omega^2 me((x+u)\sin\theta + x\phi\cos\theta) + me(\ddot u\sin\theta - 2\Omega\dot v\sin\theta)$$

$$+ \Omega^2 m((k_{m2}^2 - k_{m1}^2)v'\sin\theta\cos\theta + (k_{m2}^2\sin^2\theta + k_{m1}^2\cos^2\theta)w')$$

$$- m(k_{m2}^2 - k_{m1}^2)\ddot v'\sin\theta\cos\theta + m(k_{m2}^2\sin^2\theta + k_{m1}^2\cos^2\theta)(2\Omega\dot\phi - \ddot w') \tag{7.65}$$

$$\bar{q}_z = - \Omega^2 me((x+u)\cos\theta - x\phi\sin\theta) + me(\ddot{u}\cos\theta - 2\Omega\dot{v}\cos\theta)$$
$$+ \Omega^2 m((k_{m2}^2 - k_{m1}^2)w'\sin\theta\cos\theta + (k_{m2}^2\cos^2\theta + k_{m1}^2\sin^2\theta)v')$$
$$- m(k_{m2}^2 - k_{m1}^2)\ddot{w}'\sin\theta\cos\theta - m(k_{m2}^2\cos^2\theta + k_{m1}^2\sin^2\theta)\ddot{v}'$$
$$+ 2\Omega m(k_{m2}^2 - k_{m1}^2)\dot{\phi}\sin\theta\cos\theta \tag{7.66}$$

式中

$$mk_m^2 = \iint_A \rho(\eta^2 + \zeta^2)\mathrm{d}\eta\mathrm{d}\zeta$$

$$mk_{m1}^2 = \iint_A \rho\zeta^2\mathrm{d}\eta\mathrm{d}\zeta$$

$$mk_{m2}^2 = \iint_A \rho\eta^2\mathrm{d}\eta\mathrm{d}\zeta$$

式 (7.61)~ 式 (7.66) 给出的是载荷的广义表达式, 其中包括许多二阶项, 这些项在大多数工程应用时可以被忽略。如式 (7.61) 中的其他项相对于 $m\Omega^2 x$ 小很多, 对于大多数用途来讲, 这些项可被忽略。因此, 对于常规直升机旋翼或者尾桨, 通常认为, 如下载荷形式对于大多数工程应用是适合的, 即

$$\bar{p}_x = -T' = m\Omega^2 x \tag{7.67}$$
$$\bar{p}_y = L_y - m(\ddot{v} - \Omega^2(v + e_0)) + me(\ddot{\phi}\sin\theta + \Omega^2(\cos\theta - \phi\sin\theta)) \tag{7.68}$$
$$\bar{p}_z = L_z - m(\ddot{w} + e\ddot{\phi}\cos\theta) \tag{7.69}$$
$$\bar{q}_x = M - m\Omega^2 e((v + e_0)\sin\theta + e_0\phi\cos\theta) + me(\ddot{v}\sin\theta - \ddot{w}\cos\theta)$$
$$- m\Omega^2(k_{m2}^2 - k_{m1}^2)(\sin\theta\cos\theta + \phi\cos2\theta) - mk_m^2\ddot{\phi} \tag{7.70}$$
$$\bar{q}_y = -m\Omega^2 ex(\sin\theta + \phi\cos\theta) \tag{7.71}$$
$$\bar{q}_z = -m\Omega^2 ex(\cos\theta - \phi\sin\theta) \tag{7.72}$$

式中

$$k_m^2 = k_{m1}^2 + k_{m2}^2 \tag{7.73}$$

五、最终形式

将式 (7.67)~ 式 (7.72) 代入式 (7.47)~ 式 (7.49) 中, 可得平衡方程的最终表达形式, 即

$$- ((GJ + Tk_A^2 + EB_1(\theta')^2)\phi' - EB_2\theta'(v''\cos\theta + w''\sin\theta))'$$
$$+ Te_A(v''\sin\theta - w''\cos\theta) + \Omega^2 mxe(-v'\sin\theta + w'\cos\theta) + \Omega^2 mev\sin\theta$$
$$+ \Omega^2 m((k_{m2}^2 - k_{m1}^2)\cos2\theta + ee_0\cos\theta)\phi + mk_m^2\ddot{\phi} - me(\ddot{v}\sin\theta - \ddot{w}\cos\theta)$$
$$= M + (Tk_A^2\theta')' - \Omega^2 m((k_{m2}^2 - k_{m1}^2)\sin\theta\cos\theta + ee_0\sin\theta) \tag{7.74}$$
$$((EI_1\cos^2\theta + EI_2\sin^2\theta)w'' + (EI_2 - EI_1)(\sin\theta\cos\theta)v''$$
$$- Te_A\phi\cos\theta - EB_2\theta'\phi'\sin\theta)'' - (Tw')' - (\Omega^2 mxe\phi\cos\theta)' + m(\ddot{w} + e\ddot{\phi}\cos\theta)$$
$$= L_z + (Te_A\sin\theta)'' + (\Omega^2 mxe\sin\theta)' \tag{7.75}$$

$$((EI_2 - EI_1)(\sin\theta\cos\theta)w'' + (EI_1\sin^2\theta + EI_2\cos^2\theta)v''$$
$$+ Te_A\phi\sin\theta - EB_2\theta'\phi'\cos\theta)'' - (Tv')' + (\Omega^2 mxe\phi\sin\theta)'$$
$$+ \Omega^2 me\phi\sin\theta + m(\ddot{v} - e\ddot{\phi}\sin\theta) - \Omega^2 mv$$
$$=L_y + (Te_A\cos\theta)'' + (\Omega^2 mxe\cos\theta)' + \Omega^2 m(e_0 + e\cos\theta) \tag{7.76}$$

对于固定端,边界条件为

$$v = w = \phi = v' = w' = 0 \tag{7.77}$$

对于自由端,边界条件为

$$Q = M_y = M_z = V_y = V_z = 0 \tag{7.78}$$

通常边界弯矩处理可用 $M_1 = M_2 = 0$ 代替 $M_y = M_z = 0$。

第二节　中等变形梁模型

一、阶次准则

中等变形梁模型的应变表达式精确到二阶,并保留了个别更高阶项,计算精度高于非线性小变形梁模型。为了能有效地进行高阶项的舍取,需采用统一的法则,以避免错项和漏项。根据实际位移情况,阶次法则按如下处理:

$$\begin{cases} \dfrac{u}{R} = 0(\varepsilon^2), & \dfrac{\eta}{R} = 0(\varepsilon) \\[2mm] \dfrac{v}{R} = 0(\varepsilon), & \dfrac{\zeta}{R} = 0(\varepsilon) \\[2mm] \dfrac{w}{R} = 0(\varepsilon), & \dfrac{\lambda}{R^2} = 0(\varepsilon^2) \\[2mm] \phi = 0(\varepsilon), & \dfrac{\partial\lambda/\partial\eta}{R} = 0(\varepsilon) \\[2mm] \dfrac{x}{R} = 0(1), & \dfrac{\partial\lambda/\partial\zeta}{R} = 0(\varepsilon) \end{cases} \tag{7.79}$$

式中,很明显,无量纲化的 u/R 为二阶小量;无量纲化的 v/R 和 w/R 均为一阶小量;翘曲函数 λ/R 为二阶小量。在进行具体问题处理时,根据各量阶次的高低以及所需保留的精度进行取舍。如同时存在 u、v、w、λ 和 $\lambda\phi$ 项时,这些项分别为二阶、一阶、一阶、二阶和三阶小量,若保留一阶精度,那么只需保留 v 和 w 对应项,若需保留到二阶精度,需除掉 $\lambda\phi$ 项,保留其他项,若需保留到三阶精度,那么需保留所有项。

二、变形关系

与非线性小变形梁类似,定义变形前后坐标系,i、j 和 k 分别为未变形坐标系单位矢量,i'、j' 和 k' 分别为变形后坐标系单位矢量。矩阵 T 为变形前后坐标系间转换矩阵,因此有

$$\begin{bmatrix} \boldsymbol{i}' \\ \boldsymbol{j}' \\ \boldsymbol{k}' \end{bmatrix} = \boldsymbol{T} \begin{bmatrix} \boldsymbol{i} \\ \boldsymbol{j} \\ \boldsymbol{k} \end{bmatrix} \tag{7.80}$$

$$\begin{bmatrix} x' \\ y' \\ z' \end{bmatrix} = \boldsymbol{T}^{\mathrm{T}} \begin{bmatrix} x \\ y \\ z \end{bmatrix} \tag{7.81}$$

考虑弹性轴与剖面的交点，其沿 x 轴、y 轴和 z 轴的位移分别为 u、v 和 w，并绕弹性轴有角度为 ϕ 扭转，根据变形关系，如图 7.7 所示，矩阵 $\boldsymbol{T}$ 可按欧拉角表示为

$$\begin{aligned} \boldsymbol{T} &= \boldsymbol{T}_{\bar{\theta}} \boldsymbol{T}_{\bar{\beta}} \boldsymbol{T}_{\bar{\zeta}} \\ &= \begin{bmatrix} \cos\bar{\beta}\cos\bar{\zeta} & \cos\bar{\beta}\sin\bar{\zeta} & \sin\bar{\beta} \\ -\sin\bar{\theta}\sin\bar{\beta}\cos\bar{\zeta} - \cos\bar{\theta}\sin\bar{\zeta} & \cos\bar{\theta}\cos\bar{\zeta} - \sin\bar{\zeta}\sin\bar{\beta}\sin\bar{\theta} & \cos\bar{\beta}\sin\bar{\theta} \\ \sin\bar{\theta}\sin\bar{\zeta} - \cos\bar{\theta}\sin\bar{\beta}\cos\bar{\zeta} & -\sin\bar{\theta}\cos\bar{\zeta} - \sin\bar{\zeta}\sin\bar{\beta}\cos\bar{\theta} & \cos\bar{\beta}\cos\bar{\theta} \end{bmatrix} \end{aligned} \tag{7.82}$$

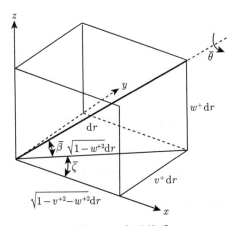

图 7.7　变形关系

式中

$$\boldsymbol{T}_{\bar{\zeta}} = \begin{bmatrix} \cos\bar{\zeta} & \sin\bar{\zeta} & 0 \\ -\sin\bar{\zeta} & \cos\bar{\zeta} & 0 \\ 0 & 0 & 1 \end{bmatrix} \tag{7.83}$$

$$\boldsymbol{T}_{\bar{\beta}} = \begin{bmatrix} \cos\bar{\beta} & 0 & \sin\bar{\beta} \\ 0 & 1 & 0 \\ -\sin\bar{\beta} & 0 & \cos\bar{\beta} \end{bmatrix} \tag{7.84}$$

$$\boldsymbol{T}_{\bar{\theta}} = \begin{bmatrix} 1 & 0 & 0 \\ 0 & \cos\bar{\theta} & \sin\bar{\theta} \\ 0 & -\sin\bar{\theta} & \cos\bar{\theta} \end{bmatrix} \tag{7.85}$$

由于旋翼动力学方程通常以变量 u、v、w 和 ϕ 表示，那么这些欧拉角也需用这些位移变量表示。根据图 7.7 中各欧拉角与位移间关系，有

$$
\begin{cases}
\sin \bar{\beta} = w^{+} \\
\cos \bar{\beta} = \sqrt{1 - \sin^2 \bar{\beta}}
\end{cases}
\tag{7.86}
$$

$$
\begin{cases}
\sin \bar{\zeta} = v^{+}/\sqrt{1 - w^{+2}} \\
\cos \bar{\zeta} = \sqrt{1 - \sin^2 \bar{\zeta}}
\end{cases}
\tag{7.87}
$$

式中，$()^{+}=\mathrm{d}()/\mathrm{d}r$。将以上两式代入转换矩阵 $\boldsymbol{T}$ 的表达式，有

$$
\boldsymbol{T} = \begin{bmatrix}
\sqrt{1 - v^{+2} - w^{+2}} & v^{+} \\[2mm]
-\dfrac{\sin\bar{\theta}w^{+}\sqrt{1 - v^{+2} - w^{+2}} + \cos\bar{\theta}v^{+}}{\sqrt{1 - w^{+2}}} & \dfrac{\cos\bar{\theta}\sqrt{1 - v^{+2} - w^{+2}} - \sin\bar{\theta}v^{+}w^{+}}{\sqrt{1 - w^{+2}}} \\[2mm]
-\dfrac{\cos\bar{\theta}w^{+}\sqrt{1 - v^{+2} - w^{+2}} + \sin\bar{\theta}v^{+}}{\sqrt{1 - w^{+2}}} & -\dfrac{\sin\bar{\theta}\sqrt{1 - v^{+2} - w^{+2}} + \cos\bar{\theta}v^{+}w^{+}}{\sqrt{1 - w^{+2}}}
\end{bmatrix}
$$

$$
\begin{aligned}
& w^{+} \\
& \sin\bar{\theta}\sqrt{1 - w^{+2}} \\
& \cos\bar{\theta}\sqrt{1 - w^{+2}}
\end{aligned}
\tag{7.88}
$$

对于转换矩阵 $\boldsymbol{T}$，存在 $\boldsymbol{T}^{-1}=\boldsymbol{T}^{\mathrm{T}}$，有

$$
\boldsymbol{T}\boldsymbol{T}^{\mathrm{T}} = \boldsymbol{I} \Rightarrow \boldsymbol{T}^{+}\boldsymbol{T}^{\mathrm{T}} + \boldsymbol{T}\boldsymbol{T}^{\mathrm{T}^{+}} = 0
\tag{7.89}
$$

那么

$$
\boldsymbol{T}^{+}\boldsymbol{T}^{\mathrm{T}} = -\left(\boldsymbol{T}^{+}\boldsymbol{T}^{\mathrm{T}}\right)^{\mathrm{T}}
\tag{7.90}
$$

由此可看出 $\boldsymbol{T}^{+}\boldsymbol{T}^{\mathrm{T}}$ 为反对称矩阵，令

$$
\begin{bmatrix}
0 & \omega_k & -\omega_j \\
-\omega_k & 0 & \omega_i \\
\omega_j & -\omega_i & 0
\end{bmatrix} = \boldsymbol{T}^{+}\boldsymbol{T}^{\mathrm{T}}
\tag{7.91}
$$

式中，ω_i、ω_j 和 ω_k 为绕剖面坐标系 (当地坐标系) 三坐标轴 $\boldsymbol{i}'$、$\boldsymbol{j}'$ 和 $\boldsymbol{k}'$ 的曲率，如图 7.8 所示。根据式 (7.82)，得 ω_i 的表达式为

$$
\omega_i = \bar{\theta} + \frac{v^{++}w^{+}}{\sqrt{1 - v^{+2} - w^{+2}}} + \frac{w^{+2}w^{++}v^{+}}{(1 - w^{+2})\sqrt{1 - v^{+2} - w^{+2}}}
\tag{7.92}
$$

考虑到，$\omega_i=(\theta+\phi)^{+}$，假定桨叶根部弹性扭转角和预扭角为 0，那么

$$
\bar{\theta} = \theta + \phi - \int_0^r \frac{v^{++}w^{+}\mathrm{d}r}{\sqrt{1 - v^{+2} - w^{+2}}} - \int_0^r \frac{w^{+2}w^{++}v^{+}\mathrm{d}r}{(1 - w^{+2})\sqrt{1 - v^{+2} - w^{+2}}}
\tag{7.93}
$$

同理可求得 ω_j 和 ω_k，即

$$\begin{cases} \omega_j = \dfrac{-\cos\bar{\theta}w^{++}\sqrt{1-v^{+2}-w^{+2}}+\sin\bar{\theta}(v^+w^+w^{++}+v^{++}-v^{++}w^{+2})}{\sqrt{1-v^{+2}-w^{+2}}\sqrt{1-w^{+2}}} \\[4mm] \omega_k = \dfrac{\cos\bar{\theta}(v^+w^+w^{++}+v^{++}-v^{++}w^{+2})+\sin\bar{\theta}w^{++}\sqrt{1-v^{+2}-w^{+2}}}{\sqrt{1-v^{+2}-w^{+2}}\sqrt{1-w^{+2}}} \end{cases} \tag{7.94}$$

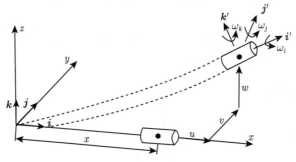

图 7.8　几何变换关系

保留二阶项，略去高阶项，且 $\mathrm{d}r\approx\mathrm{d}x$，相应地可得精确到二阶的表达式为

$$\bar{\theta}=\theta+\phi-\int_0^r v''w'\mathrm{d}r \tag{7.95}$$

和

$$\begin{cases} \omega_j = v''\sin(\theta+\phi)-w''\cos(\theta+\phi) \\ \omega_k = v''\cos(\theta+\phi)+w''\sin(\theta+\phi) \end{cases} \tag{7.96}$$

以及转换矩阵 $\boldsymbol{T}$ 为

$$\boldsymbol{T}=\begin{bmatrix} 1-\dfrac{v'^2}{2}-\dfrac{w'^2}{2} & v' & w' \\[3mm] -(v'\cos(\theta+\phi)+w'\sin(\theta+\phi)) & \cos(\theta+\widehat{\phi}+v'w')\left(1-\dfrac{v'^2}{2}\right) & \sin(\theta+\widehat{\phi})\left(1-\dfrac{w'^2}{2}\right) \\[3mm] (v'\sin(\theta+\phi)-w'\cos(\theta+\phi)) & -\sin(\theta+\widehat{\phi}+v'w')\left(1-\dfrac{v'^2}{2}\right) & \cos(\theta+\widehat{\phi})\left(1-\dfrac{w'^2}{2}\right) \end{bmatrix} \tag{7.97}$$

式中

$$\widehat{\phi}=\phi-\int_0^r v''w'\mathrm{d}r$$

三、应变位移关系

桨叶上任意点在变形前后的位置矢量为 $\boldsymbol{r}_0$ 和 $\boldsymbol{r}_1$，经典应变张量与位置矢量之间的关系为

$$\mathrm{d}\boldsymbol{r}_1 \cdot \mathrm{d}\boldsymbol{r}_1 - \mathrm{d}\boldsymbol{r}_0 \cdot \mathrm{d}\boldsymbol{r}_0 = 2 \begin{bmatrix} \mathrm{d}r & \mathrm{d}\eta & \mathrm{d}\zeta \end{bmatrix} \boldsymbol{\varepsilon}_{3\times3} \begin{bmatrix} \mathrm{d}r \\ \mathrm{d}\eta \\ \mathrm{d}\zeta \end{bmatrix} \tag{7.98}$$

式中，$\mathrm{d}r$、$\mathrm{d}\eta$ 和 $\mathrm{d}\zeta$ 为沿着变形后弹性轴和剖面坐标轴的增量。假定 λ 为剖面翘曲函数，$\lambda(0,0)=0$。那么变形后桨叶上任意点的位置矢量可表示为

$$\boldsymbol{r}_1 = \begin{bmatrix} \boldsymbol{i} & \boldsymbol{j} & \boldsymbol{k} \end{bmatrix} \left(\begin{bmatrix} x+u \\ v \\ w \end{bmatrix} + \boldsymbol{T}^{\mathrm{T}} \begin{bmatrix} -\lambda(\theta+\phi)^+ \\ \eta \\ \zeta \end{bmatrix} \right) \tag{7.99}$$

变形前该点位置矢量为

$$\boldsymbol{r}_0 = \boldsymbol{r}_1|_{u=v=w=\phi=0} = \begin{bmatrix} \boldsymbol{i} & \boldsymbol{j} & \boldsymbol{k} \end{bmatrix} \left(\begin{bmatrix} x \\ 0 \\ 0 \end{bmatrix} + \boldsymbol{T}^{\mathrm{T}}|_{u=v=w=\phi=0} \begin{bmatrix} -\lambda_0\theta' \\ \eta_0 \\ \zeta_0 \end{bmatrix} \right) \tag{7.100}$$

式中

$$\begin{cases} \eta_0 = \eta|_{u=v=w=\phi=0} \\ \zeta_0 = \zeta|_{u=v=w=\phi=0} \\ \lambda_0(\eta_0,\zeta_0) = \lambda(\eta,\zeta)|_{u=v=w=\phi=0} \end{cases} \tag{7.101}$$

同理

$$\boldsymbol{T}|_{u=v=w=\phi=0} = \begin{bmatrix} 1 & 0 & 0 \\ 0 & \cos\theta & \sin\theta \\ 0 & -\sin\theta & \cos\theta \end{bmatrix} \tag{7.102}$$

因此

$$\boldsymbol{r}_0 = \begin{bmatrix} \boldsymbol{i} & \boldsymbol{j} & \boldsymbol{k} \end{bmatrix} \begin{bmatrix} x - \lambda_0\theta' \\ \eta_0\cos\theta - \zeta_0\sin\theta \\ \eta_0\sin\theta + \zeta_0\cos\theta \end{bmatrix} \tag{7.103}$$

其对应的微分为

$$\mathrm{d}\boldsymbol{r}_0 = \begin{bmatrix} \boldsymbol{i} & \boldsymbol{j} & \boldsymbol{k} \end{bmatrix} \begin{bmatrix} (1-\lambda_0\theta'')x^+\mathrm{d}r - \left(\lambda_{\eta_0}\dfrac{\mathrm{d}\eta_0}{\mathrm{d}\eta}\mathrm{d}\eta + \lambda_{\zeta_0}\dfrac{\mathrm{d}\zeta_0}{\mathrm{d}\zeta}\mathrm{d}\zeta\right)\theta' \\ -\theta'(\eta_0\sin\theta + \zeta_0\cos\theta)\,x^+\mathrm{d}r + \cos\theta\dfrac{\mathrm{d}\eta_0}{\mathrm{d}\eta}\mathrm{d}\eta - \sin\theta\dfrac{\mathrm{d}\zeta_0}{\mathrm{d}\zeta}\mathrm{d}\zeta \\ \theta'(\eta_0\cos\theta - \zeta_0\sin\theta)\,x^+\mathrm{d}r + \sin\theta\dfrac{\mathrm{d}\eta_0}{\mathrm{d}\eta}\mathrm{d}\eta + \cos\theta\dfrac{\mathrm{d}\zeta_0}{\mathrm{d}\zeta}\mathrm{d}\zeta \end{bmatrix} \tag{7.104}$$

同理 $\boldsymbol{r}_1$ 的微分形式为

$$\begin{aligned} \mathrm{d}\boldsymbol{r}_1 = \begin{bmatrix} \boldsymbol{i}' & \boldsymbol{j}' & \boldsymbol{k}' \end{bmatrix} \left(\boldsymbol{T} \begin{bmatrix} x^+ + u^+ \\ v^+ \\ w^+ \end{bmatrix} \mathrm{d}r + \boldsymbol{T}\boldsymbol{T}^{\mathrm{T}^+} \begin{bmatrix} -\lambda(\theta+\phi)^+ \\ \eta \\ \zeta \end{bmatrix} \mathrm{d}r \right. \\ \left. + \begin{bmatrix} -\lambda(\theta+\phi)^{++}\mathrm{d}r - (\lambda_\eta\mathrm{d}\eta + \lambda_\zeta\mathrm{d}\zeta)(\theta+\phi)^+ \\ \mathrm{d}\eta \\ \mathrm{d}\zeta \end{bmatrix} \right) \end{aligned} \tag{7.105}$$

根据式 (7.91)，式 (7.105) 可变为

$$
\mathrm{d}\boldsymbol{r}_1 = \begin{bmatrix} \boldsymbol{i}' & \boldsymbol{j}' & \boldsymbol{k}' \end{bmatrix} \left[\boldsymbol{T} \begin{bmatrix} x^+ + u^+ \\ v^+ \\ w^+ \end{bmatrix} \mathrm{d}r + \begin{bmatrix} 0 & -\omega_k & \omega_j \\ \omega_k & 0 & -\omega_i \\ -\omega_j & \omega_i & 0 \end{bmatrix} \begin{bmatrix} -\lambda(\theta+\phi)^+ \\ \eta \\ \zeta \end{bmatrix} \mathrm{d}r \right.
$$

$$
\left. + \begin{bmatrix} -\lambda(\theta+\phi)^{++}\mathrm{d}r - (\lambda_\eta\mathrm{d}\eta + \lambda_\zeta\mathrm{d}\zeta)(\theta+\phi)^+ \\ \mathrm{d}\eta \\ \mathrm{d}\zeta \end{bmatrix} \right] \tag{7.106}
$$

式中

$$
\begin{cases}
x^+ \equiv \dfrac{\mathrm{d}x}{\mathrm{d}r} \\[2mm]
\lambda_\eta \equiv \dfrac{\partial\lambda}{\partial\eta} \\[2mm]
\lambda_\zeta \equiv \dfrac{\partial\lambda}{\partial\zeta} \\[2mm]
\lambda_{\eta_0} \equiv \dfrac{\partial\lambda_0}{\partial\eta_0} \\[2mm]
\lambda_{\zeta_0} \equiv \dfrac{\partial\lambda_0}{\partial\zeta_0}
\end{cases} \tag{7.107}
$$

对于弹性轴上点，$\eta = \mathrm{d}\eta = \zeta = \mathrm{d}\zeta = \lambda = \lambda_\eta = \lambda_\zeta = 0$，矢量 $\boldsymbol{r}_1$ 在 η 和 ζ 均为 0 处的切线矢量为

$$
\frac{\mathrm{d}\boldsymbol{r}_1}{\mathrm{d}r}\Big|_{\eta=\zeta=0} = \begin{bmatrix} \boldsymbol{i}' & \boldsymbol{j}' & \boldsymbol{k}' \end{bmatrix} \boldsymbol{T} \begin{bmatrix} x^+ + u^+ \\ v^+ \\ w^+ \end{bmatrix} \tag{7.108}
$$

矢量 $\boldsymbol{r}_1$ 在 η 和 ζ 均为 0 处的切线矢量应为单位矢量 $\boldsymbol{i}'$，即

$$
\begin{bmatrix} \boldsymbol{i}' & \boldsymbol{j}' & \boldsymbol{k}' \end{bmatrix} \begin{bmatrix} 1 \\ 0 \\ 0 \end{bmatrix} = \begin{bmatrix} \boldsymbol{i}' & \boldsymbol{j}' & \boldsymbol{k}' \end{bmatrix} \boldsymbol{T} \begin{bmatrix} x^+ + u^+ \\ v^+ \\ w^+ \end{bmatrix} \tag{7.109}
$$

考虑矩阵 $\boldsymbol{T}$ 的表达式 (7.88)，式 (7.109) 的第一行存在

$$
\sqrt{1 - v^{+2} - w^{+2}}\,(x^+ + u^+) + v^{+2} + w^{+2} = 1 \tag{7.110}
$$

对其进行化简，有

$$
x^+ = \sqrt{1 - v^{+2} - w^{+2}} - u^+ \tag{7.111}
$$

将式 (7.109) 代入式 (7.106)，有

$$
\mathrm{d}\boldsymbol{r}_1 = \begin{bmatrix} \boldsymbol{i}' & \boldsymbol{j}' & \boldsymbol{k}' \end{bmatrix} \left[\begin{bmatrix} \mathrm{d}r \\ 0 \\ 0 \end{bmatrix} + \begin{bmatrix} 0 & -\omega_k & \omega_j \\ \omega_k & 0 & -\omega_i \\ -\omega_j & \omega_i & 0 \end{bmatrix} \begin{bmatrix} -\lambda(\theta+\phi)^+ \\ \eta \\ \zeta \end{bmatrix} \mathrm{d}r \right.
$$

$$
+ \left[\begin{array}{c} -\lambda(\theta + \phi)^{++}\mathrm{d}r - (\lambda_\eta \mathrm{d}\eta + \lambda_\zeta \mathrm{d}\zeta)(\theta + \phi)^+ \\ \mathrm{d}\eta \\ \mathrm{d}\zeta \end{array} \right] \right] \tag{7.112}
$$

同理将式 (7.111) 代入式 (7.104)，有

$$
\mathrm{d}\boldsymbol{r}_0 = \left[\begin{array}{ccc} \boldsymbol{i} & \boldsymbol{j} & \boldsymbol{k} \end{array} \right] \left[\begin{array}{c} (1 - \lambda_0\theta'')\left(\sqrt{1 - v^{+2} - w^{+2}} - u^+\right)\mathrm{d}r \\ \quad - \left(\lambda_{\eta_0}\dfrac{\mathrm{d}\eta_0}{\mathrm{d}\eta}\mathrm{d}\eta + \lambda_{\zeta_0}\dfrac{\mathrm{d}\zeta_0}{\mathrm{d}\zeta}\mathrm{d}\zeta\right)\theta' \\ -\theta'(\eta_0 \sin\theta + \zeta_0 \cos\theta)\left(\sqrt{1 - v^{+2} - w^{+2}} - u^+\right)\mathrm{d}r \\ \quad + \cos\theta\dfrac{\mathrm{d}\eta_0}{\mathrm{d}\eta}\mathrm{d}\eta - \sin\theta\dfrac{\mathrm{d}\zeta_0}{\mathrm{d}\zeta}\mathrm{d}\zeta \\ \theta'(\eta_0 \cos\theta - \zeta_0 \sin\theta)\left(\sqrt{1 - v^{+2} - w^{+2}} - u^+\right)\mathrm{d}r \\ \quad + \sin\theta\dfrac{\mathrm{d}\eta_0}{\mathrm{d}\eta}\mathrm{d}\eta + \cos\theta\dfrac{\mathrm{d}\zeta_0}{\mathrm{d}\zeta}\mathrm{d}\zeta \end{array} \right] \tag{7.113}
$$

将式 (7.112) 和式 (7.113) 代入式 (7.98)，可求解出应变张量 ε_{ij}，各应变分量表达式为

$$
\begin{aligned}
2\varepsilon_{11} =& (-\eta\omega_k + \zeta\omega_j)^2 + (\lambda\omega_k(\theta + \phi)^+ + \zeta\omega_i)^2 + (\lambda\omega_j(\theta + \phi)^+ + \eta\omega_i)^2 \\
& + \lambda^2(\theta + \phi)^{++^2} + 2(-\eta\omega_k + \zeta\omega_j) - 2\lambda(\theta + \phi)^{++}(1 - \eta\omega_k + \zeta\omega_j) + v^{+^2} \\
& + w^{+^2} - u^{+^2} + 2u^+\sqrt{1 - v^{+2} - w^{+2}} - x^{+^2}\theta'^2(\eta_0^2 + \zeta_0^2) \\
& + x^{+^2}(2\lambda_0\theta'' - \lambda_0^2\theta''^2)
\end{aligned} \tag{7.114}
$$

$$
\begin{aligned}
2\varepsilon_{12} =& \lambda\lambda_\eta(\theta + \phi)^+(\theta + \phi)^{++} - \lambda_\eta(\theta + \phi)^+(1 - \eta\omega_k + \zeta\omega_j) \\
& - (\lambda\omega_k(\theta + \phi)^+ + \zeta\omega_i) + x^+\theta'\frac{\mathrm{d}\eta_0}{\mathrm{d}\eta}(\lambda_{\eta_0}(1 - \lambda_0\theta'') + \zeta_0)
\end{aligned} \tag{7.115}
$$

$$
\begin{aligned}
2\varepsilon_{13} =& \lambda\lambda_\zeta(\theta + \phi)^+(\theta + \phi)^{++} - \lambda_\zeta(\theta + \phi)^+(1 - \eta\omega_k + \zeta\omega_j) \\
& + (\lambda\omega_j(\theta + \phi)^+ + \eta\omega_i) + x^+\theta'\frac{\mathrm{d}\zeta_0}{\mathrm{d}\zeta}(\lambda_{\zeta_0}(1 - \lambda_0\theta'') - \eta_0)
\end{aligned} \tag{7.116}
$$

$$
2\varepsilon_{22} = 1 - \left(\frac{\mathrm{d}\eta_0}{\mathrm{d}\eta}\right)^2 + \lambda_\eta^2(\theta + \phi)^{+^2} - \lambda_{\eta_0}^2\theta'^2\left(\frac{\mathrm{d}\eta_0}{\mathrm{d}\eta}\right)^2 \tag{7.117}
$$

$$
2\varepsilon_{23} = \lambda_\eta\lambda_\zeta(\theta + \phi)^{+^2} - \lambda_{\eta_0}\lambda_{\zeta_0}\left(\frac{\mathrm{d}\eta_0}{\mathrm{d}\eta}\right)\left(\frac{\mathrm{d}\zeta_0}{\mathrm{d}\zeta}\right)\theta'^2 \tag{7.118}
$$

$$
2\varepsilon_{33} = 1 - \left(\frac{\mathrm{d}\zeta_0}{\mathrm{d}\zeta}\right)^2 + \lambda_\zeta^2(\theta + \phi)^{+^2} - \lambda_{\zeta_0}^2\theta'\left(\frac{\mathrm{d}\zeta_0}{\mathrm{d}\zeta}\right)^2 \tag{7.119}
$$

式中

$$
\left\{ \begin{array}{l} \theta^+ = \theta'x^+ \\ \theta^{++} = \theta''x^{+^2} + \theta'x^{++} \end{array} \right. \tag{7.120}
$$

式 (7.114) ～式 (7.119) 给出了经典应变分量的表达形式，方程中主要包含：位移变量 u、v、w 和 ϕ；翘曲函数 λ，可通过拉普拉斯方程确定；曲率 ω_i、ω_j 和 ω_k，表达式参考前面内容；剖面坐标 η、η_0、ζ 和 ζ_0；预扭角 θ。

为了建立 η_0 和 ζ_0 与 η 和 ζ 之间的关系, 对于细长柔性梁, 假定非轴向应力为零, 即 $\sigma_{22}=\sigma_{33}=\sigma_{23}$, 根据胡克定律, 有

$$\begin{cases} \varepsilon_{22} = -\nu\varepsilon_{11} \\ \varepsilon_{33} = -\nu\varepsilon_{11} \end{cases} \tag{7.121}$$

由 ε_{22} 的表达式 (7.117) 和 ε_{33} 的表达式 (7.119), 式 (7.121) 可表示为

$$\begin{cases} -2\nu\varepsilon_{11} = 1 - \left(\dfrac{\mathrm{d}\eta_0}{\mathrm{d}\eta}\right)^2 + \lambda_\eta^2(\theta+\phi)^{+^2} - \lambda_{\eta_0}^2\theta'^2\left(\dfrac{\mathrm{d}\eta_0}{\mathrm{d}\eta}\right)^2 \\ -2\nu\varepsilon_{11} = 1 - \left(\dfrac{\mathrm{d}\zeta_0}{\mathrm{d}\zeta}\right)^2 + \lambda_\zeta^2(\theta+\phi)^{+^2} - \lambda_{\zeta_0}^2\theta'^2\left(\dfrac{\mathrm{d}\zeta_0}{\mathrm{d}\zeta}\right)^2 \end{cases} \tag{7.122}$$

由式 (7.122) 可求解出

$$\begin{cases} \left(\dfrac{\mathrm{d}\eta_0}{\mathrm{d}\eta}\right)^2 = \dfrac{1 + 2\nu\varepsilon_{11} + \lambda_\eta^2(\theta+\phi)^{+^2}}{1 + \lambda_{\eta_0}^2\theta'^2} \\ \left(\dfrac{\mathrm{d}\zeta_0}{\mathrm{d}\zeta}\right)^2 = \dfrac{1 + 2\nu\varepsilon_{11} + \lambda_\zeta^2(\theta+\phi)^{+^2}}{1 + \lambda_{\zeta_0}^2\theta'^2} \end{cases} \tag{7.123}$$

精确到二阶, 式 (7.123) 可化简为

$$\left(\dfrac{\mathrm{d}\eta_0}{\mathrm{d}\eta}\right)^2 = \left(\dfrac{\mathrm{d}\zeta_0}{\mathrm{d}\zeta}\right)^2 \approx 1 \tag{7.124}$$

因此, 如精确到二阶, η 和 ζ 等效于 η_0 和 ζ_0, 且 λ 等效于 λ_0。

精确到二阶时, 存在$\mathrm{d}x/\mathrm{d}r \approx 1$, 即有 $()'=()^+$, 将式 (7.124) 代入式 (7.114)~式 (7.116), 该 3 个应变表达式可化简为

$$\begin{aligned} \varepsilon_{11} =& u' + \dfrac{v'^2}{2} + \dfrac{w'^2}{2} - \lambda\phi'' + (\eta^2 + \zeta^2)\left(\theta'\phi' + \dfrac{\phi'^2}{2}\right) \\ &- v''(\eta\cos(\theta+\phi) - \zeta\sin(\theta+\phi)) - w''(\eta\sin(\theta+\phi) + \zeta\cos(\theta+\phi)) \end{aligned} \tag{7.125}$$

$$\varepsilon_{12} = -\dfrac{1}{2}(\zeta + \lambda_\eta)\phi' \tag{7.126}$$

$$\varepsilon_{13} = -\dfrac{1}{2}(\eta - \lambda_\zeta)\phi' \tag{7.127}$$

应变 ε_{11} 的表达式中 ϕ'^2 对应项为四阶项, 明显高于其他项, 按道理该项可以被忽略, 但其会在扭矩中出现, 特定情况下可能有用, 所以予以保留。ε_{23} 的表达式说明其并非严格为零, 与 $\sigma_{23}=0$ 相矛盾, 但是其幅值明显比剪切应变 ε_{12} 和 ε_{13} 小两个量级以上, 因此从精确到二阶来说, 可以假定 $\sigma_{23}=0$。此处考虑的是梁工程问题, 工程应变与应变张量存在如下关系:

$$\begin{cases} \varepsilon_{xx} = \varepsilon_{11} \\ \varepsilon_{x\eta} = 2\varepsilon_{12} \\ \varepsilon_{x\zeta} = 2\varepsilon_{13} \end{cases} \tag{7.128}$$

四、应力应变关系

对于均匀各向同性材料，工程应力和应变之间存在如下关系：

$$\begin{cases} \sigma_{xx} = E\varepsilon_{xx} \\ \sigma_{x\eta} = G\varepsilon_{x\eta} \\ \sigma_{x\zeta} = G\varepsilon_{x\zeta} \end{cases} \tag{7.129}$$

那么整片桨叶的弹性势能为

$$U = \frac{1}{2}\int_0^R \iint_A (\sigma_{xx}\varepsilon_{xx} + \sigma_{x\eta}\varepsilon_{x\eta} + \sigma_{x\zeta}\varepsilon_{x\zeta})\mathrm{d}\eta\mathrm{d}\zeta\mathrm{d}x \tag{7.130}$$

弹性势能的变分为

$$\delta U = \int_0^R \iint_A (\sigma_{xx}\delta\varepsilon_{xx} + \sigma_{x\eta}\delta\varepsilon_{x\eta} + \sigma_{x\zeta}\delta\varepsilon_{x\zeta})\mathrm{d}\eta\mathrm{d}\zeta\mathrm{d}x \tag{7.131}$$

由式 (7.125)~ 式 (7.127)，应变 ε_{xx}、$\varepsilon_{x\eta}$ 和 $\varepsilon_{x\zeta}$ 的变分为

$$\begin{aligned} \delta\varepsilon_{xx} =& \delta u' + v'\delta v' + w'\delta w' - \lambda\delta\phi'' + (\eta^2 + \zeta^2)(\theta' + \phi')\delta\phi' \\ &- (\eta\cos(\theta+\phi) - \zeta\sin(\theta+\phi))(\delta v'' + w''\delta\phi) \\ &- (\eta\sin(\theta+\phi) + \zeta\cos(\theta+\phi))(\delta w'' - v''\delta\phi) \end{aligned} \tag{7.132}$$

$$\delta\varepsilon_{x\eta} = -\hat{\zeta}\delta\phi' \tag{7.133}$$

$$\delta\varepsilon_{x\zeta} = -\hat{\eta}\delta\phi' \tag{7.134}$$

式中

$$\begin{cases} \hat{\zeta} = \zeta + \lambda_\eta \\ \hat{\eta} = \eta - \lambda_\zeta \end{cases} \tag{7.135}$$

由应力应变关系以及应变的变分，那么弹性势能可写为

$$\begin{aligned} \delta U = \int_0^R &\left(V_{x'}(\delta u' + v'\delta v' + w'\delta w') + (S_{x'} + T_{x'})\delta\phi' + P_{x'}\delta\phi'' \right. \\ &+ (M_{z'}\cos(\theta+\phi) + M_{y'}\sin(\theta+\phi))(\delta v'' + w''\delta\phi) \\ &\left. + (M_{z'}\sin(\theta+\phi) - M_{y'}\cos(\theta+\phi))(\delta w'' - v''\delta\phi) \right)\mathrm{d}x \end{aligned} \tag{7.136}$$

式中

$$\begin{aligned} V_{x'} &= \iint_A \sigma_{xx}\mathrm{d}\eta\mathrm{d}\zeta \\ &= EA\left(u' + \frac{v'^2}{2} + \frac{w'^2}{2} + k_A^2\theta'\phi' - e_A(v''\cos(\theta+\phi) + w''\sin(\theta+\phi)) \right) \end{aligned} \tag{7.137}$$

$$S_{x'} = \iint_A \left(\hat{\eta}\sigma_{x\zeta} - \hat{\zeta}\sigma_{x\eta} \right)\mathrm{d}\eta\mathrm{d}\zeta = GJ\phi' \tag{7.138}$$

$$T_{x'} = \iint_A (\theta + \phi)' \sigma_{xx} (\eta^2 + \varsigma^2) \mathrm{d}\eta \mathrm{d}\varsigma$$

$$= EAk_A^2 (\theta + \phi)' \left(u' + \frac{v'^2}{2} + \frac{w'^2}{2} \right)$$

$$+ EB_1^* \theta'^2 \phi' - EB_2^* \theta' (v'' \cos\theta + w'' \sin\theta) \tag{7.139}$$

$$P_{x'} = - \iint_A \lambda \sigma_{xx} \mathrm{d}\eta \mathrm{d}\varsigma = EC_1 \phi'' + EC_1^* (w'' \cos\theta - v'' \sin\theta) \tag{7.140}$$

$$M_{y'} = \iint_A \varsigma \sigma_{xx} \mathrm{d}\eta \mathrm{d}\varsigma = EI_{y'} (v'' \sin(\theta + \phi) - w'' \cos(\theta + \phi)) - EC_1^* \phi'' \tag{7.141}$$

$$M_{z'} = - \iint_A \eta \sigma_{xx} \mathrm{d}\eta \mathrm{d}\varsigma = EI_{z'} (v'' \cos(\theta + \phi) + w'' \sin(\theta + \phi))$$

$$- EAe_A \left(u' + \frac{v'^2}{2} + \frac{w'^2}{2} \right) - EB_2^* \theta' \phi' \tag{7.142}$$

上述表达式中采用了如下定义的对桨叶剖面的积分:

$$\begin{cases}
A = \iint_A \mathrm{d}\eta \mathrm{d}\varsigma, \quad Ae_A = \iint_A \eta \mathrm{d}\eta \mathrm{d}\varsigma \\
I_{y'} = \iint_A \varsigma^2 \mathrm{d}\eta \mathrm{d}\varsigma, \quad I_{z'} = \iint_A \eta^2 \mathrm{d}\eta \mathrm{d}\varsigma \\
Ak_A^2 = \iint_A (\eta^2 + \varsigma^2) \mathrm{d}\eta \mathrm{d}\varsigma, \quad J = \iint_A (\widehat{\eta}^2 + \widehat{\varsigma}^2) \mathrm{d}\eta \mathrm{d}\varsigma \\
B_1^* = \iint_A (\eta^2 + \varsigma^2)^2 \mathrm{d}\eta \mathrm{d}\varsigma, \quad B_2^* = \iint_A \eta(\eta^2 + \varsigma^2) \mathrm{d}\eta \mathrm{d}\varsigma \\
C_1 = \iint_A \lambda^2 \mathrm{d}\eta \mathrm{d}\varsigma, \quad C_1^* = \iint_A \lambda \varsigma \mathrm{d}\eta \mathrm{d}\varsigma
\end{cases} \tag{7.143}$$

式中, A 为剖面面积; $I_{y'}$ 和 $I_{z'}$ 为剖面挥舞和弦向惯性矩; Ak_A^2 为剖面极惯性矩; J 为考虑剖面翘曲的扭转常数, 如不考虑翘曲, 就等于剖面极惯性矩; e_A 为拉伸轴偏移弹性轴距离; C_1 为翘曲刚度, B_1^*、B_2^* 和 C_1^* 为剖面常数。由于桨叶剖面关于 η 轴对称, λ 为反对称性, 如下积分为零, 因此未出现在弹性势能各项表达式中, 有

$$\begin{cases}
\iint_A \lambda \mathrm{d}\eta \mathrm{d}\varsigma = 0, \quad \iint_A \lambda(\eta^2 + \varsigma^2) \mathrm{d}\eta \mathrm{d}\varsigma = 0 \\
\iint_A \varsigma \mathrm{d}\eta \mathrm{d}\varsigma = 0, \quad \iint_A \eta \varsigma \mathrm{d}\eta \mathrm{d}\varsigma = 0 \\
\iint_A \varsigma(\eta^2 + \varsigma^2) \mathrm{d}\eta \mathrm{d}\varsigma = 0, \quad \iint_A \eta \lambda \mathrm{d}\eta \mathrm{d}\varsigma = 0
\end{cases} \tag{7.144}$$

　　由于中等变形梁模型的复杂性, 采用牛顿第二定律建立桨叶动力学方程时, 运动间非线性耦合较为复杂, 带来的受力分析较为烦琐, 容易造成动力学方程中出现丢项和漏项, 难以得到正确的系统动力学方程。因此, 建立基于中等变形梁的旋翼动力学模型时, 通常采用哈密顿原理 (Hamilton's principle) 等方法。

第三节　复合材料中等变形梁模型

一、复合材料桨叶

复合材料是人们运用先进的材料制备技术将不同性质的材料组分优化组合而成的新材料，由于复合材料具有重量轻、强度高、加工成型方便、弹性优良、耐化学腐蚀和耐候性好等优点，现代直升机旋翼普遍采用复合材料桨叶。图 7.9 为一款复合材料模型桨叶结构图，图中模型桨叶的 C 型大梁、蒙皮和后缘条等部件均采用了复合材料。

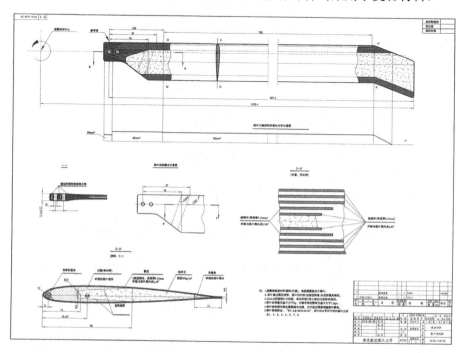

图 7.9　复合材料模型桨叶结构图

不同于金属等各向同性材料，复合材料桨叶动力学建模需考虑复合材料的各向异性，建模过程需采用复合材料的本构关系或者应力应变关系。先进直升机复合材料旋翼桨叶的几何非线性大变形特征较为明显，因此，中等变形梁模型在旋翼动力学研究中被广泛应用。Hodges 和 Dowell 最早提出了基于各向同性材料的中等变形梁模型 (Hodges and Dowell, 1974)，如前面所述，随后中等变形梁模型被广泛用于直升机旋翼动力学建模，直升机动力学综合分析软件 COMRAD、RCAS、2GCHAS 和 UMARC 等的旋翼桨叶模型均采用中等变形梁模型 (Straub et al., 1994; Johnson, 1998; Hopkins and Ormiston, 2003)。本节复合材料桨叶模型采用 Johnson 构建的中等变形梁模型 (Johnson, 1998)。

二、应变位移关系

假定桨叶为直梁，长度为 l，坐标系原点定义在桨叶根部，x 轴与桨叶弹性轴重合，指向桨尖，桨距角 θ_C 定义为 yOz 平面绕 x 轴转角。桨叶剖面坐标系原点位于剖面与弹性轴交点，η 轴和 ζ 轴与剖面结构主轴平行，η 轴与翼弦线重合，指向前缘，ζ 轴与 η 轴垂直，且指向翼型上表面，$O\eta$ 轴与 Oy 轴夹角为预扭角 θ，抬头为正。所定义坐标系与图 7.2 一致。桨叶剖面上任意点 $[x\ \ \eta\ \ \zeta]^{\mathrm T}$ 位置矢量在桨叶坐标系中为

$$\boldsymbol r = \begin{bmatrix} x \\ 0 \\ 0 \end{bmatrix} + \boldsymbol X_{-\theta} \begin{bmatrix} 0 \\ \eta \\ \zeta \end{bmatrix} \tag{7.145}$$

式中

$$\boldsymbol X_{-\theta} = \begin{bmatrix} 1 & 0 & 0 \\ 0 & \cos\theta & -\sin\theta \\ 0 & \sin\theta & \cos\theta \end{bmatrix} \tag{7.146}$$

变形后，桨叶剖面与弹性轴交点沿 x 轴向有位移 u，在横向剪切力作用下剖面旋转，在 y 轴和 z 轴方向有位移 v 和 w，随后剖面绕变形后弹性轴扭转角 ϕ。在剖面坐标系内，剖面还有三维翘曲变形，三方向上位移分别记为 W_1、W_2 和 W_3，剖面上任意点 $[x\ \ \eta\ \ \zeta]^{\mathrm T}$ 变形后位置矢量在桨叶坐标系中为

$$\boldsymbol R = \begin{bmatrix} x+u \\ v \\ w \end{bmatrix} + \boldsymbol C \begin{bmatrix} 0 \\ \eta \\ \zeta \end{bmatrix} + \boldsymbol C \begin{bmatrix} W_1 \\ W_2 \\ W_3 \end{bmatrix} \tag{7.147}$$

式中，$\boldsymbol C$ 为变形前后坐标系转换矩阵，变形前剖面经过摆振 ζ、挥舞 $\bar\beta$ 和扭转 $\bar\theta$ 等运动后到达变形后位置，转换矩阵 $\boldsymbol C$ 可表示为

$$\begin{aligned}
\boldsymbol C &= \boldsymbol C_{\bar\zeta}\boldsymbol C_{\bar\beta}\boldsymbol C_{\bar\theta} \\
&= \begin{bmatrix} \cos\bar\zeta\cos\bar\beta & -\sin\bar\zeta\cos\bar\theta-\cos\bar\zeta\sin\bar\beta\sin\bar\theta & \sin\bar\zeta\sin\bar\theta-\cos\bar\zeta\sin\bar\beta\cos\bar\theta \\ \sin\bar\zeta\cos\bar\beta & \cos\bar\zeta\cos\bar\theta-\sin\bar\zeta\sin\bar\beta\sin\bar\theta & -\cos\bar\zeta\sin\bar\theta-\sin\bar\zeta\sin\bar\beta\cos\bar\theta \\ \sin\bar\beta & \cos\bar\beta\sin\bar\theta & \cos\bar\beta\cos\bar\theta \end{bmatrix}
\end{aligned} \tag{7.148}$$

式中

$$\boldsymbol C_{\bar\zeta} = \begin{bmatrix} \cos\bar\zeta & -\sin\bar\zeta & 0 \\ \sin\bar\zeta & \cos\bar\zeta & 0 \\ 0 & 0 & 1 \end{bmatrix} \tag{7.149}$$

$$\boldsymbol C_{\bar\beta} = \begin{bmatrix} \cos\bar\beta & 0 & -\sin\bar\beta \\ 0 & 1 & 0 \\ \sin\bar\beta & 0 & \cos\bar\beta \end{bmatrix} \tag{7.150}$$

$$\boldsymbol C_{\bar\theta} = \begin{bmatrix} 1 & 0 & 0 \\ 0 & \cos\bar\theta & -\sin\bar\theta \\ 0 & \sin\bar\theta & \cos\bar\theta \end{bmatrix} \tag{7.151}$$

桨叶动力学问题通常被分解为一维非线性梁动力学问题和二维线性剖面特性问题，翘曲的影响通常被考虑在剖面特性中，以简化桨叶动力学问题。力矩应变 κ 定义为

$$\kappa = K - k \tag{7.152}$$

式中，K 为变形后梁的曲率矢量，k 为未变形梁的曲率矢量 (Hodges, 2006)。定义

$$\tilde{K} = C^{\mathrm{T}} C' \tag{7.153}$$

运算符 "~" 按以下规则进行计算：

$$\begin{bmatrix} \tilde{x} \\ y \\ z \end{bmatrix} = \begin{bmatrix} 0 & -z & y \\ z & 0 & -x \\ -y & x & 0 \end{bmatrix} \tag{7.154}$$

将式 (7.148)~ 式 (7.151) 代入式 (7.153)，有

$$C^{\mathrm{T}} C' = \begin{bmatrix} 0 & -\cos\bar\beta\cos\bar\theta & \sin\bar\theta\cos\bar\beta \\ \cos\bar\theta\cos\bar\beta & 0 & -\sin\bar\beta \\ -\sin\bar\theta\cos\bar\beta & \sin\bar\beta & 0 \end{bmatrix} \bar\zeta' \\ + \begin{bmatrix} 0 & -\sin\bar\theta & -\cos\bar\theta \\ \sin\bar\theta & 0 & 0 \\ \cos\bar\theta & 0 & 0 \end{bmatrix} \bar\beta' + \begin{bmatrix} 0 & 0 & 0 \\ 0 & 0 & -1 \\ 0 & 1 & 0 \end{bmatrix} \bar\theta' \tag{7.155}$$

那么，有

$$K = \begin{bmatrix} \bar\zeta'\sin\bar\beta + \bar\theta' \\ \bar\zeta'\sin\bar\theta\cos\bar\beta - \bar\beta'\cos\bar\theta \\ \bar\zeta'\cos\bar\beta\cos\theta + \bar\beta'\sin\bar\theta \end{bmatrix} \tag{7.156}$$

同理，有

$$\tilde{k} = (X_{-\theta})^{\mathrm{T}} X'_{-\theta} = \begin{bmatrix} 0 & 0 & 0 \\ 0 & 0 & -\theta' \\ 0 & \theta' & 0 \end{bmatrix} \tag{7.157}$$

即

$$k = \begin{bmatrix} \theta' \\ 0 \\ 0 \end{bmatrix} \tag{7.158}$$

力应变 γ 定义为

$$\gamma = C^{\mathrm{T}} \begin{bmatrix} 1+u' \\ v' \\ w' \end{bmatrix} - \begin{bmatrix} 1 \\ 0 \\ 0 \end{bmatrix} = \begin{bmatrix} \bar\varepsilon_{11} \\ 2\bar\varepsilon_{12} \\ 2\bar\varepsilon_{13} \end{bmatrix} \tag{7.159}$$

根据挥舞和摆振角度定义,按前面中等变形梁变换关系,有

$$\begin{cases} \sin\bar{\beta} = w^+ \\ \cos\bar{\beta} = \sqrt{1-\sin^2\bar{\beta}} \end{cases} \tag{7.160}$$

和

$$\begin{cases} \sin\bar{\zeta} = v^+/\sqrt{1-w^{+2}} \\ \cos\bar{\zeta} = \sqrt{1-\sin^2\bar{\zeta}} \end{cases} \tag{7.161}$$

式中,$()^+ = ()/\partial r$。由中等变形梁的变形关系,精确到二阶时,存在$\mathrm{d}x/\mathrm{d}r \approx 1$,即有$()' = ()^+$,那么有

$$\begin{cases} \sin\bar{\beta} = w' \\ \cos\bar{\beta} = \sqrt{1-\sin^2\bar{\beta}} \end{cases} \tag{7.162}$$

和

$$\begin{cases} \sin\bar{\zeta} = v' \\ \cos\bar{\zeta} = \sqrt{1-\sin^2\bar{\zeta}} \end{cases} \tag{7.163}$$

由以上两式可得到

$$(\sin\bar{\beta})' = \bar{\beta}'\cos\bar{\beta} = w'' \rightarrow \bar{\beta}' = \frac{w''}{\sqrt{1-(w')^2}} \tag{7.164}$$

和

$$(\sin\bar{\zeta})' = \bar{\zeta}'\cos\bar{\zeta} = v'' \rightarrow \bar{\zeta}' = \frac{v''}{\sqrt{1-(v')^2}} \tag{7.165}$$

将上述表达式代入 $\boldsymbol{K}$ 的表达式中,可导出

$$\boldsymbol{K} = \begin{bmatrix} \bar{\zeta}'\sin\bar{\beta} + \bar{\theta}' \\ \bar{\zeta}'\sin\bar{\theta}\cos\bar{\beta} - \bar{\beta}'\cos\bar{\theta} \\ \bar{\zeta}'\cos\bar{\beta}\cos\bar{\theta} + \bar{\beta}'\sin\bar{\theta} \end{bmatrix} = \begin{bmatrix} v''w' + \bar{\theta}' \\ v''\sin\bar{\theta} - w''\cos\bar{\theta} \\ v''\cos\bar{\theta} + w''\sin\bar{\theta} \end{bmatrix} \tag{7.166}$$

根据式 (7.166) 和式 (7.158),力矩应变$\boldsymbol{\kappa}$的表达式为

$$\boldsymbol{\kappa} = \begin{bmatrix} \phi' \\ -\cos\bar{\theta}w'' + \sin\bar{\theta}v'' \\ \sin\bar{\theta}w'' + \cos\bar{\theta}v'' \end{bmatrix} \tag{7.167}$$

式中

$$\phi' = v''w' + \bar{\theta}' - \theta' \tag{7.168}$$

即有

$$\bar{\theta} = \theta + \phi - \int_0^x w'v''\mathrm{d}x \cong \theta + \phi \tag{7.169}$$

也可表示为

$$\bar{\theta} = \theta + \phi_e \tag{7.170}$$

式中

$$\phi_e = \phi - \int_0^x w'v'' \mathrm{d}x \tag{7.171}$$

力矩应变 κ 的变分为

$$\delta\boldsymbol{\kappa} = \begin{bmatrix} \delta\phi' \\ \sin\bar{\theta}w''\delta\bar{\theta} - \cos\bar{\theta}\delta w'' + \cos\bar{\theta}v''\delta\bar{\theta} + \sin\bar{\theta}\delta v'' \\ \cos\bar{\theta}w''\delta\bar{\theta} + \sin\bar{\theta}\delta w'' - \sin\bar{\theta}v''\delta\bar{\theta} + \cos\bar{\theta}\delta v'' \end{bmatrix} \tag{7.172}$$

根据经典中等变形梁变形前后转换矩阵 (Hodges and Dowell, 1974)，变形前后坐标转换矩阵为

$$
\begin{aligned}
\boldsymbol{C} &= \begin{bmatrix} \sqrt{1-w'^2}\sqrt{1-v'^2} & -v'\cos\bar{\theta} - w'\sqrt{1-v'^2}\sin\bar{\theta} & v'\sin\bar{\theta} - w'\sqrt{1-v'^2}\cos\bar{\theta} \\ v'\sqrt{1-w'^2} & \sqrt{1-v'^2}\cos\bar{\theta} & -\sqrt{1-v'^2}\sin\bar{\theta} - v'w'\cos\bar{\theta} \\ w' & \sqrt{1-w'^2}\sin\bar{\theta} & \sqrt{1-w'^2}\cos\bar{\theta} \end{bmatrix} \\[2mm]
&= \begin{bmatrix} 1 - \dfrac{v'^2}{2} - \dfrac{w'^2}{2} & -v'\cos\bar{\theta} - w'\sin\bar{\theta} & v'\sin\bar{\theta} - w'\cos\bar{\theta} \\ v' & \left(1 - \dfrac{v'^2}{2}\right)\cos\bar{\theta} & -\left(1 - \dfrac{v'^2}{2}\right)\sin\bar{\theta} \\ w' & \left(1 - \dfrac{w'^2}{2}\right)\sin\bar{\theta} & \left(1 - \dfrac{w'^2}{2}\right)\cos\bar{\theta} \end{bmatrix}
\end{aligned} \tag{7.173}
$$

将变形前后转换矩阵代入力应变表达式中，有

$$
\begin{aligned}
\boldsymbol{\gamma} &= \begin{bmatrix} 1 - \dfrac{v'^2}{2} - \dfrac{w'^2}{2} & v' & w' \\ -v'\cos\bar{\theta} - w'\sin\bar{\theta} & \left(1 - \dfrac{v'^2}{2}\right)\cos\bar{\theta} & \left(1 - \dfrac{w'^2}{2}\right)\sin\bar{\theta} \\ v'\sin\bar{\theta} - w'\cos\bar{\theta} & -\left(1 - \dfrac{v'^2}{2}\right)\sin\bar{\theta} & \left(1 - \dfrac{w'^2}{2}\right)\cos\bar{\theta} \end{bmatrix} \begin{bmatrix} 1+u' \\ v' \\ w' \end{bmatrix} \\[2mm]
&\quad - \begin{bmatrix} 1 \\ 0 \\ 0 \end{bmatrix} = \begin{bmatrix} u' + \dfrac{v'^2}{2} + \dfrac{w'^2}{2} \\ 0 \\ 0 \end{bmatrix}
\end{aligned} \tag{7.174}
$$

定义

$$u_e' = u' + \frac{v'^2}{2} + \frac{w'^2}{2} \tag{7.175}$$

则有

$$u_e = u + \frac{1}{2}\int_0^x \left(v'^2 + w'^2\right) \mathrm{d}x \tag{7.176}$$

三、梁应变能

梁剖面力和力矩与应变存在如下关系：

$$
\begin{bmatrix} F_x \\ F_y \\ F_z \\ M_x \\ M_y \\ M_z \end{bmatrix} = \int \begin{bmatrix} 1 & 0 & 0 \\ \theta'_C \zeta & 1 & 0 \\ -\theta'_C \eta & 0 & 1 \\ -\theta'_C \left(\zeta\lambda_\eta - \eta\lambda_\zeta\right) + \phi'\left(\eta^2 + \zeta^2\right) & \lambda_\eta - \zeta & \lambda_\zeta + \eta \\ \zeta & 0 & 0 \\ -\eta & 0 & 0 \end{bmatrix} \begin{bmatrix} \sigma_{11} \\ \sigma_{12} \\ \sigma_{13} \end{bmatrix} \mathrm{d}A
$$

$$
= \boldsymbol{S}_{6\times6} \begin{bmatrix} u'_e \\ 2\bar{\varepsilon}_{12} \\ 2\bar{\varepsilon}_{13} \\ \phi' \\ \kappa_y \\ \kappa_z \end{bmatrix} \tag{7.177}
$$

式中，λ 为翘曲函数。剖面应变为

$$
\begin{bmatrix} \varepsilon_{11} \\ 2\varepsilon_{12} \\ 2\varepsilon_{13} \end{bmatrix} = \begin{bmatrix} 1 & \theta'_C \zeta & -\theta'_C \eta & \theta'_C \left(\zeta\lambda_\eta - \eta\lambda_\zeta\right) + \dfrac{1}{2}\phi'\left(\eta^2 + \zeta^2\right) & \zeta & -\eta \\ 0 & 1 & 0 & \lambda_\eta - \zeta & 0 & 0 \\ 0 & 0 & 1 & \lambda_\zeta + \eta & 0 & 0 \end{bmatrix} \begin{bmatrix} u'_e \\ 2\bar{\varepsilon}_{12} \\ 2\bar{\varepsilon}_{13} \\ \phi' \\ \kappa_y \\ \kappa_z \end{bmatrix}
$$
$$\tag{7.178}$$

根据哈密顿原理，梁应变能变分为应力与应变变分乘积的积分，即

$$
\delta U = \int_V \delta\boldsymbol{\varepsilon}^{\mathrm{T}} \boldsymbol{\sigma} \mathrm{d}V = \int (\sigma_{11}\delta\varepsilon_{11} + \sigma_{22}\delta\varepsilon_{22} + \sigma_{33}\delta\varepsilon_{33} + 2\sigma_{12}\delta\varepsilon_{12}
$$
$$
+ 2\sigma_{13}\delta\varepsilon_{13} + 2\sigma_{23}\delta\varepsilon_{23})\mathrm{d}V \tag{7.179}
$$

应力通常通过连续性方程得到，即

$$
\sigma_{ij} = E_{ijkl}\varepsilon_{kl} \tag{7.180}
$$

对于梁动力学问题，通常作用于梁剖面内的应力更重要，忽略 σ_{22}、σ_{23} 和 σ_{33} 的影响，本构方程 (constitutive relation) 可简化为

$$
\begin{bmatrix} \sigma_{11} \\ \sigma_{12} \\ \sigma_{13} \end{bmatrix} = \begin{bmatrix} Q_{11} & Q_{15} & Q_{16} \\ Q_{51} & Q_{55} & Q_{56} \\ Q_{61} & Q_{65} & Q_{66} \end{bmatrix} \begin{bmatrix} \varepsilon_{11} \\ 2\varepsilon_{12} \\ 2\varepsilon_{13} \end{bmatrix} \tag{7.181}
$$

式中，$Q_{ij}(i=1,2,\cdots,6;\ j=1,2,\cdots,6)$ 为刚度系数。将桨叶应变能可写成剖面力形式，即

$$\delta U = \int_A \int_l \delta\boldsymbol{\varepsilon}^{\mathrm{T}}\boldsymbol{\sigma}\mathrm{d}V = \int_l (F_x\delta u_e' + F_y 2\delta\bar{\varepsilon}_{12} + F_z 2\delta\bar{\varepsilon}_{13} + M_x\delta\phi' + M_y\delta\kappa_y + M_z\delta\kappa_z)\mathrm{d}x \tag{7.182}$$

剖面所对应的本构方程为

$$
\begin{bmatrix} F_x \\ F_y \\ F_z \\ M_x \\ M_y \\ M_z \end{bmatrix}
=
\begin{bmatrix}
S_{11} & S_{12} & S_{13} & S_{14} & S_{15} & S_{16} \\
S_{21} & S_{22} & S_{23} & S_{24} & S_{25} & S_{26} \\
S_{31} & S_{32} & S_{33} & S_{34} & S_{35} & S_{36} \\
S_{41} & S_{42} & S_{43} & S_{44} & S_{45} & S_{46} \\
S_{51} & S_{52} & S_{53} & S_{54} & S_{55} & S_{56} \\
S_{61} & S_{62} & S_{63} & S_{64} & S_{65} & S_{66}
\end{bmatrix}
\begin{bmatrix} u_e' \\ 2\bar{\varepsilon}_{12} \\ 2\bar{\varepsilon}_{13} \\ \phi' \\ \kappa_y \\ \kappa_z \end{bmatrix}
= \boldsymbol{S}_{6\times6}
\begin{bmatrix} u_e' \\ 2\bar{\varepsilon}_{12} \\ 2\bar{\varepsilon}_{13} \\ \phi' \\ \kappa_y \\ \kappa_z \end{bmatrix}
\tag{7.183}
$$

式中，$\boldsymbol{S}$ 为剖面刚度矩阵，表征的是剖面力和力矩与应变和曲率间的关系，复合材料桨叶剖面特性计算相对复杂，可参考相关文献或软件进行计算分析 (Cesnik et al., 1996; Cesnik and Hodges, 1997; Yu et al., 2002; Hodges, 2006)。如忽略横向剪切力的影响，应变能化简为

$$\delta U = \int_A \int_l \delta\boldsymbol{\varepsilon}^{\mathrm{T}}\boldsymbol{\sigma}\mathrm{d}V = \int_l (F_x\delta u_e' + M_x\delta\phi' + M_y\delta\kappa_y + M_z\delta\kappa_z)\mathrm{d}x \tag{7.184}$$

相应的本构方程由 6×6 矩阵化简为 4×4 矩阵，考虑拉扭耦合项，剖面本构关系可表示为

$$
\begin{bmatrix} F_x \\ M_x \\ M_y \\ M_z \end{bmatrix}
=
\begin{bmatrix}
S_{uu} & S_{u\phi} + \dfrac{1}{2}\phi' S_{uu} k_P^2 & S_{uw} & S_{uv} \\
S_{\phi u} + \phi' S_{uu} k_P^2 & S_{\phi\phi} & S_{\phi w} & S_{\phi v} \\
S_{wu} & S_{w\phi} & S_{ww} & S_{wv} \\
S_{vu} & S_{v\phi} & S_{vw} & S_{vv}
\end{bmatrix}
\begin{bmatrix} u_e' \\ \phi' \\ \kappa_y \\ \kappa_z \end{bmatrix}
$$

$$
= \boldsymbol{S}_{4\times4}
\begin{bmatrix} u_e' \\ \phi' \\ \kappa_y \\ \kappa_z \end{bmatrix}
\tag{7.185}
$$

对于由各向同性材料制成的 Euler-Bernoulli 梁，如弹性轴与梁主轴重合，忽略横向剪切效应后，本构关系为

$$
\begin{bmatrix} \sigma_{11} \\ \sigma_{12} \\ \sigma_{13} \end{bmatrix}
=
\begin{bmatrix} E & 0 & 0 \\ 0 & G & 0 \\ 0 & 0 & G \end{bmatrix}
\begin{bmatrix} \varepsilon_{11} \\ 2\varepsilon_{12} \\ 2\varepsilon_{13} \end{bmatrix}
\tag{7.186}
$$

剖面刚度阵可简化为

$$
\boldsymbol{S}_{4\times4} =
\begin{bmatrix}
EA & \theta_C' EAk_T^2 + \dfrac{1}{2}\phi' EAk_P^2 & EAz_C & -EAy_C \\[2mm]
\theta_C' EAk_T^2 + \phi' EAk_P^2 & GJ + \theta_C'^2 EI_{pp} & \theta_C' E_{zp} & -\theta_C' E_{yp} \\[2mm]
EAz_C & \theta_C' EI_{zp} & \widehat{EI}_{zz} & -\widehat{EI}_{yz} \\[2mm]
-EAy_C & -\theta_C' EI_{yp} & -\widehat{EI}_{yz} & \widehat{EI}_{yy}
\end{bmatrix}
\tag{7.187}
$$

式中，各剖面积分定义为

$$
\begin{cases}
EI_{yp} = \displaystyle\int_A Ey\,(z\lambda_y - y\lambda_z)\,\mathrm{d}A \\[3mm]
EI_{zp} = \displaystyle\int_A Ez\,(z\lambda_y - y\lambda_z)\,\mathrm{d}A \\[3mm]
EI_{pp} = \displaystyle\int_A E\,(z\lambda_y - y\lambda_z)^2\,\mathrm{d}A
\end{cases}
\tag{7.188}
$$

和

$$
\begin{cases}
\widehat{EI}_{yy} = \displaystyle\int_A Ey^2\mathrm{d}A = \int_A E(y-y_C)^2\mathrm{d}A + EAy_C^2 = EI_{yy} + EAy_C^2 \\[3mm]
\widehat{EI}_{zz} = \displaystyle\int_A Ez^2\mathrm{d}A = \int_A E(z-z_C)^2\mathrm{d}A + EAz_C^2 = EI_{zz} + EAz_C^2 \\[3mm]
\widehat{EI}_{yz} = \displaystyle\int_A Eyz\,\mathrm{d}A = \int_A E(y-y_C)(z-z_C)\mathrm{d}A + EAy_C z_C = EAy_C z_C
\end{cases}
\tag{7.189}
$$

这些积分通常是以弹性轴为参考来计算，但通常是按拉力中心 (tension center) 来定义的，如以拉力中心为参考，那么存在

$$
\int_A Ey\,\mathrm{d}A = \int_A Ez\,\mathrm{d}A = \int_A E(y-y_C)(z-z_C)\mathrm{d}A = 0
\tag{7.190}
$$

通常高阶积分项 EI_{xp}、EI_{yp} 和 EI_{zp} 难以得到，桨叶剖面刚度矩阵可简化为

$$
\boldsymbol{S}_{4\times4} =
\begin{bmatrix}
EA & \theta_C' EAk_T^2 + \dfrac{1}{2}\phi' EAk_P^2 & EAz_C & -EAy_C \\[2mm]
\theta_C' EAk_T^2 + \phi' EAk_P^2 & GJ & 0 & 0 \\[2mm]
EAz_C & 0 & EI_{zz} + EAz_C^2 & -EAy_C z_C \\[2mm]
-EAy_C & 0 & -EAy_C z_C & EI_{yy} + EAy_C^2
\end{bmatrix}
\tag{7.191}
$$

式中

$$
\begin{cases}
EA = \int_A E\mathrm{d}A \\[2mm]
EAy_C = \int_A Ey\mathrm{d}A \\[2mm]
EAz_C = \int_A Ez\mathrm{d}A \\[2mm]
EI_{yy} = \int_A E\left(y - y_C\right)^2 \mathrm{d}A \\[2mm]
EI_{zz} = \int_A E\left(z - z_C\right)^2 \mathrm{d}A \\[2mm]
EAk_P^2 = \int_A E\left(y^2 + z^2\right)\mathrm{d}A \\[2mm]
EAk_T^2 = \int_A E\left(z\lambda_y - y\lambda_z\right)\mathrm{d}A \\[2mm]
GJ = \int_A G\left(\left(\lambda_y - z\right)^2 + \left(\lambda_z + y\right)^2\right)\mathrm{d}A
\end{cases}
\tag{7.192}
$$

桨叶剖面力和力矩可表示为

$$
\begin{cases}
F_x = EA\left(u_e' + \theta_C'\phi' k_T^2 + \dfrac{1}{2}\phi'^2 k_P^2 - y_C\kappa_z + z_C\kappa_y\right) \\[2mm]
M_x = \left(GJ + EAu_e' k_P^2\right)\phi' + \theta_C' EAu_e' k_T^2 \\[2mm]
M_y = EI_{zz}\kappa_y + EAz_C u_e' + EAz_C^2\kappa_y - EAy_C z_C\kappa_z \\[2mm]
M_z = EI_{yy}\kappa_z - EAy_C u_e' + EAy_C^2\kappa_z - EAy_C z_C\kappa_y
\end{cases}
\tag{7.193}
$$

对于各向同性材料，剖面积分系数为

$$
\begin{cases}
EI_{yp} = \int_A Ey(y^2 + z^2)\mathrm{d}A \\[2mm]
EI_{zp} = \int_A Ez(y^2 + z^2)\mathrm{d}A \\[2mm]
EI_{pp} = \int_A E(y^2 + z^2)^2\mathrm{d}A \\[2mm]
EAk_T^2 = \int_A E(y^2 + z^2)\mathrm{d}A = EAk_P^2 \\[2mm]
k_T = k_P
\end{cases}
\tag{7.194}
$$

式中，k_P 为绕弹性轴的弹性模量加权回转半径。

参 考 文 献

韩东, 王浩文, 高正. 2006. 直升机桨叶扬起下坠碰撞动响应计算. 航空学报, 27(5): 795-798.

韩东, 董晨, 魏武雷, 等. 2018. 自适应旋翼性能研究进展. 航空学报, 39(4): 21603.

雷卫东, 胡国才, 李文峰. 2015. 直升机尾桨/尾梁耦合动稳定性分析. 海军航空工程学院学报, 30(1): 53-57.

乔继周. 2017. 共轴双旋翼直升机地面共振不稳定性抑制研究. 南京: 南京航空航天大学.

孙之钊, 萧秋庭, 徐桂祺. 1990. 直升机强度. 北京: 航空工业出版社.

王勖成. 2003. 有限单元法. 北京: 清华大学出版社.

杨一栋, 袁卫东. 1996. 直升机随机自适应高阶谐波控制抑制研究. 振动工程学报, 9(2): 177-181.

张呈林, 郭才根. 2006. 直升机总体设计. 北京: 国防工业出版社.

张呈林, 张晓谷, 郭士龙, 等. 1986. 直升机部件设计. 南京: 南京航空航天大学.

张晓谷. 1995. 直升机动力学设计. 北京: 航空工业出版社.

章光裕, 张曾锟. 1996. ADS-27 航空设计标准浅析. 直升机技术, (2): 10-17.

ADS-27A-SP. 2006. Requirements for Rotorcraft Vibration Specifications, Modeling and Testing. United States Army Aviation and Missile Command Aviation Engineering Directorate, Redstone Arsenal, Alabama.

Alfano D, Cranga P, Gareton V, et al. 2019. The blue edge™blade continuation. Proceedings of the American Helicopter Society 75th Annual Forum, Philadelphia.

Amer K B, Neff J R. 1974. Vertical-plane pendulum absorbers for minimizing helicopter vibratory loads. Journal of the American Helicopter Society, 19(4): 44-48.

Bielawa R L. 2006. Rotary Wing Structural Dynamics and Aeroelasticity. 2nd ed. Reston: American Institute of Aeronautics and Astronautics, Inc.

Blackwell R, Millott T. 2008. Dynamics design of the Sikorsky X2 technology™ demonstrator aircraft. 64th Annual Forum Proceedings of the American Helicopter Society, Montreal.

Bousman W G. 1981. An Experimental Investigation of Hingeless Helicopter Rotor-Body Stability in Hover. NASA Technical Memorandum 78489.

Bousman W G. 1990. The response of helicopter rotors to vibratory airloads. Journal of the American Helicopter Society, 36(4): 53-62.

Bramwell A R S, Done G, Balmford D. 2001. Bramwell's Helicopter Dynamics. 2nd ed. Oxford: Butterworth-Heinemann, Jordan Hill.

Cesnik C E S, Hodges D H. 1997. VABS: A new concept for composite rotor blade cross-sectional modeling. Journal of the American Helicopter Society, 42(1): 27-38.

Cesnik C E S, Hodges D H, Sutyrin V G. 1996. Cross-section analysis of composite beams including large initial twist and curvature effects. AIAA Journal, 34(9): 1913-1920.

Eurkam J E, Miao W L. 1972. Exploration of aeroelastic stability boundaries with a soft-in-plane hingeless-rotor model. Journal of the American Helicopter Society, 17(4): 27-35.

Fredrickson C, Rumford K, Stephenson C. 1972. Factors affecting fuel control stability of a turbine engine/helicopter rotor drive system. Journal of the American Helicopter Society, 17(1): 49-56.

Han D, Smith E C. 2009. Lagwise loads analysis of a rotor blade with an embedded chordwise absorber. Journal of Aircraft, 46(4): 1280-1290.

Harrison R, Stacey S, Hansford B. 2008. BERP IV the design, development and testing of an advanced rotor blade. Proceedings of the American Helicopter Society 64th Annual Forum, Montréal.

Hodges D H. 2006. Nonlinear Composite Beam Theory. Reston: American Institute of Aeronautics and Astronautics, Inc.

Hodges D H, Dowell E H. 1974. Nonlinear Equations of Motion for the Elastic Bending and Torsion of Twisted Nonuniform Rotor Blades. NASA TN D-7818.

Hopkins A S, Ormiston R A. 2003. An examination of selected problems in rotor blade structural mechanics and dynamics. Proceedings of the American Helicopter Society 59th Annual Forum, Phoenix.

Houbolt J C, Brooks G W. 1957. Differential Equations of Motion for Combined Flapwise Bending, Chordwise Bending, and Torsion of Twisted Nonuniform Rotor Blades. NACA TN 3905.

Johnson W. 1980. Helicopter Theory. Princeton: Princeton University Press.

Johnson W. 1998. Rotorcraft dynamics models for a comprehensive analysis. Proceedings of the American Helicopter Society 54th Annual Forum, Washington.

Johnson W. 2013. Rotorcraft Aeromechanics. Cambridge: Cambridge University Press.

Keller J A, Smith E C. 1999. Experiment and theoretical correlation of helicopter rotor blade-droop stop impacts. Journal of Aircraft, 36(2): 443-450.

Kessler C H. 2011. Active rotor control for helicopters: Motivation and survey on higher harmonic control. CEAS Aeronautical Journal, 1: 3-22.

Leishman J G. 2006. Principles of Helicopter Aerodynamics. 2nd ed. Cambridge: Cambridge University Press.

Leoni R D. 2007. Black Hawk: The Story of a World Class Helicopter. Reston: American Institute of Aeronautics and Astronautics, Inc.

Loewy R G. 1984. Helicopter vibration: A technological perspective. Journal of the American Helicopter Society, 29(4): 4-30.

McGuire D P. 2003. High stiffness ("rigid") helicopter pylon vibration isolation systems. 59th Annual Forum Proceedings of the American Helicopter Society, Phoenix.

McGuire D P. 2006. Active vibration control using fluidlastic® pylon struts. 62nd Annual Forum Proceedings of the American Helicopter Society, Phoenix.

Mcnulty M J, Bousman W G. 1983. Integrated technology rotor methodology assessment workshop. Proceeding of a Workshop Sponsored by NASA Ames Research Center and the U.S. Army, Mountain View.

Ockier C J, Celi R. 1991. Dynamics and aeroelasticity of a coupled helicopter rotor-propulsion system in hover. 32nd Structures, Structural Dynamics, and Materials Conference, Baltimore.

Ormiston R A, Hodges D H. 1972. Linear flap-lag dynamics of hingeless helicopter rotor blades in hover. Journal of the American Helicopter Society, 17(2): 2-14.

Panda B, Chopra I. 1985. Flap-lag-torsion stability in forward flight. Journal of the American Helicopter Society, 30(4): 30-39.

Rao S S. 2010. Mechanical Vibration. 5th ed. New Jersey: Prentice Hall.

Rauch P, Gervais M, Cranga P, et al. 2011. Blue edgeTM: The design, development and testing of a new blade concept. Proceedings of the American Helicopter Society 67th Annual Forum, Virginia Beach.

Smith M R, Redinger W S. 1999. The model 427 pylon isolation system. Proceedings of the American Helicopter Society 55th Annual Forum, Montréal.

Staple A E. 1989. An evaluation of active control of structural response as a means of reducing helicopter vibration. The 15th European Rotorcraft Forum, Amsterdam.

Straub F K, Sangha K B, Panda B. 1994. Advanced finite element modeling of rotor blade aeroelasticity. Journal of the American Helicopter Society, 39(2): 56-68.

Stoppel J, Degener M. 1982. Investigations of helicopter structural dynamics and a comparison with ground vibration tests. Journal of the American Helicopter Society, 27(2): 34-42.

Taylor R B, Teare P A. 1975. Helicopter vibration reduction with pendulum absorbers. Journal of the American Helicopter Society, 20(3): 9-17.

Twomey W J, Ham E H. 1978. Review of engine/airfram/drive train dynamic interference development problems. USARTL-TR-78-13, Applied Technology Laboratory, Fort Eustis.

Yong M I, Lytwyn R T. 1967. The influence of blade flapping restraint on the dynamic stability of low disk loading propeller-rotors. Journal of the American Helicopter Society, 12(4): 38-54.

Yu W, Volovoi V V, Hodges D H, et al. 2002. Validation of the variational asymptotic beam sectional analysis. AIAA Journal, 40(10): 2105-2113.

附录 A 三 角 公 式

积化和差：

$$\begin{cases} \sin\alpha\cos\beta = \dfrac{1}{2}\left(\sin(\alpha+\beta)+\sin(\alpha-\beta)\right) \\[2mm] \cos\alpha\sin\beta = \dfrac{1}{2}\left(\sin(\alpha+\beta)-\sin(\alpha-\beta)\right) \\[2mm] \cos\alpha\cos\beta = \dfrac{1}{2}\left(\cos(\alpha+\beta)+\cos(\alpha-\beta)\right) \\[2mm] \sin\alpha\sin\beta = -\dfrac{1}{2}\left(\cos(\alpha+\beta)-\cos(\alpha-\beta)\right) \end{cases} \tag{A.1}$$

和差化积：

$$\begin{cases} \sin\alpha + \sin\beta = 2\sin\left(\dfrac{\alpha+\beta}{2}\right)\cos\left(\dfrac{\alpha-\beta}{2}\right) \\[3mm] \sin\alpha - \sin\beta = 2\cos\left(\dfrac{\alpha+\beta}{2}\right)\sin\left(\dfrac{\alpha-\beta}{2}\right) \\[3mm] \cos\alpha + \cos\beta = 2\cos\left(\dfrac{\alpha+\beta}{2}\right)\cos\left(\dfrac{\alpha-\beta}{2}\right) \\[3mm] \cos\alpha - \cos\beta = -2\sin\left(\dfrac{\alpha+\beta}{2}\right)\sin\left(\dfrac{\alpha-\beta}{2}\right) \end{cases} \tag{A.2}$$

和角公式：

$$\begin{cases} \sin(\alpha+\beta) = \sin\alpha\cos\beta + \cos\alpha\sin\beta \\ \sin(\alpha-\beta) = \sin\alpha\cos\beta - \cos\alpha\sin\beta \\ \cos(\alpha+\beta) = \cos\alpha\cos\beta - \sin\alpha\sin\beta \\ \cos(\alpha-\beta) = \cos\alpha\cos\beta + \sin\alpha\sin\beta \end{cases} \tag{A.3}$$

倍角公式：

$$\begin{cases} \sin(2\alpha) = 2\sin\alpha\cos\alpha \\ \cos(2\alpha) = \cos^2\alpha - \sin^2\alpha = 2\cos^2\alpha - 1 = 1 - 2\sin^2\alpha \\ \tan(2\alpha) = \dfrac{2\tan\alpha}{1-\tan^2\alpha} \end{cases} \tag{A.4}$$

半角公式：

$$\begin{cases} \sin\dfrac{\alpha}{2} = \pm\sqrt{\dfrac{1-\cos\alpha}{2}} \\[3mm] \cos\dfrac{\alpha}{2} = \pm\sqrt{\dfrac{1+\cos\alpha}{2}} \\[3mm] \tan\dfrac{\alpha}{2} = \dfrac{\sin\alpha}{1+\cos\alpha} = \dfrac{1-\cos\alpha}{\sin\alpha} = \pm\sqrt{\dfrac{1-\cos\alpha}{1+\cos\alpha}} \end{cases} \tag{A.5}$$

附录 B 二阶矩阵求逆

$$\begin{bmatrix} a & b \\ c & d \end{bmatrix}^{-1} = \frac{1}{ad - bc} \begin{bmatrix} d & -b \\ -c & a \end{bmatrix} \tag{B.1}$$

附录 C　　非线性准定常翼型气动模型

如已确定桨叶剖面来流情况，那么就可根据翼型相关气动特性计算方法得到桨叶剖面的气动载荷，即剖面力和力矩。作用于桨叶剖面的气动载荷可分为环量和非环量两部分，对于做升沉运动 h、俯仰运动 α 的翼型，由非线性准定常翼型气动力模型，翼剖面升力可表示为

$$L = L_C + L_{NC} \tag{C.1}$$

式中

$$\begin{cases} L_C = L_1 \\ L_{NC} = L_2 + L_3 \end{cases} \tag{C.2}$$

其中，下标 C 表示环量部分产生的力或力矩；NC 表示非环量部分产生的力或力矩。各分力为

$$\begin{cases} L_1 = \dfrac{1}{2}\rho V^2 c C_l \\ L_2 = \rho \pi b^2 \left(\ddot{h} - ab\ddot{\alpha} \right) \\ L_3 = \rho \pi b^2 V \dot{\alpha} \end{cases} \tag{C.3}$$

式中，$\ddot{h}$ 为升沉加速度，向下为正；$\ddot{\alpha}$ 为俯仰加速度，抬头为正；b 为半弦长，即 $b = c/2$；ab 为俯仰运动转轴位置，如翼型绕 1/4 变距轴线转动，那么 $a=-1/2$，即按图 C.1 中坐标系方向。

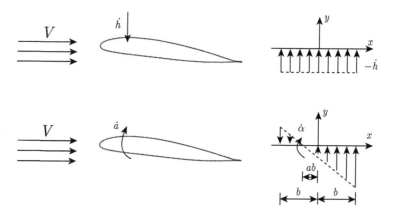

图 C.1　翼型升沉及俯仰运动示意图

翼型阻力可表示为

$$D = D_C = \frac{1}{2}\rho V^2 c C_d \tag{C.4}$$

翼型俯仰力矩可表示为

$$M = M_C + M_{NC} \tag{C.5}$$

式中

$$
\begin{cases}
M_C = \dfrac{1}{2}\rho V^2 c^2 C_m \\[2mm]
M_{NC} = abL_2 - \left(\dfrac{1}{2} - a\right)bL_3 - \dfrac{\rho\pi b^4}{8}\ddot{\alpha}
\end{cases}
\tag{C.6}
$$

很明显，L_2 作用于 $1/2$ 弦线处，L_3 作用于 $3/4$ 弦线处。